移动应用开发技术丛书

微信
小游戏开发

李艺 ◎ 著

机械工业出版社
CHINA MACHINE PRESS

图书在版编目（CIP）数据

微信小游戏开发 . 后端篇 / 李艺著 . —北京：机械工业出版社，2023.1
（移动应用开发技术丛书）
ISBN 978-7-111-72102-4

I. ①微… II. ①李… III. ①移动电话机 - 游戏程序 - 程序设计 ②便携式计算机 - 游戏程序 - 程序设计 IV. ① TP317.6

中国版本图书馆 CIP 数据核字（2022）第 221203 号

微信小游戏开发：后端篇

出版发行：机械工业出版社（北京市西城区百万庄大街 22 号 邮政编码：100037）
策划编辑：杨福川 责任编辑：罗词亮
责任校对：史静怡 王 延 责任印制：常天培
印 刷：北京铭成印刷有限公司 版 次：2023 年 2 月第 1 版第 1 次印刷
开 本：186mm × 240mm 1/16 印 张：16.5
书 号：ISBN 978-7-111-72102-4 定 价：99.00 元

客服电话：（010）88361066 68326294

Preface 序 一

第一代 iPhone 是没有 App Store 的，而那个没有 App Store 的智能手机世界，现在仍然是一些前端程序员的理想世界。在那里，除了操作系统和原生应用之外，一切都可以用同一套前端技术来实现，而不需要关心背后的操作系统是 Android、iOS 还是别的什么。在那里，需要什么功能就去用它，既不需要下载，也不需要安装，更不会知道卸载为何物。

今天的智能手机时代可谓 App 的天下，但复杂而笨重的开发流程、分裂的技术路线是每个移动开发者都不得不承受的技术之重。最早的时候并不是这样的，那时苹果公司的乔布斯许给我们的理想世界是，用前端脚本和标记语言就可以构筑完备的生态。但是，先是受限于当时的硬件处理性能，网页运行效果不佳，后来加之 App Store 的收入诱惑以及与 Android 的平台竞争，苹果让大家都忘记了理想世界原本该有的样子。

在前端理想被残酷现实侵蚀的过程中，国外有过一些像 B2G（Mozilla 提出的开源操作系统）这样的操作系统级别的抗争，也流行过像基于 WebView 的 Hybrid App 这样取巧的 App 级别的抗争，甚至 Android 生态下还出现了“快应用”这样独立于 App 之外的生态。而其中最流行、最成功的，无疑是微信引领的“小程序 / 小游戏”生态。

李艺的这本书将带领更多的新开发者敲开理想世界的大门。来吧朋友，这里有一个更酷的新世界在等着你一起构建。

黄希彤

前端开发专家、腾讯 T4 专家

序　二 *Preface*

微软的比尔·盖茨、特斯拉的马斯克、字节跳动的张一鸣、小米的雷军，他们都是优秀的程序员。现在正在进入人人都是程序员的时代，那么最好的程序员成长路径是什么呢？

边实践边学习是最好的程序员成长路径。以下围棋为例，学习围棋最重要的是实战。有对手，有输赢，才会有学习围棋知识的动力。编程也是一样，要想成为编程高手，必须写出自己的项目作品，因为有了用户反馈，才会有足够大的成长动力。

编写游戏是无数优秀程序员入行的第一步。很高兴看到李艺这本书的出版，它会带着你写出自己的微信小游戏。让朋友玩自己开发的游戏，这是多好的兴趣驱动和正反馈啊！相信这本书的读者里会涌现出一批优秀的程序员。

蒋涛

CSDN 创始人

Preface 前言

在极客时间成立四周年之际，笔者在该平台上分享过这样一段话：

我是一个砌石阶的人。2021年国庆节我在赶书稿时，看着最终敲定的复杂代码，突然确信——我所撰写的这套技术图书对读者来说是有价值的。其价值就在于整套书都在写一个PBL（Project Based Learning，项目引导式学习）实战案例，从最开始的3行代码，到最终的几万行代码。试想一下：如果要求学习者直接以结果代码为模板进行练习，那肯定不太友好；但如果是让学习者跟着笔者讲解的节奏，从基础代码一步步修改得到结果代码，那他应该会很有成就感吧。

学编程就像登山，只要一步一个脚印坚持往上爬，就可以到达山顶。泰山虽高，但只要一步一级台阶，终可看到山顶无限风光；而如果有人不走台阶，从荒山野岭中攀爬，那他将很难爬上去。

这本书及它的姊妹篇《微信小游戏开发：前端篇》就在这种指导思想下完成了。

很多程序员坦言，他们的编程技能并不是在大学里学到的，而是在走向工作岗位以后练就的。在IT公司中，新人成长最快的方式就是有人带，师傅带着徒弟做一个项目，等到项目完成时，徒弟也就将编程技能掌握得差不多了。笔者希望以书面的形式带领读者来学习，就像公司里老人带新人一样，通过一个PBL实战项目，系统地学习与前后端相关的所有知识点和技能点。

为什么要这样学习呢？下面先看一下新人学习编程一般需要经历的5个阶段。

初学者进入一个行业，首先要学习基础知识。有了基础知识，才能通过实践不断积累经验和技能；有了积累，最后才有可能顿悟。这个过程涉及5个阶段，这5个阶段可以用我国的古代典籍《易经》中的描述来概括。

初九，潜龙勿用。

九二，见龙在田，利见大人。

上六，龙战于野，其血玄黄。

九五，飞龙在天，利见大人。

上九，亢龙有悔。

这里的五段爻辞分别对应着编程学习的以下 5 个阶段。

- “**潜龙勿用**”指的是神龙潜伏于水中，暂时还发挥不了作用。此时学习者刚学会了一点皮毛，不要着急应用。
- “**见龙在田**，利见大人”指的是神龙已出现在地面上，才干已经初步显露出来，利于被伯乐看到。此时学习者已经习得了一些本领，但根基尚不牢靠。
- “**龙战于野**，其血玄黄”指的是神龙战于四方，天地亦为之变色。此时学习者已经通晓了面向对象、模块化、设计模式等基础编程技能，可以独立负责一个项目或维护一个开源软件了。
- “**飞龙在天**，利见大人”指的是神龙飞上天空，象征德才兼备的人一定会有所作为。此时学习者的知识已经具备相当的深度和广度，知识结构更加完善。
- “**亢龙有悔**”一般意为居高位的人要戒骄，否则会因失败而后悔。这里指的是神龙飞得过高，可能会发生后悔的事。虽然此时学习已经基本结束，但是不要觉得学完了就万事大吉，有些内容需要反复温习，经过长期积累才能顿悟，产生新的认知。

了解了这 5 个阶段以后，有的读者可能会问，我们在学习编程时，是应该先学习基础知识再学习具体的开发技术，还是应该先学习一门具体的开发技术再在工作中夯实基础呢？这是一个老生常谈的问题。

关于如何学习编程，一直有自下而上与自上而下的方式之争。自下而上的学习方式，指的是先学习计算机基础知识，再学习具体的某项技术；自上而下的学习方式则是反过来，指的是先学习某项具体的技术，再在工作中夯实基础。

笔者的主张是，运用 PBL 教学思想，在一个虚构的实战项目中将理论与实践相结合，同时学习基础知识与具体的技能。

2020 年由北京市十一学校牵头，北京怀柔九渡河小学做了一次 PBL 教学实验。九渡河小学远离城区，师资力量薄弱，学校就地取材，从附近村民中招揽了 40 余位传统手工艺人，让这些手工艺人教学生们磨豆腐、剪纸、糊灯笼等传统手艺。学校老师则把 1 至 6 年级需要学习的所有知识点打散，然后全部融入这些传统的手工艺实践活动中，让学生在实践活动中学习。教学实验非常成功。

在编程这个领域，学习者根本不需要考虑应该自下而上学习还是自上而下学习。以往旧的学习方式，无论是在学校里按部就班地学习基础，还是在社会培训机构里实践应用技能，都存在一定的偏差。最好的编程学习方式是在一个 PBL 教学案例中，既学习基础知识，又锻炼必要的技能，这也是最接近于公司里老人带新人的学习方式。

关于这套书

笔者撰写的这套“微信小游戏开发”系列图书共包含两本：一本是《微信小游戏开发：前端篇》，主要通过一个小游戏实战项目，带领读者从 3 行代码开始，一步步学会

JavaScript（下文简称 JS）语言、模块化重构、面向对象的软件设计技巧及常见设计模式的实际应用技巧；另一本就是本书，主要内容包括小游戏常用本地功能优化、广告组件与社交营销排行榜、云函数与云数据库、后端接口程序及后台 Web 管理系统等。前面提到的 5 个学习阶段——潜龙勿用、见龙在田、龙战于野、飞龙在天和亢龙有悔，前 4 个阶段正好对应这两本书中的四篇内容。其中：《微信小游戏开发：前端篇》含潜龙勿用、见龙在田、龙战于野这三篇，共 11 章，32 课；《微信小游戏开发：后端篇》即飞龙在天篇，共 7 章，18 课。亢龙有悔篇作为番外篇，在笔者公众号“艺述论”中回复关键字 10000 即可看到。

微信小游戏是当下最适合新人学习的编程技术，所以笔者选择它作为本套书的练习项目。表面上读者学习的是微信小游戏项目开发，但实际上却是在系统学习编程语言、技巧及思想，小游戏项目仅是作为一个最适合新人的学习形式而存在的。

两本书的讲解风格、写作指导思想是一致的，内容是连贯的，练习的也是同一个项目，对于编程初学者而言，宜先阅读前端篇，再学习后端篇。

本书主要内容

后端开发是全栈开发中非常重要的一环，不可或缺。本书主要讲解微信小游戏后端开发实战，共 7 章。

第 1～3 章　本地功能

这 3 章主要介绍在微信小游戏开发中常用的本地功能。学习微信小游戏开发，离不开学习平台组件和接口。通过这 3 章的实践，我们将能使小游戏项目在本地功能方面更加完善，同时进一步了解微信小游戏的平台能力，为以后自学全部平台组件及接口打下基础。

第 4、5 章　云开发

云开发可以显著降低开发者的运维成本和运维复杂度，对于独立开发者来说尤为适合。云开发技术一直在快速进化，不断有新能力、新接口出现。在这两章中，我们将进行基础云开发（云函数、云数据库、云存储）方面的实践，了解其运行机制，这样无论以后云开发技术如何推陈出新，我们都能快速掌握和运用。

第 6、7 章　后端

这两章主要讲解如何编写后端程序，是重中之重，我们尽量将实践内容简化，同时保持技能实践的全面性。我们将用两种常用的后端技术 Node.js 和 Go 编写同一套接口，实现相同的后端程序功能。Node.js 是“后端的 JS”，好入门、易上手、应用广泛，值得学习；Go 语言天生支持高并发，被称为“互联网时代的 C 语言”，是全栈工程师必学语言之一。

读者对象

每一本书都有它特定的读者，本套书面向编程新人，主要包括以下人群。

- 大中专院校的在校学生及编程培训机构的初学人员。
- 准备转型开发的运维人员和产品经理。

在阅读过程中如果感到吃力，可以先学习番外篇中的计算机基础、JS 语言语法和 Go 语言语法等内容。这些内容在笔者公众号“艺述论”中回复相应关键字即可看到。

如何学习本书

本书基于 PBL 教学理念撰写，以一个小游戏项目贯穿始终，内容由易到难，建议初学者按部就班地从前向后依次学习。为了启发读者思考，书中特意增加了以下两类内容。

- 原因探索引导。读者在书中可能会看到一些运行错误，这些错误是我们在实际开发中经常会遇到的，这时适合停下来，想一想为什么会出现这样的问题，应该如何解决。
- 拓展内容。书中凡标题中带有“拓展”字样的小节都属于实践拓展内容，这些内容与当前的实践密切相关，有助于加深对当前实践主题的理解。

本书附有随书示例源码供读者下载，关于源码的使用，有以下两点说明。

- 示例源码是分目录独立放置的，各目录下的示例互不影响。代码顶部一般都附有源码文件的相对地址，另外当某课内容涉及代码运行及测试时，也会提示示例的相对目录，读者只需查看对应的示例即可。
- 对于不同语言的示例源码，需要使用不同的测试方式。如果是 JS 代码，可以使用 Node.js 或 babel-node 测试；如果是小游戏项目源码，则需要通过微信开发者工具测试。具体如何使用，书中都有详细讲解。

如何获取更多资源

为方便读者学习，本套书为读者提供以下额外资源。

项目源码与读者交流群

关注笔者的微信公众号“艺述论”，回复关键字 10000 即可下载所有随书示例源码。同时，还能看到读者交流群的入口。欢迎所有读者进群交流。

为了避免因为软件版本差异给读者带来不必要的使用困惑，笔者将书中用到的所有软件也放在了源码包中，下载后在 software 子目录下即可看到。

勘误与支持

限于笔者水平，书中难免会存在一些错误或者不准确的地方，你在阅读过程中如有发现，欢迎来信告知。笔者邮箱是 9830131@qq.com，请在来信标题中注明“小游戏勘误与建议”。另外，也欢迎你提出其他任何批评及改进建议。

致谢

感谢一直支持我的家人和朋友，感谢每位读者，真诚希望每个人都能学有所成。

目 录 *Contents*

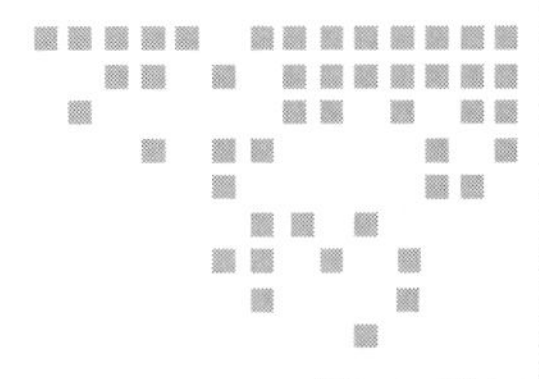

第 1 章 Chapter 1

本地功能：本地存储与 LBS 定位

微信小游戏开发中的常用本地功能如下：

- 读写本地缓存；
- 读写本地文件（限特定目录下的用户文件）；
- 使用腾讯位置服务显示城市；
- 添加背景图片和顶级 UI 层；
- 监听全局错误，记录错误日志；
- 添加好友排行榜；
- 添加广告。

这些功能都不需要后端程序支持，且能为产品增色不少，是单机小游戏经常使用的功能。本章先来介绍前 3 项功能，其余功能将在第 2 章和第 3 章中介绍。

第 1 课　读写本地缓存

程序中的数据，如变量、常量等，是短暂存储在内存里的，下次用户重新打开程序时，这些数据就都不存在了。如果想复用上一次的数据，就必须在退出程序前将数据存入硬盘或数据库中，并在下次程序启动时先读取这些数据。这是 PC 客户端软件的做法。

在网络软件中，数据不一定要存储在用户的设备上，可以通过接口存储在服务器上的硬盘或数据库中，下次启动时通过接口从后端拉取。这也是在微信小程序 / 小游戏开发中常用的保存数据的方法。

数据不一定非要在后端保存，也可以在前端本地缓存中保存。这节课就先不在后端保存数据，而在前端小程序中保存数据。

微信为每个小游戏产品在用户的设备上分配了最大为10MB的本地缓存空间（LocalStorage），开发者可以将一些非机密性的少量数据存在这里。该缓存空间没有过期限制，只要用户不主动清理，或没有因存储空间不足被系统回收，其中保存的数据就可以一直使用。

下面是本课的具体实践，主要学习LocalStorage的相关接口。

创建数据服务单例，实现本地数据读取

到目前为止，我们的小游戏一直都在内存中运行，还没有与硬盘产生联系。本课尝试将用户、系统的分数存入本地，并且在下次游戏启动的时候将分数的历史数据再读取出来。

记录时机选择在游戏结束时，记录内容为每次的玩家得分、系统得分。下面来创建数据服务模块，在src\managers目录下新建一个data_service.js文件，具体如代码清单1-1所示。

代码清单1-1　创建数据服务模块

```
1. // JS: src\managers\data_service.js
2. const LOCAL_DATA_NAME = "historyGameData"
3.
4. /** 本地数据服务类 */
5. class DataService {
6.   /** 向本地缓存写入数据 */
7.   writeLocalData(userScore, systemScore) {
8.     const key = new Date().toLocaleString()
9.     const localScoreData = this.readLocalData()
10.    localScoreData[key] = {
11.      userScore,
12.      systemScore
13.    }
14.
15.    try {
16.      wx.setStorageSync(LOCAL_DATA_NAME, localScoreData)
17.      return true
18.    } catch (err) {
19.      console.log(err)
20.    }
21.    return false
22.  }
23.
24.  /** 从本地缓存读取数据 */
25.  readLocalData() {
26.    return wx.getStorageSync(LOCAL_DATA_NAME) || {}
27.  }
28. }
29.
30. export default new DataService()
```

这个文件做了什么？

- DataService 类包含两个方法，一读一写，writeLocalData 用于写数据，readLocalData 用于读数据。读与写都使用同步接口，这样操作比较简单。
- 第 16 行，wx.setStorageSync 是同步写入缓存的接口。第 26 行，getStorageSync 是同步读取缓存的接口。为方便保持读写的缓存名称一致，第 2 行定义了一个常量 LOCAL_DATA_NAME。
- LOCAL_DATA_NAME 是一个数据缓存的键名。第 9 行，在保存数据之前，先从本地缓存中以此名称读取缓存对象。第 10 行，每次保存分数数据，都在这个对象上新增一个键值对，此时键为 key，是由当前时间转换而来的本地字符串。
- 数据服务模块使用单例模式，第 30 行直接导出了一个 DataService 类的实例。

第 16 行中的 wx.setStorageSync 是同步调用接口，它的每次调用都是没有调用状态返回的。只有异步调用接口会在每次调用后，在 success 回调参数对象中返回一个 errMsg 消息，具体如下：

```
errMsg: "setStorage:ok"
```

wx.getStorageSync 接口的使用与之同理。

下面开始消费数据服务模块（DataService）。看一下 game_index_page.js 文件中的最终消费代码，如代码清单 1-2 所示。

代码清单 1-2　消费数据服务模块

```
1. // JS: src\views\game_index_page.js
2. ...
3. import dataService from "../managers/data_service.js" // 引入数据服务单例
4.
5. /** 游戏主页 */
6. class GameIndexPage extends Page {
7.   ...
8.
9.   /** 处理结束事务 */
10.  end() {
11.    super.end()
12.    clearInterval(this.#gameOverTimerId)
13.
14.    // 记录游戏数据，开始测试 DataService
15.    dataService.writeLocalData(userBoard.score, systemBoard.score)
16.    // 读取本地记录
17.    const localScoreData = dataService.readLocalData()
18.    console.log("localScoreData", localScoreData)
19.  }
20.
21.  ...
22.}
23.
24.export default GameIndexPage
```

上面的代码发生了什么变化？

- 第 3 行引入了新创建的模块单例。
- end 方法是退出游戏主页时执行的方法，退出游戏主页时是记录得分的合适时机。第 15 行记录得分数据。第 17 行与第 18 行取出得分数据并在控制台打印。

看一下第 18 行在 Console 面板中的打印结果，如图 1-1 所示。

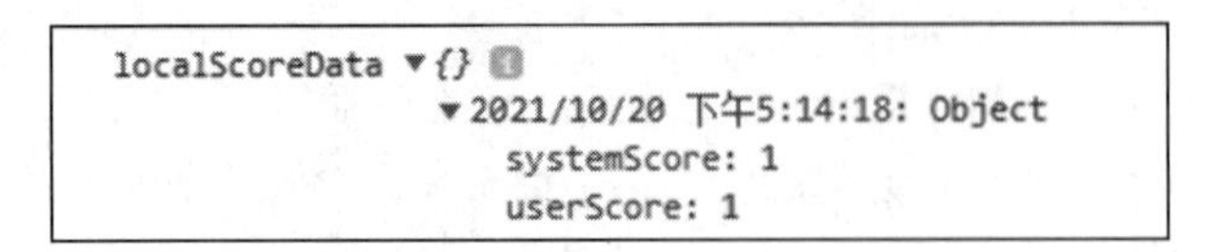

图 1-1　在 Console 面板中的打印结果

注意，打印信息是有折叠的，展开后可以查看所有内容。

完成实践后，重新编译测试，界面效果没有变化。

拓展：使用 Storage 面板管理本地缓存数据

在调试区的 Storage 面板中可以查看本地缓存中的数据，如图 1-2 所示。

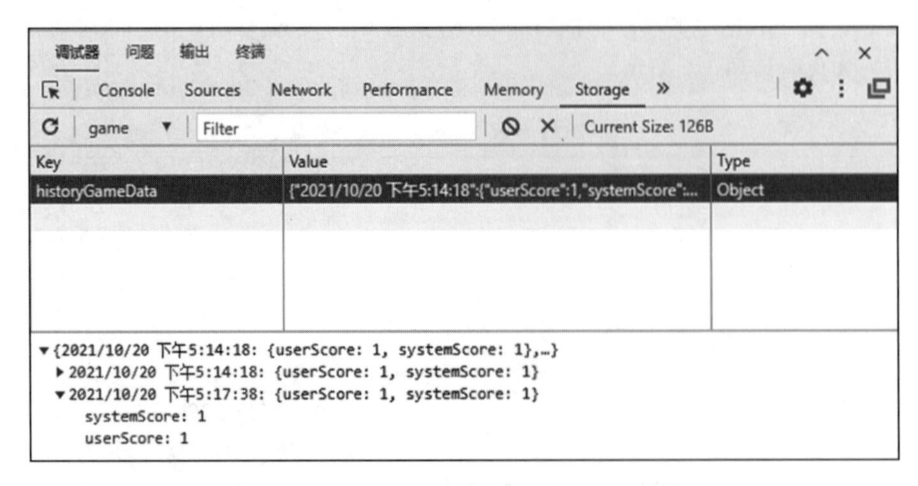

图 1-2　在 Storage 面板中查看保存的本地数据

在图 1-2 中，数据的 Key 为 historyGameData，是我们在 data_service.js 文件中定义的常量 LOCAL_DATA_NAME 的值。该 Key 作为第一个参数被两个本地缓存接口（wx.setStorageSync 和 wx.getStorageSync）使用。Value 是一个 JSON 字符串。所有本地缓存中的数据都是字符串。在存储时，小游戏环境使用 JSON.stringify 方法自动将对象序列化，即转换为字符串；在读取时，再用 JSON.parse 将字符串解析为对象。

已经缓存的数据怎么清除呢？在 Storage 面板中右击“historyGameData”，在弹出的菜单中选择“Delete”选项即可清除该条缓存。

面向 Promise 编程：异步转同步

在 JS 开发中，异步转同步是一个很常用也很实用的编程技巧，它可以帮助我们写出优雅、简洁的代码。

启用异步转同步，要用到 ES6 的 async/await 语法。以前，在旧的微信开发者工具（版本低于 v1.02.1904282）中，如果要使用 async/await 语法，需要在本地项目配置详情中先勾选“使用 npm 模块”选项，然后使用指令 npm install regenerator 安装模块。现在变得简单了，将微信开发者工具更新到 v1.02.1904282 以上，并在“本地设置”面板中勾选“将 JS 编译成 ES5”选项（在有些旧软件版本中叫“增强编译”）就可以了，如图 1-3 所示。

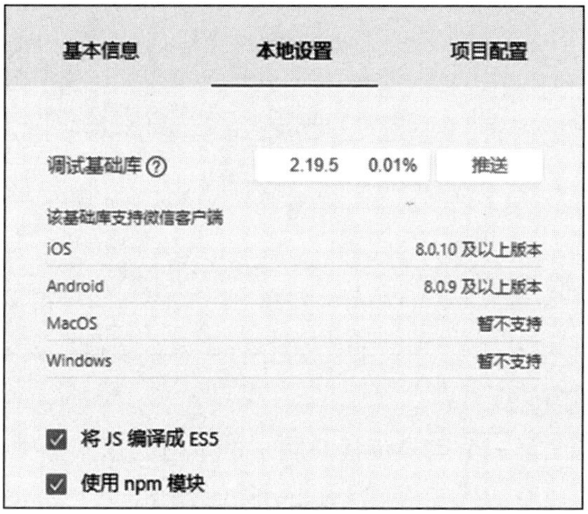

图 1-3　项目的“本地设置”面板

为了方便说明“异步转同步”机制，先看一下异步代码是如何实现的，以及这样实现有什么问题。目前在 data_service.js 文件中，DataService 是通过同步接口实现的，接下来我们改用异步接口实现同样的功能。改写后的代码如代码清单 1-3 所示。

代码清单 1-3　异步接口实现 DataService

```
1.  // JS: src\managers\data_service.js
2.  ...
3.
4.  /** 以异步接口实现的本地数据服务类 */
5.  class AsyncDataService {
6.    /** 向本地写入数据 */
7.    writeLocalData(userScore, systemScore, callback) {
8.      this.readLocalData(localScoreData => {
9.        const key = new Date().toLocaleString()
10.       localScoreData[key] = {
11.         userScore,
12.         systemScore
```

```
13.         }
14.         wx.setStorage({
15.           key: LOCAL_DATA_NAME
16.           , data: localScoreData
17.           , success: () => callback(true)
18.           , fail: () => callback(false)
19.         })
20.       })
21.     }
22.
23.     /** 从本地读取数据 */
24.     readLocalData(callback) {
25.       wx.getStorage({
26.         key: LOCAL_DATA_NAME
27.         , success: res => callback(res.data || {})
28.         , fail: () => callback({})
29.       })
30.     }
31. }
32.
33. // export default new DataService()
34. export default new AsyncDataService()
```

看一下这个文件做了什么。

- AsyncDataService 是一个以异步接口实现的本地数据服务类，第 14 行与第 25 行调用的都是微信小游戏的异步接口（wx.setStorage 和 wx.getStorage）。
- 第 7 行、第 24 行中的 writeLocalData 和 readLocalData 这两个方法，与原来 DataService 类的同名方法实现的功能是一样的，但是因为我们是基于异步接口实现的，所以必须在参数中都加上一个 callback 函数，以便向消费代码传递异步回调结果。
- 由于必须先拉取到本地缓存对象（localScoreData），然后才能在这个对象上添加新的数据，所以第 9～19 行代码必须放在 readLocalData 方法的回调函数内。
- 第 17 行、第 18 行在回调函数中又有对回调函数的设置，幸好箭头函数可以让回调函数看起来简单一些，不然回调函数一层层嵌套下去，非常不利于代码的阅读与维护。
- 第 34 行，只需要将新创建的类的实例导出就可以了，对于旧的导出代码，注释掉即可。注意，新类 AsyncDataService 的实现方法与 DataService 是相同的，这样可以减少对消费代码的改动。

有人说："回调函数是 JS 编程的恶梦。"确实，这句话在某些场景下没有错。只有经历过回调恶梦的人，才能深刻体会异步转同步的好处。

AsyncDataService 类创建完了，它能不能正常工作呢？我们看一下测试代码，如代码清单 1-4 所示。

代码清单 1-4　测试异步接口实现的数据服务模块

```
1. // JS: src\views\game_index_page.js
2. ...
3.
4. /** 游戏主页 */
5. class GameIndexPage extends Page {
6.   ...
7.
8.   /** 处理结束事务 */
9.   end() {
10.    ...
11.
12.    // 记录游戏数据，开始测试 DataService
13.    // dataService.writeLocalData(userBoard.score, systemBoard.score)
14.    // 读取本地记录
15.    // const localScoreData = dataService.readLocalData()
16.    // console.log("localScoreData", localScoreData)
17.
18.    // 记录游戏数据，开始测试 AsyncDataService
19.    dataService.writeLocalData(userBoard.score, systemBoard.score, res => {
20.      console.log("写入结果", res)
21.      // 读取本地记录
22.      dataService.readLocalData(localScoreData => {
23.        console.log("localScoreData", localScoreData)
24.      })
25.    })
26.  }
27.
28.  ...
29.}
30.
31.export default GameIndexPage
```

将第13～16行的旧测试代码注释掉，第19～25行是新的测试代码。注意，由于AsyncDataService是异步实现的，连消费代码都变得复杂了：第19行有一个回调函数，第22行又嵌套了一个回调函数。

重新编译测试，项目运行的输出效果与之前是一样的。

好了，现在项目配置已经完成了，我们对JS中的回调恶梦也有了初步认识。接下来看一看如何实现异步转同步，将原来复杂的、嵌套的代码变得简单又清晰。

首先在utils.js文件中实现一个工具方法：

```
1. // JS: src\utils.js
2. ...
3.
4. /** 将小程序/小游戏异步接口转为同步接口 */
5. export function promisify(asyncApi) {
6.   return (args = {}) =>
```

```
7.     new Promise((resolve, reject) => {
8.       asyncApi(
9.         Object.assign(args, {
10.          success: resolve,
11.          fail: reject
12.        })
13.      )
14.    })
15. }
```

这个工具方法要做什么事情呢?

它强制对一个异步接口（asyncApi）的调用返回一个Promise对象。Promise在ES6中是内置类型，不需要任何引入声明就可以直接使用。resolve是代码正常时的回调函数，reject是代码异常时的回调函数，这两个回调函数都是在调用时才被指定的。面向Promise编程是JS编程世界非常了不起的一项发明，它基于一个十分简洁明了的机制，一劳永逸地解决了回调恶梦问题。Promise对象是与ES6的await/async关键字结合起来使用的，稍后我们会看到如何使用它们。

接着在data_service.js文件的新类AsyncToSyncDataService中，基于新创建的工具方法promisify以异步转同步的方式实现与DataService同样的功能，如代码清单1-5所示。

代码清单 1-5　应用异步转同步技巧

```
1. // JS: src\managers\data_service.js
2. ...
3. import { promisify } from "../utils.js"
4.
5. ...
6.
7. /** 以异步转同步方式实现的本地数据服务类 */
8. class AsyncToSyncDataService {
9.   /** 向本地写入数据 */
10.  async writeLocalData(userScore, systemScore) {
11.    const key = new Date().toLocaleString()
12.    const localScoreData = await this.readLocalData()
13.    localScoreData[key] = {
14.      userScore,
15.      systemScore
16.    }
17.    const res = await promisify(wx.setStorage)({ key: LOCAL_DATA_NAME, data:
         localScoreData }).catch(err => console.log(err))
18.    return !!res
19.  }
20.
21.  /** 从本地读取数据 */
22.  async readLocalData() {
23.    const res = await promisify(wx.getStorage)({ key: LOCAL_DATA_NAME
         }).catch(console.log)
```

```
24.     return res?.data ?? {}
25.   }
26. }
27.
28. // export default new AsyncDataService()
29. export default new AsyncToSyncDataService()
```

这个文件发生了什么变化？

- 第 8 行中的 AsyncToSyncDataService 是使用异步接口实现的本地数据服务类。在 DataService 类中，我们使用的 wx.setStorageSync、wx.getStorageSync 是同步接口；在新类（AsyncDataService）中，我们改用异步接口 wx.setStorage、wx.getStorage。
- 第 24 行表示如果能够取到 res，还要进一步取它的 data，因为小程序 / 小游戏的异步接口在返回结果对象时又多包裹了一层。结果对象的数据格式为 {data, errMsg}，其中 data 才是真正的数据。
- 第 17 行和第 23 行都有一个 await，这是 ES6 的关键字，代表等待一个 Promise 对象的 resolve 回调结果。await 与 async 总是成对出现，如果方法内使用了 await 关键字，则必须在方法前面（第 10 行、第 22 行）加上 async，代表这个方法内部使用了异步转同步代码。
- 第 17 行和第 23 行后面都有一个 catch，即 catch(console.log)，这是为了接管 Promise 的 reject 回调，以防止程序出错。当有错误发生，即 res 为 undefined 时，可以继续向下执行，不会影响程序的正常运行。这是一种方便运用的容错机制。

示例讲解完了，现在总结一下什么叫“异步转同步”。

第 17 行、第 23 行就是异步转同步代码。由于使用了 await 关键字和 Promise 对象，代码不需要写 then 回调，也不需要使用回调函数（callback），这使得异步代码可以像同步代码一样，自上而下依次书写，没有恼人的层层嵌套。这就是“异步转同步”。

data_service.js 文件的修改完成以后，消费代码也需要做一点点修改，如代码清单 1-6 所示。

代码清单 1-6　消费异步转同步方法实现的数据服务模块

```
1. // JS: src\views\game_index_page.js
2. ...
3.
4. /** 游戏主页 */
5. class GameIndexPage extends Page {
6.   ...
7.
8.   /** 处理结束事务 */
9.   // end() {
10.  async end() {
11.    ...
12.
```

```
13.     //记录游戏数据，开始测试 AsyncDataService
14.     // dataService.writeLocalData(userBoard.score, systemBoard.score, res => {
15.     //   console.log("写入结果", res)
16.     //   //读取本地记录
17.     //   dataService.readLocalData(localScoreData => {
18.     //     console.log("localScoreData", localScoreData)
19.     //   })
20.     // })
21.
22.     //记录游戏数据，开始测试 AsyncToSyncDataService
23.     await dataService.writeLocalData(userBoard.score, systemBoard.score)
24.     //读取本地记录
25.     const localScoreData = await dataService.readLocalData()
26.     console.log("localScoreData", localScoreData)
27.   }
28.
29.   ...
30. }
31.
32. export default GameIndexPage
```

这个文件有什么变化？

- 第 25 行，在调用一个声明了 async 的方法时，如果不加 await，取到的是一个 Promise 对象；加了 await，取到的才是我们真正想要的数据结果。这一点很重要，一定要记好。
- 第 23 行，如果不加 await，程序执行到这里时不会停留，会继续向下执行，这会导致在 25 行取到的结果不包括第 23 行新添加的数据。
- 第 10 行，在方法前要加上 async 关键字，因为函数内使用了 await。

重新编译测试，项目运行的输出效果与之前是一样的。

除了使用自定义的工具方法 promisify 之外，其实还有一种更简单的改进本地数据服务类的方法。

早期微信小程序 / 小游戏接口都不支持 Promise 调用，但目前大部分接口已经实现了 Promise 化。以我们使用的 wx.setStorage 接口为例，接口文档地址为 https://developers.weixin.qq.com/minigame/dev/api/storage/wx.setStorage.html。接口文档截图如图 1-4 所示。

数据缓存 / wx.setStorage

wx.setStorage(Object object)

以 Promise 风格 调用：支持

小程序插件：支持，需要小程序基础库版本不低于 1.9.6

图 1-4　支持 Promise 风格调用的接口

凡支持 Promise 风格调用的接口，在接口下方都已注明。wx.setStorage 和 wx.getStorage 都支持 Promise 风格调用，不必再用 promisify 方法包装。基于这个发现，我们再改造一下本地数据服务类，如代码清单 1-7 所示。

代码清单 1-7　基于 Promise 风格改写数据服务模块

```
1. // JS: src\managers\data_service.js
2. ...
3.
4. /** 直接以官方接口实现的同步本地数据服务类 */
5. class SyncDataService {
6.   /** 向本地写入数据 */
7.   async writeLocalData(userScore, systemScore) {
8.     const key = new Date().toLocaleString()
9.     const localScoreData = await this.readLocalData()
10.    localScoreData[key] = {
11.      userScore,
12.      systemScore
13.    }
14.    const res = await wx.setStorage({ key: LOCAL_DATA_NAME, data: localScoreData }).
       catch(err => console.log(err))
15.    return !!res
16.  }
17.
18.  /** 从本地读取数据 */
19.  async readLocalData() {
20.    const res = await wx.getStorage({ key: LOCAL_DATA_NAME }).catch(console.log)
21.    return res?.data ?? {}
22.  }
23. }
24.
25. // export default new AsyncToSyncDataService()
26. export default new SyncDataService()
```

这个文件有什么变化呢？

相比 AsyncToSyncDataService 类，只是将第 14 行、第 20 行对 promisify 工具方法的使用删除了，其他代码没有变化。

重新编译测试，项目运行的输出效果与之前是一样的，说明代码没有问题。

最后总结一下在微信小游戏开发中如何实现“异步转同步”。

先看接口，如果接口本身就支持 Promise 风格调用，直接使用 await/async 关键字就可以了；如果接口不支持，再使用工具方法 promisify。

在微信小程序 / 小游戏接口尚未支持 Promise 风格调用的时候，有人写了 promisifyAll 方法，将 wx 对象下的所有接口都转换成同步接口，并挂在一个独立的 wxp 对象下，再将 wxp 对象挂在全局对象 wx 下，以方便全局调用。

现在不需要这样做了，篡改全局对象是一个非常不好的编程习惯。在复杂的前端项目中，很多时候我们不知道自己的全局修改对其他人有什么影响，也不清楚其他人的全局修改对我们有什么影响，那些被非法篡改的全局对象就像地雷一样，随时都可能造成意想不到的 bug。

如何清除本地缓存

wx.removeStorage 这个接口是用于清除指定名称的数据缓存的。以下是清除游戏得分历史数据的代码：

```
1. wx.clearStorage({
2.   key: LOCAL_DATA_NAME
3. })
```

另外有一个同步接口，对应的调用代码是这样的：

```
wx.removeStorageSync(LOCAL_DATA_NAME)
```

注意这两个接口的参数不一样，前者是一个对象，在对象中设置 key，后者直接传递了一个 key。

使用 wx.removeStorageSync 接口的代码虽然更简单，但因为调用是阻塞的，所以并不适合本地缓存的清除工作。大多数情况下我们需要将异步代码转化为同步代码，但有时候却要故意执行一段异步代码、完成一些异步工作，目的就是不阻塞主线程的执行。

如果想清除所有的本地数据，怎么办？这里有一个笨方法：先用 wx.getStorageInfo 接口获取本地数据的描述数据，然后用 wx.removeStorage 逐一清除，如代码清单 1-8 所示。

代码清单 1-8　清除本地数据

```
1. // JS: src\managers\data_service.js
2. ...
3.
4. /** 直接以官方接口实现的同步本地数据服务类 */
5. class SyncDataService {
6.   ...
7.
8.   /** 清除本地数据 */
9.   clearLocalData(){
10.    wx.getStorageInfo({
11.      success: res => {
12.        const keys = res.keys
13.        for (let key of keys) {
14.          console.log(key);
15.          wx.removeStorage({
16.            key
17.          })
18.        }
19.      },
20.      fail: err => {
21.        console.log(err)
22.      }
23.    })
24.  }
25. }
26.
27. export default new SyncDataService()
```

上面的代码做了什么？

- 第 12 行通过回调参数对象 res 取得所有本地缓存数据的 Key，keys 是一个数组。
- 第 13 行通过 for...of 循环遍历数组 keys。
- 第 16 行，由于属性名称与变量名称一致，因此都是 key，这里进行了属性简写。

在 clearLocalData（第 9 行）方法的实现中，没有使用同步接口，查询缓存消息与清除指定 key 的本地缓存用的都是异步接口。

看一下怎么调用这个方法：

```
1. dataService.clearLocalData()
2. ...
```

直接调用就可以了，前面不需要加 await。方法调用以后，第 2 行及后面的代码可以立即继续执行，主线程不会受到阻塞。

最后总结一下什么时候直接使用异步代码、什么时候使用“异步转同步”代码。

如果代码执行以后，不需要等待它的结果，换言之，下面的代码执行不依赖上面代码的执行结果，就适合直接使用异步代码；反之，则适合使用“异步转同步”代码，特别是在使用两层以上回调函数的场景中。

本课小结

本课源码见 disc/ 第 1 章 /1.1。

这节课主要练习了本地缓存接口的使用，学习了“异步转同步”的编码技巧。早期微信小程序 / 小游戏的大部分接口是异步的。多层异步接口的回调嵌套会让代码变得难以阅读与维护，而通过“异步转同步”的编码方式可以显著地将复杂的代码变得清晰简单。

本地缓存是有存储限额的，单个 Key 允许存储的最大数据长度为 1MB，所有数据存储上限为 10MB。存储地址是由小游戏运行环境自行决定的，开发者并不能干涉。由此可见，本地存储还是有诸多的不便之处。下节课将看一下如何将数据直接写入本地文件。

第 2 课　使用 FileSystemManager 读写本地文件

第 1 课通过 LocalStorage 读写了本地缓存，单次写入最大限制为 1MB，存储总量限制为 10MB，这个额度太小了。在游戏项目中，资源文件很容易就超过这个限制。那么，有没有其他方式可以读写数据呢？

答案是肯定的。小程序 / 小游戏提供了 FileSystemManager（文件管理器），可用于读写本地用户文件。在小游戏中，该文件管理器最多支持 50MB 大小的数据读写。

下面来看一下如何使用 FileSystemManager 在项目中创建本地文件管理器，并用读写文件的方式存取游戏得分的历史数据。

读写本地文件，实现数据服务模块

仍然在 data_service.js 文件中添加新的功能实现，在原有代码的基础上进行修改，具体如代码清单 1-9 所示。

代码清单 1-9　读写本地文件以实现数据服务模块

```
1. // JS: src\managers\data_service.js
2. ...
3.
4. const LOCAL_DATA_NAME = "historyGameData"
5.   , HISTORY_FILEPATH = "historyFilePath" // 本地存储文件名
6.
7. ...
8.
9. /** 基于文件管理器实现的本地数据服务类 */
10. class DataServiceViaFileSystemManager {
11.   /** 本地用户文件路径 */
12.   get #filePath() {
13.     return `${wx.env.USER_DATA_PATH}/${HISTORY_FILEPATH}`
14.   }
15.   #fsMgr = wx.getFileSystemManager()
16.
17.   /** 向本地写入数据 */
18.   async writeLocalData(userScore, systemScore) {
19.     const key = new Date().toLocaleString()
20.     const localScoreData = await this.readLocalData()
21.     localScoreData[key] = {
22.       userScore,
23.       systemScore
24.     }
25.     const filePath = this.#filePath
26.     const res = await promisify(this.#fsMgr.writeFile)({
27.       filePath
28.       , data: JSON.stringify(localScoreData)
29.       , encoding: "utf8"
30.     }).catch(console.log)
31.
32.     return !!res
33.   }
34.
35.   /** 从本地读取数据 */
36.   async readLocalData() {
37.     let res = ""
38.     const path = this.#filePath
39.     // 可能出现的异常：access:fail no such file or directory...
40.     const accessRes = await promisify(this.#fsMgr.access)({ path }).catch(console.
       log)
41.     if (accessRes) {
42.       const localScoreData = this.#fsMgr.readFileSync(path, "utf8")
```

```
43.       res = JSON.parse(localScoreData)
44.     }
45.
46.     return res || {}
47.   }
48.
49.   /** 清除本地游戏数据 */
50.   clearLocalData() {
51.     const filePath = this.#filePath
52.     this.#fsMgr.removeSavedFile({
53.       filePath
54.     })
55.   }
56. }
57.
58. ...
59. export default new DataServiceViaFileSystemManager()
```

看一下这个文件发生了什么。

- 第 5 行在当前文件作用域下声明了一个常量 HISTORY_FILEPATH，代表本地的用户文件名称。
- DataServiceViaFileSystemManager 是新增的、基于文件管理器实现的本地数据服务类，它的三个方法的功能与 SyncDataService 已经实现的同名方法是一致的。
- 第 12 行声明了一个名称为 #filePath 的私有 getter（访问器属性），在这里声明是为了在下面三个方法中统一调用（第 25 行、第 38 行和第 51 行）。
- 第 13 行中的 wx.env.USER_DATA_PATH 是微信预定义的，它代表当前用户文件的存储目录。这个目录是分小游戏产品、用户设置的，不同产品的不同用户不会发生相互覆盖的情况。
- 第 15 行中的 #fsMgr 是一个由 wx.getFileSystemManager 接口返回的文件管理器，是一个单例。
- 第 26 行、第 40 行使用工具方法 promisify 将异步接口转为同步接口进行调用。关于接口的参数可以参见微信小游戏官方文档。
- 第 40 行的代码在第一次执行时，会爆出一个“access:fail no such file or directory...”的异常，因为文件尚不存在，访问无效；这时候这行代码尾部添加的 catch 代码就发挥作用了，异常发生时不会影响程序的正常执行，只会将信息打印出来。分辨异常有没有影响程序的正常运行，可以看 Console 面板中错误信息的颜色：如果是红色，说明影响了；如果是灰色，一般没有影响。
- 第 42 行，在读取文件内容时，只有 accessRes 不为空对象时才会执行到这一行。如果文件不存在，accessRes 指定为空，是执行不到这里的。
- 第 26 行中的 #fsMgr.writeFile 代表异步写入文件；第 40 行中的 #fsMgr.access 代表

异步判断文件/目录是否存在；第42行中的#fsMgr.readFileSync代表同步读取文件内容；第52行中的#fsMgr.removeSavedFile代表异步移除已经保存在本地的文件。这些接口的作用和参数在官方文档中都有详细说明，如果不清楚可以查看官方文档。

好了，这个文件的代码看完了，但这里有一个问题：#fsMgr.writeFile和#fsMgr.access这两个方法都有一个同步版本，分别是#fsMgr.writeFileSync和#fsMgr.accessSync，既然有同步版本，为什么还要使用"异步转同步"技巧将其转换一下呢？直接使用同步版本的方法不是更方便吗？

这个问题先留给读者朋友思考，答案会在稍后的实践中慢慢浮出水面。现在我们看一下消费代码（测试本地读写文件的代码），如代码清单1-10所示。

代码清单1-10　测试本地读写文件的代码

```
1. // JS: src\views\game_index_page.js
2. ...
3.
4. /** 游戏主页 */
5. class GameIndexPage extends Page {
6.   ...
7.
8.   /** 处理结束事务 */
9.   // end() {
10.  async end() {
11.    ...
12.
13.    //记录游戏数据，开始测试 AsyncToSyncDataService
14.    // await dataService.writeLocalData(userBoard.score, systemBoard.score)
15.    //读取本地记录
16.    // const localScoreData = await dataService.readLocalData()
17.    // console.log("localScoreData", localScoreData)
18.    // dataService.clearLocalData()
19.
20.    //记录游戏数据，开始测试 DataServiceViaFileSystemManager
21.    await dataService.writeLocalData(userBoard.score, systemBoard.score)
22.    //读取本地记录
23.    const localScoreData = await dataService.readLocalData()
24.    console.log("localScoreData", localScoreData)
25.    // dataService.clearLocalData()
26.  }
27.
28.  ...
29. }
30.
31. export default GameIndexPage
```

上面的代码做了什么？

- 第 21～24 行是新增的测试代码。
- 第 25 行用于清除本地文件数据，但这种清除方式是无效的，稍后我们会看到原因。除了这种清除方式，还有一种更方便的清除方式，那就是在微信开发者工具的工具栏中依次选择“清缓存”→“清除文件缓存”选项。

重新编译测试，在 Console 面板中可以看到程序运行的打印输出没有问题，如图 1-5 所示。

```
localScoreData                                                    game index page.js:105
▼{2021/10/21 下午3:12:31: {…}, 2021/10/21 下午3:13:00: {…}, 2021/10/21 下午3:13:08: {…},
 2021/10/21 下午3:19:10: {…}, 2021/10/21 下午3:19:17: {…}}
  ▶2021/10/21 下午3:12:31: {userScore: 1, systemScore: 1}
  ▶2021/10/21 下午3:13:00: {userScore: 1, systemScore: 1}
  ▶2021/10/21 下午3:13:08: {userScore: 1, systemScore: 0}
  ▶2021/10/21 下午3:19:10: {userScore: 1, systemScore: 1}
  ▶2021/10/21 下午3:19:17: {userScore: 1, systemScore: 0}
```

图 1-5　Console 面板输出本地游戏数据

对于使用 FileSystemManager 的旧代码，可能会出现这样的错误：

```
"writeFile:fail permission denied, open historyFilePath"
```

本地用户目录是从基础库 1.7.0 版本开始新增的概念，在使用本地文件读写接口时，要注意检查本地所用的基础库版本是否为 1.7.0 或以上版本。

对于每个小游戏，微信小游戏运行环境专门提供了一个用户文件目录给开发者，开发者对这个目录有完全自由的读写权限。通过 wx.env.USER_DATA_PATH 可以获取这个目录路径。 wx.env 代表小游戏 / 小程序的运行时环境对象，在 wx.env 上定义的都是有关运行时环境的环境变量。

面向 Promise 编程：避免使用 try catch

现在，我们尝试将 DataServiceViaFileSystemManager 类的代码改造一下，来看一下不使用工具方法 promisify，直接使用同步接口实现是什么样子，如代码清单 1-11 所示。

代码清单 1-11　使用同步接口实现文件读写

```
1. // JS: src\managers\data_service.js
2. ...
3.
4. /** 基于文件管理器实现的本地数据服务类 2 */
5. class DataServiceViaFileSystemManager2 {
6.   /** 本地用户文件路径 */
7.   get #filePath() {
8.     return `${wx.env.USER_DATA_PATH}/${HISTORY_FILEPATH}`
9.   }
10.   #fsMgr = wx.getFileSystemManager()
11.
```

```
12.   /** 向本地写入数据 */
13.   async writeLocalData(userScore, systemScore) {
14.     const key = new Date().toLocaleString()
15.     const localScoreData = await this.readLocalData()
16.     localScoreData[key] = {
17.       userScore,
18.       systemScore
19.     }
20.
21.     try {
22.       const filePath = this.#filePath
23.       this.#fsMgr.writeFileSync(
24.         filePath,
25.         JSON.stringify(localScoreData),
26.         "utf8"
27.       )
28.       return true
29.     } catch (err) {
30.       console.log('writeLocalData.err', err)
31.     }
32.
33.     return false
34.   }
35.
36.   /** 从本地读取数据 */
37.   async readLocalData() {
38.     let res = ''
39.
40.     try {
41.       const filePath = this.#filePath
42.       // 可能出现的错误：accessSync:fail no such file or directory...
43.       this.#fsMgr.accessSync(filePath)
44.       let localScoreData = this.#fsMgr.readFileSync(filePath, "utf8")
45.       res = JSON.parse(localScoreData)
46.     } catch (err) {
47.       console.log("readLocalData.err", err);
48.     }
49.
50.     return res || {}
51.   }
52.
53.   /** 清除本地游戏数据 */
54.   clearLocalData() {
55.     const filePath = this.#filePath
56.     this.#fsMgr.removeSavedFile({
57.       filePath
58.     })
59.   }
60. }
61.
62. ...
63. // export default new DataServiceViaFileSystemManager()
64. export default new DataServiceViaFileSystemManager2()
```

消费代码不需要修改，重新编译测试，运行输出与之前没有差别。

与 DataServiceViaFileSystemManager 相比，DataServiceViaFileSystemManager2 的代码是类似的，区别在于第 23 行、第 43 行不再使用工具方法 promisify，而是直接调用对应的同步接口：#fsMgr.writeFileSync 和 #fsMgr.accessSync。问题就可能出现在这两个同步接口上。

这两个同步接口在被调用时，可能会爆出以下 5 种异常。

- fail no such file or directory, open ${filePath}：指定的 filePath 所在目录不存在。
- fail permission denied, open ${dirPath}：指定的 filePath 路径没有写权限。
- fail the maximum size of the file storage limit is exceeded：存储空间不足。
- fail sdcard not mounted Android sdcard：挂载失败。
- fail no such file or directory ${path}：文件 / 目录不存在。

这些异常是小游戏运行时环境以 throw 的方式抛出的，不是以运行时接口调用结果的形式返回的，处理这些异常必须使用 try catch 语句（见第 21 行、第 40 行）。但是 try catch 会让代码看起来不简洁，嵌套多，好的代码是不应该使用 try catch 的。（事实上从运行效率来讲，try catch 需要更多的运行时开销，建议慎重使用。）

这是我们在前面提到的，在 DataServiceViaFileSystemManager 类中使用工具方法 promisify 进行接口转化，宁愿使用 #fsMgr.writeFile 和 #fsMgr.access 这两个同步版本，也不使用 #fsMgr.writeFileSync 和 #fsMgr.accessSync 这两个异步版本的原因。

最后总结一下，我们应当如何选择并使用微信小程序 / 小游戏平台的异步接口和同步接口。

- 对于提供了 Promise 风格调用能力的异步接口，直接加 await 调用。
- 对于没有 Promise 风格调用能力的异步接口，看有没有同步接口，即异步接口名称后面是否存在带 Sync 后缀的接口。如果存在，再看有没有可能抛出异常：如果可能，则放弃使用，改用工具方法 promisify 转换异步接口；如果不可能，再放心大胆地使用带 Sync 后缀的同步接口。

至于如何判断同步接口会不会抛出异常，可以查看官方文档，文档中都有详细描述。

> 注意　以上关于异步接口、同步接口选择策略的示例演示，是基于小游戏基础库 2.19.5 的，不排除以后基础库版本升级后同步接口不再抛出异常的可能，如果那样的话，使用同步接口也无妨。微信小程序 / 小游戏的基础库及微信开发者工具自上线以来一直在快速进化，我们在开发时把握基本的原理和准则就可以了。

现在看一下 DataServiceViaFileSystemManager 和 DataServiceViaFileSystemManager2 这两个类的第三个方法：clearLocalData。在测试中我们会发现，clearLocalData 好像永远都不会成功。如果路径有误，可能会在调试区看到这样一个错误：

```
removeSavedFile:fail file not exist
```

如果路径没有问题，则什么都不会返回，但文件依然存在。这是为什么呢？

这是因为通过 FileSystemManager.removeSavedFile 接口只能删除通过 FileSystemManager.saveFile 保存的文件，saveFile 接口的用途是将临时文件转存为在用户空间中永久存储的文件。我们的记分数据文件并不是通过 saveFile 接口保存的，因此也无法通过 removeSavedFile 接口删除。

在测试中，如果想清除通过 writeFile 或 writeFileSync 保存的文件，可以在微信开发者工具中依次选择“清缓存”→“清除文件缓存”选项。

本课小结

本课源码见 disc/ 第 1 章 /1.2。

这节课主要练习了使用 FileSystemManager（本地文件管理器）进行本地文件（限用户空间内）读写的技巧。在实践中我们发现，面向 Promise 编程不仅可以让代码变得简单清晰，还可以有效减少对 try catch 代码的依赖。

将游戏中的信息存储在本地，有本地数据缓存（LocalStorage）和本地文件管理器（FileSystemManager）两套接口可以使用。这两套接口既有同步版本，又有异步版本。异步版本是通过 fail 回调向外返回错误信息的，而同步版本是通过抛出异常向开发者告知错误的，如果开发者要使用同步版本，则必须用 try catch 将消费代码包裹起来。try catch 会让代码变得丑陋，在这里我们一贯推荐的方法是，使用工具方法 promisify 将异步接口转为同步接口再使用。

下一课我们尝试在屏幕上显示城市，这涉及获取用户的地理位置信息。获取用户的地理位置是 LBS 程序不可或缺的功能。

第 3 课　使用腾讯位置服务显示用户城市

第 2 课使用 FileSystemManager 实现了用户本地文件存取，这节课尝试调用第三方平台接口显示当前微信用户所在城市的名称。

目前我们是在 UserBoard 类中绘制的用户头像，我们能通过 wx.getUserInfo 接口取到用户头像（avatarUrl）信息，也能取到昵称（nickName）、国家（country）、省份（province）和城市（city）等信息。在绘制用户头像的同时，我们还可以将“用户”这两个字替换为真实的用户昵称，但城市这项信息有可能不是用户的真实信息。

微信日活用户有 11 亿多，有不少用户的国家信息是阿尔及利亚或冰岛，这些用户自己填写的信息是不可靠的。这节课将尝试调用腾讯 LBS 平台的位置服务，实时获取当前用户所在的城市信息。

使用腾讯位置服务

腾讯位置服务（https://lbs.qq.com/）主要基于经纬度信息向开发者提供在线地理位置服务，支持多终端、多语言。官方网站提供了小程序端 JS SDK，可以直接在小游戏开发中使用。

注意　小游戏与小程序的运行环境是相同的，前者是后者的一个特殊的类目分支，这意味着很多平台提供的小程序 SDK 小游戏也可以使用。

如何使用这个位置服务呢？

1）在 https://lbs.qq.com/ 上注册开发者账号，查收邮件，按提示激活账号。

2）在密钥申请页面 https://lbs.qq.com/dev/console/application/mine 上创建一个名为“默认应用”（也可以用其他名字）的应用并申请一个密钥。“默认应用”的编辑面板如图 1-6 所示。

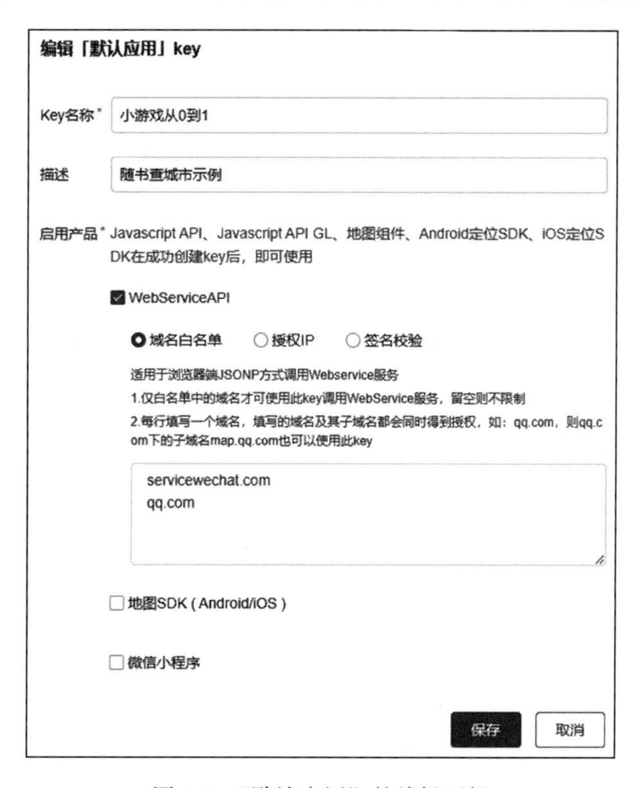

图 1-6　“默认应用”的编辑面板

在面板中，一定要勾选“WebServiceAPI”复选框（这代表开通 WebServiceAPI 服务），并在域名白名单中添加微信服务域名（servicewechat.com）和 QQ 域名（qq.com）。小程序 SDK 需要用到 WebServiceAPI 的部分服务，这个选项是必选的，下面的“微信小程序”选项不是必选的。

3）通过网址 https://mapapi.qq.com/web/miniprogram/JSSDK/qqmap-wx-jssdk1.2.zip 下载 JS SDK 并解压，将 min 版本保存至项目的 src/libs 目录下。

4）登录小程序管理后台设置安全域名，在开发→开发管理→开发设置→服务器域名中设置 request 合法域名，这里添加 https://apis.map.qq.com。这项设置不是紧迫的，在微信开发者工具中，可以通过选择项目详细设置→本地设置，勾选“不校验合法域名”选项跳过这项校验。

准备工作做完了，接下来开始创建一个 lbs_manager.js 文件，用于实现 LBS 信息管理者模块，代码如代码清单 1-12 所示。

代码清单 1-12　实现 LBS 信息管理者模块

```
1. // JS: src\managers\lbs_manager.js
2. import QQMapJSSDK from "../libs/qqmap-wx-jssdk.min.js"
3. /** 腾讯 LBS 服务密钥 */
4. const QQ_LBS_KEY = "L5YBZ-BTZHX-FPU42-Z3PUL-VHHG2-AFF4Q"
5. /** LBS 位置信息管理者 */
6. class LBSManager {
7.   /** 城市名称 */
8.   get city() {
9.     return this.#city
10.   }
11.   #city = "未知"
12.   #qqmapsdk = new QQMapJSSDK({
13.     key: QQ_LBS_KEY
14.   });
15.
16.   init(options) {
17.     if (!!this.initialized) return; this.initialized = true
18.
19.     // 拉取授权信息
20.     wx.getSetting({
21.       success: (res) => {
22.         const authSetting = res.authSetting
23.         if (!authSetting["scope.userLocation"]) { // 如果没有授权，先发起授权
24.           wx.authorize({
25.             scope: "scope.userLocation",
26.             success: res => {
27.               this.#updateCity()
28.             },
29.             fail: err => {
30.               console.log(err)
31.             }
32.           })
33.         } else {
34.           this.#updateCity()
35.         }
36.       }
37.     })
```

```
38.   }
39.
40.   #updateCity() {
41.     wx.getLocation({
42.       type: "gcj02",
43.       altitude: false,
44.       success: res => {
45.         this.#qqmapsdk.reverseGeocoder({
46.           location: {
47.             latitude: res.latitude,
48.             longitude: res.longitude
49.           },
50.           success: res => {
51.             this.#city = res.result.address_component.city
52.           },
53.           fail: err => {
54.             console.log(err)
55.           }
56.         })
57.       },
58.       fail: res => {
59.         console.log(res)
60.       }
61.     })
62.   }
63. }
64.
65. export default new LBSManager()
```

这个文件做了什么？

- 第 2 行引入了腾讯位置服务的 JS SDK。
- 第 4 行是从腾讯位置服务平台上复制下来的 LBS 服务密钥（QQ_LBS_KEY）。严格来讲，这个密钥属于机密信息，是不能放在前端的，应该放在后端。这里为了开发简便，直接放在这里了。
- 第 12 行使用密钥初始化 QQMapJSSDK，以备后用。
- 第 20 行通过接口 wx.getSetting 查询用户的授权情况，如果已经授权，则直接调用 #updateCity 方法（第 34 行）；如果没有授权，则在第 24 行调用 wx.authorize 接口开始授权，地理位置授权窗口如图 1-7 所示。不同于 scope.userInfo 的信息授权，scope.userLocation 这个授权请求不要求事先互动，可以直接发起。
- 第 41 行先调用 wx.getLocation 接口拉取经纬度信息；取到以后，在第 45 行调用

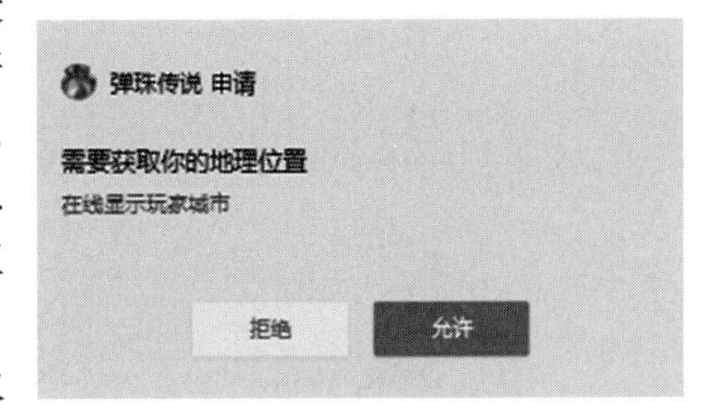

图 1-7　地理位置授权窗口

#qqmapsdk.reverseGeocoder 方法查询当前用户所在的城市。前面我们在腾讯位置服务网站上注册账号、创建应用申请密钥、下载 JS SDK，就是为了在这里调用这行代码。

- 第 42 行中的请求参数 type 可以取两个值：wgs84，返回 GPS 坐标；gcj02，返回可用于 wx.openLocation 的坐标。这些信息在官方文档上有详细描述。出于腾讯位置服务 JS SDK 的调用需要，这里选择 gcj02。
- 第 51 行，返回的信息是一个 JSON 对象，里面有很多信息，这里只取城市这一项。

lbs_manager.js 文件的代码写完了，接下来看如何使用。打开 user_board_boxed.js 文件（目前项目中用户记分板对象使用的是 user_board_boxed.js 文件，而不是 user_board.js 文件），内容如代码清单 1-13 所示。

代码清单 1-13　user_board_boxed.js 文件代码

```
1. // JS: src\views\user_board_boxed.js
2. ...
3. import lbsMgr from "../managers/lbs_manager.js"
4.
5. ...
6.
7. /** 用户分数文本组件 */
8. class UserScoreText extends Component {
9.   constructor(drawText) {
10.     super()
11.     this.render = context => {
12.       //取相对定位的位置
13.       const ...
14.         // , scoreText = `用户 ${this.parentElement.score}`
15.         , scoreText = `${this.parentElement.city} ${this.parentElement.
          nickName} ${this.parentElement.score}`
16.       ...
17.     }
18.   }
19. }
20.
21. /** 用户记分板，代替 user_board.js 的另一种实现 */
22. class UserBoard extends Board {
23.   ...
24.
25.   get city(){
26.     return lbsMgr.city
27.   }
28.   /** 用户昵称 */
29.   nickName = ""
30.
31.   /** 初始化 */
32.   init(options) {
33.     ...
```

```
34.
35.     lbsMgr.init()
36.
37.     // 检查用户授权情况，拉取用户头像并绘制
38.     wx.getSetting({
39.       success: (res) => {
40.         ...
41.         if (authSetting["scope.userInfo"]) { // 已有授权
42.           wx.getUserInfo({
43.             success: (res) => {
44.               const userInfo = res.userInfo
45.               ...
46.               this.nickName = userInfo.nickName
47.             }
48.           })
49.         }
50.         ...
51.       }
52.     })
53.     ...
54.   }
55.   ...
56.
57.   /** 通过 UserInfoButton 拉取用户头像地址 */
58.   #getUserAvatarUrlByUserInfoButton() {
59.     ...
60.
61.     userInfoButton.onTap((res) => {
62.       if (res.errMsg === "getUserInfo:ok") {
63.         const userInfo = res.userInfo
64.         ...
65.         this.nickName = userInfo.nickName
66.       }
67.       ...
68.     })
69.   }
70. }
71.
72. export default new UserBoard()
```

这个文件做了什么？

- 第 3 行引入了 LBS 位置信息管理者实例。
- 第 15 行新增的代码代替了第 14 行，在原来的基础上添加了城市与用户昵称两项信息。
- 第 25 行添加了一个名称为 city 的 getter，这个访问器是给子元素 UserScoreText 使用的。即使调用时 lbsMgr 没有初始化完成也没有关系，因为 lbsMgr.city 有默认值。
- 第 29 行添加了一个类属性 nickName，这个属性是在第 46 行和第 65 行赋值的，userInfo 对象中有这项信息，只是以前没有获取。在 UserBoard 类中，拉取

UserInfo 信息有两个渠道，设置 nickName 属性的代码也有两处。

代码修改完了，现在还不能测试。现在测试会出现一条关于权限的警告提示，如图 1-8 所示。

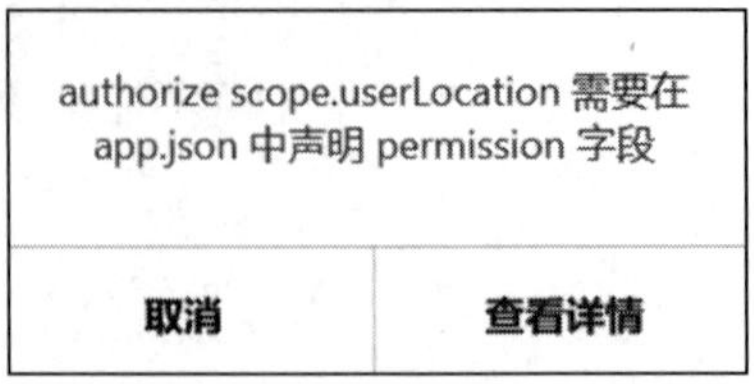

authorize scope.userLocation 需要在 app.json 中声明 permission 字段

取消　查看详情

图 1-8　关于权限的警告提示

这条警告要我们在配置文件中声明 permission 字段。在小程序中配置文件是 app.json，在小游戏中配置文件是位于项目根目录下的 game.json。打开配置文件 game.json，添加这样一项配置：

```
1. {
2.   "deviceOrientation": "portrait",
3.   "permission": {
4.       "scope.userLocation": {
5.           "desc": " 在线显示玩家城市 "
6.       }
7.   }
8. }
```

第 3～7 行是新增代码，代表这个小游戏需要使用用户的地址信息。第 5 行的 desc 用于向用户描述请求地址权限的用意，这个描述在授权窗口中可以看到，如图 1-7 所示。

重新编译测试，城市名称绘制效果如图 1-9 所示。

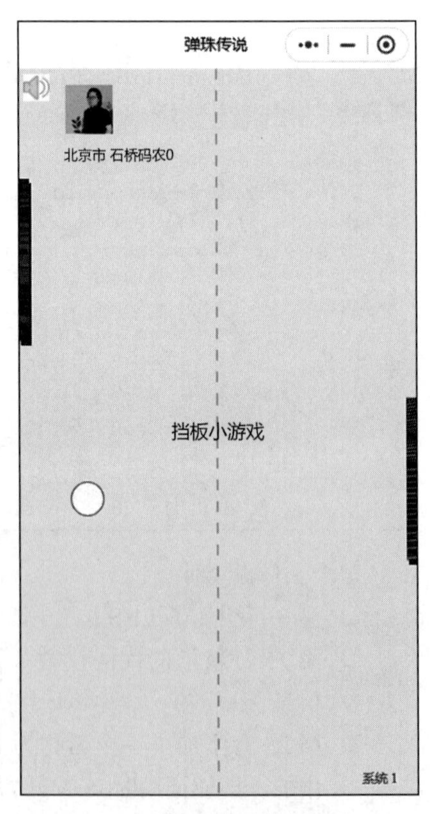

图 1-9　城市名称绘制效果

在用户头像下方，依次绘制了用户城市、用户昵称和分数。

在编译测试腾讯位置服务时，可能会在调试区收到这样一条错误提示：

```
此 key 未开启 webservice 功能
```

这是因为没有开启 WebServiceAPI 权限。前往腾讯位置服务网站，选择“应用管理”→“我的应用”选项，之后选择相关应用并单击“编辑”链接，勾选“ WebServiceAPI”复选框，然后添加相关白名单域名即可，如图 1-6 所示。

第一个白名单域名（servicewechat.com）是微信服务器的白名单域名，是为了让小游戏程序可以调用腾讯位置服务的 API 而设置的，第二个域名（qq.com）是为了在下面这个工具页面里测试密钥而设置的：https://lbs.qq.com/webservice_v1/guide-gcoder.html。

打开这个测试网址，在页面下方有一个嵌入的测试程序，将经纬度信息和密钥复制进去（见图 1-10）就可以在线测试了。

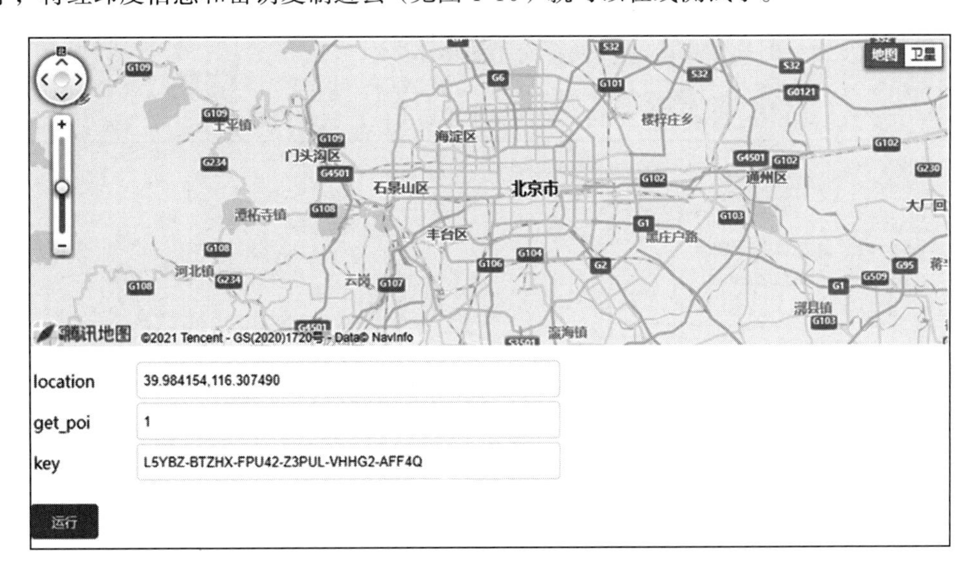

图 1-10　测试经纬度信息和密钥是否正确

如果参数有效，单击“运行”按钮，测试程序下方会有 JSON 数据返回。这个测试程序不仅能帮助我们验证密钥，还可以方便我们查看接口返回数据的信息结构。

拓展：小心隐藏字符错误

在旧的微信开发者工具中，在常量 QQ_LBS_KEY 或其值周围可能会出现隐藏字符，如图 1-11 所示。

```
1  // JS: src\managers\lbs_manager.js
2  import QQMapJSSDK from "../libs/qqmap-wx-jssdk.min.js"
3
4  /** 腾讯 LBS 服务密钥 */
5  const QQ_LBS_KEY = "L5YBZ-BTZHX-FPU42-Z3PUL-VHHG2-AFF4Q"
```

图 1-11　隐藏字符

这些隐藏字符在微信开发者工具中不能显示，但是如果使用 Sublime Text 或其他文本编辑软件就可以看到。隐藏字符表面上看起来没有任何问题，但会使程序不能正常运行。这个 QQ_LBS_KEY 常量是在 QQMapJSSDK 初始化时使用的。隐藏字符可能致使程序抛出“无法初始化”的异常。

隐藏字符可能是复制造成的。在使用第三方平台的 SDK 时，平台往往提供了一些示例代码，在从网页里复制这些示例代码时要小心，要避免将隐藏字符复制过来。

解决回调函数简写引发的错误

在使用异步接口时要特别小心，来看代码清单 1-14。

代码清单 1-14　使用异步接口可能产生的错误

```
1. // JS: src\managers\lbs_manager.js
2. ...
3.
4. /** LBS 位置信息管理者 */
5. class LBSManager {
6.   ...
7.
8.   #updateCity() {
9.     wx.getLocation({
10.      type: "gcj02",
11.      altitude: false,
12.      success: res => {
13.        this.#qqmapsdk.reverseGeocoder({
14.          ...
15.          // success: res => {
16.          //   this.#city = res.result.address_component.city
17.          // },
18.          success(res) {
19.            this.#city = res.result.address_component.city
20.          },
21.          ...
22.        })
23.      },
24.      ...
25.    })
26.  }
27. }
28.
29. export default new LBSManager()js
```

第 18～20 行在调用异步接口时设置了 success 回调。这种写法很常见，官方文档中也有不少这样的示例，但是这 3 行代码并不能代替第 15～17 行的代码，即使表面上看起来它们没有区别。

第 15～17 行被注释的代码没有问题，但第 18～20 行的新代码会报这样一个异常：

```
TypeError: attempted to use private field on non-instance
```

错误指向第 19 行：试图在非实例对象上使用私有字段。为什么？

错误提示里的 non-instance 指向了全局对象，success(res) {...} 这样的编写形式是异步接口中设置 success 回调的一种简写方式，其代码实际相当于：

```
success: function(res) {...}
```

这样编写是有问题的，根据《微信小游戏开发：前端篇》第 14 课判定 this 对象的方法，这种情况下匿名回调函数内的 this 会指向全局对象，而试图在全局对象上访问 #city 属性显然是不合适的。解决方法很简单，就是使用第 15～17 行的写法。

总结一下，为了避免 this 指向异常，所有调用异步接口的代码，回调函数都应优先使用箭头函数的编写方式。

使用异步转同步技巧重写 LBSManager

目前 LBSManager 的实现有许多回调代码，代码看起来略显臃肿，接下来我们尝试以异步转同步技巧将其改写，如代码清单 1-15 所示。

代码清单 1-15　使用异步转同步技巧重写 LBSManager

```
1. // JS: src\managers\lbs_manager.js
2. ...
3. import { promisify } from "../utils.js"
4.
5. ...
6.
7. /** 同步的 LBS 位置信息管理者 */
8. class SyncLBSManager {
9.   /** 城市名称 */
10.   get city() {
11.     return this.#city
12.   }
13.   #city = "未知"
14.   #qqmapsdk = new QQMapJSSDK({
15.     key: QQ_LBS_KEY
16.   });
17.
18.   async init(options) {
19.     if (!!this.initialized) return; this.initialized = true
20.
21.     const res = await wx.getSetting()
22.     if (!res.authSetting["scope.userLocation"]) {
23.       await wx.authorize({ scope: "scope.userLocation" }).catch(console.log)
24.     }
25.     this.#updateCity()
26.   }
27.
28.   async #updateCity() {
29.     const res = await wx.getLocation({
30.       type: "gcj02",
31.       altitude: false
32.     }).catch(console.log)
33.     const lbsRes = await promisify(this.#qqmapsdk.reverseGeocoder.
        bind(this.#qqmapsdk))({
34.       location: '${res.latitude},${res.longitude}'
35.     }).catch(console.log)
36.     this.#city = lbsRes.result.address_component.city
37.   }
38. }
39.
```

```
40. // export default new LBSManager()
41. export default new SyncLBSManager()
```

看一下新的实现包括什么。

- 从整体上看，SyncLBSManager 比 LBSManager 简洁多了。
- 第 34 行是经纬度信息的另一种传递方式，通过逗号分隔的字符串（前面是纬度 latitude，后面是经度 longitude）代替了原来的对象。
- 第 21 行、第 23 行、第 29 行，因为 wx.getSetting、wx.authorize、wx.getLocation 这三个接口天然支持 Promise 风格的调用，所以不需要用工具方法 promisify 转化了。
- 第 33 行，注意 this.#qqmapsdk.reverseGeocoder 是腾讯 JS SDK 的内部方法，默认不支持 Promise 风格的调用，需要使用工具方法 promisify 转化，并且一定要使用 bind 方法手动绑定 this 对象。如果不绑定，在 SDK 内部会抛出"key 无效"这样的错误。单从错误信息是很难判断问题出在哪里的，类似的错误多是内部 this 对象丢失造成的，一般使用 bind 方法绑定一下就能解决。

注意 关于 reverseGeocoder 方法的文档见 https://lbs.qq.com/miniProgram/jsSdk/jsSdkGuide/methodReverseGeocoder。包括微信小游戏接口在内，关于接口方法如何调用、有哪些参数的内容以后可能都会变化，但不管如何变化，均以官方文档为准，我们重在实践中学习使用它们的方式、方法和基本思想。

相同的功能，改造后新类 SyncLBSManager 只有 30 行，而原来的 LBSManager 类有 60 行，代码行数缩减了一半。SyncLBSManager 和 LBSManager 的导出是一致的，消费代码不需要修改。

改造完成后，重新编译测试，运行效果与原来是一样的，说明新代码没有问题。

最后总结一下，对于微信小游戏平台的接口，如果本身支持 Promise 风格的调用，像 wx.getSetting、wx.authorize 等接口，直接在前面加 await，像调用 Promise 接口一样调用它；如果不支持 Promise 风格的调用，像 SDK 中的 reverseGeocoder 方法，可以使用工具方法 promisify 转化一下。如果接口转化后出现异常，可能是方法内部 this 丢失引起的，这时候可以使用 bind 方法手动补正。

本课小结

本课源码见 disc/ 第 1 章 /1.3。

这节课主要学习了使用腾讯的地理位置服务，在屏幕上绘制了用户的真实城市信息，在项目实践中练习了异步转同步技巧。

本章内容结束，下一章将着手优化游戏体验，进行一些本地功能改进，如添加全屏背景图片、在失误时振动等。

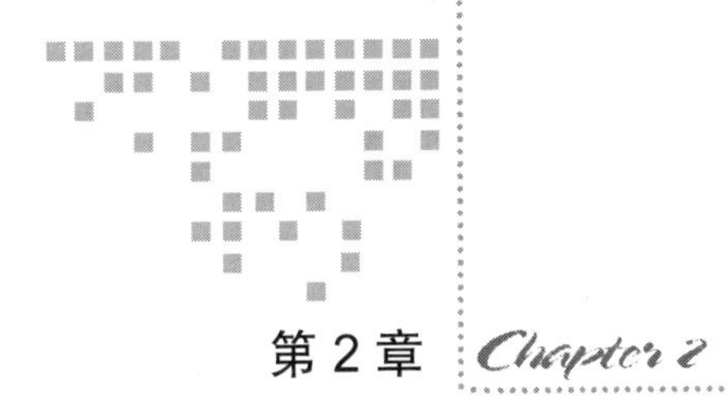

第 2 章 Chapter 2

本地功能：优化游戏体验与性能

上一章主要学习了读取本地缓存、读写本地文件和使用 LBS 服务显示城市名称等内容，这一章练习添加背景图片、在失误时发出振动以及监听全局程序错误。

第 4 课　优化游戏体验：添加背景图片和顶级 UI 层

上节课我们主要使用腾讯的地理位置服务在屏幕上显示了用户所在的城市，这节课我们着手优化游戏体验。第一项优化是为游戏添加背景图片。添加背景图片看似不难，但因为涉及设备尺寸的适配问题，其实也并不简单。

添加适配不同机型的背景图片

添加背景图片首先要考虑一个问题：要准备多大尺寸的图片？这取决于设备的屏幕尺寸。设备主要分为 iOS 和 Android 两类，Android 设备多而杂，iOS 设备的屏幕尺寸尚有规律可循。在开发中一般先考虑 iOS 设备的屏幕尺寸，然后让 Android 设备向 iOS 设备看齐做自动适配。下面来看一下 iOS 设备的屏幕尺寸，见表 2-1。

表 2-1　iOS 设备的屏幕尺寸

设备型号	屏幕尺寸（in①）	屏幕分辨率（px）	屏幕高宽比
iPhone 2G/3G/3GS	3.5	480 × 320	3 : 2
iPhone 4/4s	3.5	960 × 640	3 : 2
iPhone 5/5c/5s/SE（第一代）	4.0	1136 × 640	16 : 9

（续）

设备型号	屏幕尺寸（in①）	屏幕分辨率（px）	屏幕高宽比
iPhone 6/6s/7/8/SE（第二代）	4.7	1334×750	16∶9
iPhone 6+/6s+/7+/8+	5.5	2208×1242	16∶9
iPhone X/XS/11 Pro	5.8	2436×1125	19.5∶9
iPhone XR/11	6.1	1792×828	19.5∶9
iPhone XS Max/11 Pro Max	6.5	2688×1242	19.5∶9
iPhone 12 mini	5.4	2340×1080	19.5∶9
iPhone 12/12 Pro	6.1	2532×1170	19.5∶9
iPhone 12 Pro Max	6.7	2778×1284	19.5∶9
iPhone 13 mini	5.4	2340×1080	19.5∶9
iPhone 13/13 Pro	6.1	2532×1170	19.5∶9
iPhone 13 Pro Max	6.7	2778×1284	19.5∶9
iPad mini 7.9/iPad 9.7	7.9	2048×1536	4∶3
iPad Pro 10.2	10.2	2160×1620	4∶3
iPad Pro 10.5	10.5	2224×1668	4∶3
iPad Pro 11	11	2388×1668	1.43∶1
iPad Pro 12.9	12.9	2732×2048	4∶3
iPod Touch 1~3	3.5	480×320	3∶2
iPod Touch 4	3.5	960×640	3∶2
iPod Touch 5	4.0	1136×640	16∶9

①英寸，1in＝0.0254m。

这个设备尺寸列表较为复杂，简单整理一下；iOS 设备的屏幕高宽比主要有以下 7 种：

- iPhone 2G/3G/3GS/4/4s　3∶2
- iPhone 5/5c/5s/6/6+/6s/6s+/SE/7/7+/8/8+　16∶9
- iPhone X/XS/XSM/XR/11/12/13/14　19.5∶9
- iPad 7.9/9.7/10.x/12.9　4∶3
- iPad Pro 11　1.43∶1
- iPod Touch 1～4　3∶2
- iPod Touch 5　16∶9

7 类屏幕高宽比中，最小的是 iPad 设备的 4∶3。微信小游戏中，无论宽还是高，目前允许的最大尺寸都是 2048 px。按照 iPad 4∶3 的屏幕高宽比，游戏中实际需要的最大宽度是 1536 px。

笔者制作了一张简单的背景图片，位于 https://cloud-1252822131.cos.ap-beijing.myqcloud.com/images/bg.png。

此图片的尺寸是2048×1536px。由于尺寸大，文件也大，不宜放在本地项目中，只适合以网络图片的形式使用。

接下来我们开始改造Background类，修改background.js文件，具体如代码清单2-1所示。

代码清单2-1　修改背景对象

```
1. // JS: src\views\background.js
2. ...
3.
4. /** 背景对象 */
5. class Background {
6.   constructor() {}
7.
8.   #img
9.
10.  init(options){
11.    const img = wx.createImage()
12.    img.src = options?.bgImageUrl ?? "https://cloud-1252822131.cos.ap-
         beijing.myqcloud.com/images/bg.png"
13.    img.onload = () => {
14.      this.#img = img
15.    }
16.  }
17.
18.  /** 渲染 */
19.  render(context) {
20.    //绘制背景图片与不透明背景
21.    if (this.#img) {
22.      const dw = GameGlobal.CANVAS_WIDTH
23.        , dh = GameGlobal.CANVAS_HEIGHT
24.        , sh = this.#img.height
25.        , sw = sh * dw / dh
26.        , sx = (this.#img.width - sw) / 2
27.      context.drawImage(this.#img, sx, 0, sw, sh, 0, 0, dw, dh)
28.    } else {
29.      context.fillStyle = "whitesmoke"
30.      context.fillRect(0, 0, GameGlobal.CANVAS_WIDTH, GameGlobal.CANVAS_HEIGHT)
31.    }
32.
33.    ...
34.  }
35. }
36.
37. export default new Background()
```

这个文件发生了什么变化？

- 第 8 行添加了私有属性 #img。
- 第 10～16 行，原来不需要 init 函数，现在将其添加。在 init 函数内，加载准备好的背景图片并初始化私有属性 #img。
- 第 21～28 行，这是主要的新增代码，将背景图片左右居中绘制，上下全部绘制。第 26 行是计算源图像 X 起始坐标点位置（也就是将源图像在 X 方向上放在画布的什么位置）的代码，由于我们使用的是适用于 iPad 最大宽度的背景图片，所以只需要考虑源图像宽度大于目标绘制区域宽度的情况。
- 第 29～30 行是旧代码，只有在背景图片未加载完成的情况下执行。

最后看一下 game_index_page.js 文件的改动，如代码清单 2-2 所示。

代码清单 2-2　应用修改后的背景对象

```
1. // JS: src\views\game_index_page.js
2. ...
3.
4. /** 游戏主页 */
5. class GameIndexPage extends Page {
6.   ...
7.
8.   /** 初始化 */
9.   init(options) {
10.    ...
11.    //初始化用户记分板
12.    ...
13.    //初始化游戏背景
14.    bg.init({ bgImageUrl: "https://cloud-1252822131.cos.ap-beijing.myqcloud.
          com/images/bg.png" })
15.    ...
16.  }
17.
18.  ...
19. }
20.
21. export default GameIndexPage
```

第 14 行，添加对背景对象的初始化调用。

保存代码，重新编译测试，PC 微信客户端的运行效果如图 2-1 所示。

iPad 模拟机的运行效果如图 2-2 所示。

从运行效果看，背景图片在不同分辨率下的自动适配是可以接受的。

最后总结一下，我们想覆盖哪些屏幕尺寸的设备，就要找出相关设备中最小的屏幕高宽比，然后制作一张最大同时也最经济的图片，用这张图片作为所有设备的背景，并且在绘制时保持居中。对于没有覆盖到的设备，可在背景图片盖不住的地方使用与背景相近的颜色填充。

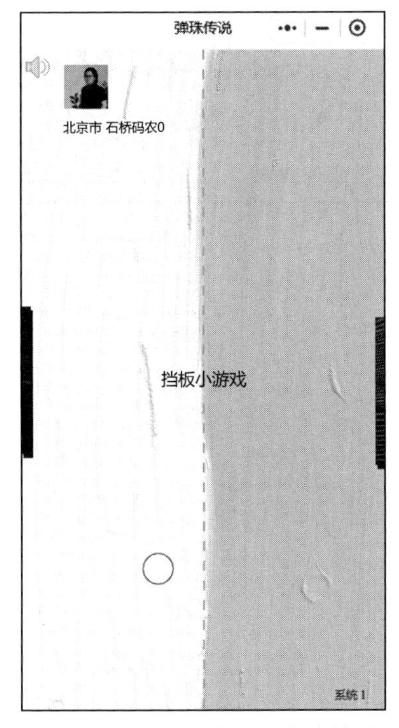

图 2-1　PC 客户端上的背景效果

图 2-2　iPad 模拟机上的背景效果

使用有限字符的自定义字体

处理完背景图片适配，接下来看字体拓展。

我们在游戏中使用的字体，在用户电脑中都必须有对应的字体文件，如果没有，字体效果将由默认字体代替渲染。在微信小游戏 API 中，有一个 wx.loadFont 接口可用于加载自定义字体。这个接口目前是小游戏专有的，小程序没有。

先从游戏资源网站上找到一个字体文件，上传到存储空间：https://cloud-1252822131.cos.ap-beijing.myqcloud.com/images/fontqiqi.ttf。

完整的字体文件一般比较大，而且在游戏界面上使用的文字是有限的，没有必要加载整个字体文件。可以在网站 https://www.iconfont.cn/webfont 上输入自己想要使用的字符，选择指定字体，然后生成一个自定义的字体文件，如图 2-3 所示。

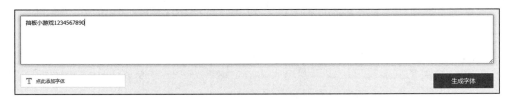

图 2-3　在线自定义有限字符字体

将此文件下载下来，为了方便在游戏中使用，将其上传到线上的存储空间，变成一个在线地址：https://cloud-1252822131.cos.ap-beijing.myqcloud.com/fonts/webfont.ttf。

接下来创建 font_manager.js 文件，具体如代码清单 2-3 所示。

代码清单 2-3　创建字体管理者

```
1. // JS: src\managers\font_manager.js
2. import { promisify } from "../utils.js"
3.
4. /** 字体管理者 */
5. class FontManager {
6.   // 字体
7.   get fontFamily() {
8.     return this.#fontFamily
9.   }
10.  #fontFamily = "STHeiti"
11.
12.  async init(options) {
13.    if (!!this.initialized) return; this.initialized = true
14.
15.    // 加载并使用自定义字体
16.    const res = await promisify(wx.downloadFile)({
17.      url: options?.webFontUrl ?? "https://cloud-1252822131.cos.ap-beijing.
           myqcloud.com/fonts/webfont.ttf"
18.    })
19.    if (res.statusCode === 200 && res.errMsg === "downloadFile:ok") {
20.      const fontFamily = wx.loadFont(res.tempFilePath)
21.      console.log("已加载自定义字体", fontFamily) // Farrington-7B-Qiqi
22.      if (fontFamily) {
23.        this.#fontFamily = fontFamily
24.      }
25.    }
26.  }
27.}
28.
29.export default new FontManager()
```

看看这个文件做了什么。

- 第 16 行，先使用 wx.downloadFile 接口将网络字体文件下载到本地，得到一个本地临时地址。因为这个接口不支持 Promise 风格调用，所以使用工具方法 promisify 转化了一下。
- 第 20 行使用 wx.loadFont 接口从本地临时地址加载字体，这是一个为数不多的不以 Sync 结尾的同步接口。接口调用成功后会返回一个字体家族（Font Family）名称，这个名称是在 font 属性中使用的字体名称。

接着修改 background.js 文件，开始使用 FontManager，如代码清单 2-4 所示。

代码清单 2-4　应用字体管理者

```
1. // JS: src\views\background.js
2. ...
3. import fontMgr from "../managers/font_manager.js"
4.
5. /** 背景对象 */
6. class Background {
7.   ...
8.
9.   init(options){
10.    ...
11.    }
12.    fontMgr.init()
13.  }
14.
15.  /** 渲染 */
16.  render(context) {
17.    ...
18.
19.    //绘制游戏标题
20.    // context.font = "800 20px STHeiti"
21.    context.font = `800 20px ${fontMgr.fontFamily}`
22.    ...
23.  }
24.}
25.
26.export default new Background()
```

这个文件发生了什么变化。

- 第 3 行引入模块单例。
- 第 12 行初始化字体管理者。
- 第 21 行在绘制游戏标题时使用新加载的自字义字体。

保存所有代码，重新编译测试，运行效果如图 2-4 所示。

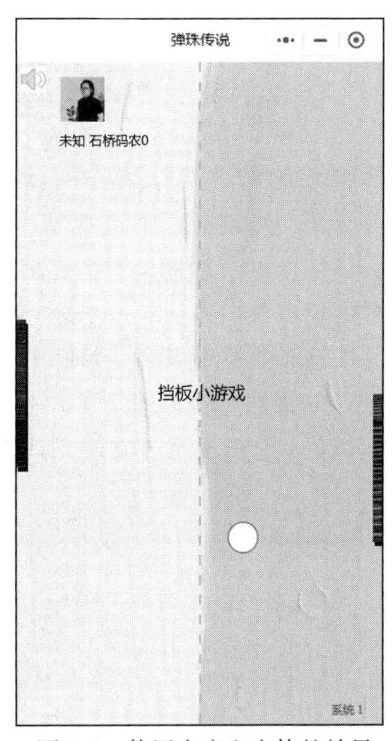

图 2-4　使用自定义字体的效果

可以看出，游戏标题的字体变了。

通过自定义字符方式生成的字体文件并不是很大，就算不以网络链接的方式加载，直接放在本地加载也是可以的。如果在本地直接加载，直接调用 wx.loadFont 接口即可，不需要再用 wx.downloadFile 接口先转化为本地临时地址。

在左挡板失误时振动

接下来我们尝试实现这样一个效果：当用户使用左挡板接球失误时，发出一个振动。

wx.vibrateShort 和 wx.vibrateLong 是振动接口，一短一长，短者 15 ms，长者 400 ms。短时间振动（短振）仅在 iPhone 7/7+ 以上及 Android 机型上生效。虽然 iPhone 7 以下机型不支持短振，但微信开发者工具支持模拟测试，在模拟器中选择 iPhone 5 机型也可以测试到短振效果，表现形式为模拟器快速微晃。

对于不支持短振的旧机型，我们可以在短振失败时尝试长振。先在 utils.js 文件中创建一个工具方法，在这个方法中实现调用振动接口的逻辑：

```
1. // JS: src\utils.js
2. ...
3. /** 振动 */
4. export async function vibrate(){
5.   // 可能会派发这样一个错误："vibrateShort:fail:not supported"
6.   const res = await wx?.vibrateShort().catch(console.log)
7.   if (!res || res.errMsg !== "vibrateShort:ok"){
8.     wx?.vibrateLong().catch(console.log)
9.   }
10. }
```

这个工具方法是怎么实现的？

- 第 6 行，由于小程序 / 小游戏多端环境实现的不一致，在 PC 微信客户端及低版本的 iPhone 机型上不存在 wx.vibrateShort 接口，或这个接口调用会失败，所以在这里做了容错处理。
- 第 7 行的 res 可能是空值，这里的容错判断 "!res" 是必不可少的。
- 第 8 行虽然支持 wx.vibrateLong 在文档中被声明，但在 PC 微信客户端中调用它仍然可能会抛出异常，所以在这里仍然做了容错处理。wx.vibrateShort 和 wx.vibrateLong 这两个接口都支持 Promise 风格的调用，将它们视作返回 Promise 对象的接口，并在它们返回的 Promise 对象上添加 catch，可以有效避免因为代码异常影响程序的正常运行。

振动这个功能与业务逻辑无关，甚至可以脱离具体项目，在所有的小游戏项目中都存在，所以我们将 vibrate 方法定义为工具方法，放在 utils.js 文件中。

在项目的什么地方调用工具方法 vibrate 呢？应当在小球碰到左墙壁时调用。在此之前，如果被左挡板挡住了，它会反弹，也就不会再碰到左墙壁了，因此在这个时机调用是可以的。修改 ball.js 文件，具体如代码清单 2-5 所示。

代码清单 2-5 应用 vibrate 方法

```
1. // JS: src/views/ball.js
2. ...
3. import { vibrate } from "../utils.js"
4.
5. /** 小球 */
6. // class Ball {
7. export class Ball {
```

```
8.   ...
9.
10.  testHitWall(hitedObject) {
11.    ...
12.    if (res === 4 || res === 8) {
13.      ...
14.      if (res === 8) vibrate()
15.    } else if (res === 16 || res === 32) {
16.      ...
17.    }
18.  }
19.
20.  ...
21.}
22.
23.export default Ball.getInstance()
```

第14行添加了一行对vibrate方法的调用。当res等于8时，代表碰撞了左墙壁。vibrate是一个带有sync的同步方法，但此处在调用这个方法时没有必要使用await关键字，相当于不等待执行，这样便不会阻塞下面代码的正常执行。

重新编译测试，UI效果与之前一致。振动效果在模拟器中的表现形式是，模拟器在二维平面内短促晃动。使用iPhone 7 / 7+以上机型及Android手机测试，可以感受到真实振动。

监听并处理背景音乐的意外暂停

这个功能主要为了实现意外事件导致背景音乐停止后，在游戏恢复运行时，让背景音乐继续播放。

什么情况会让背景音乐暂停呢？这包括闹钟、电话、FaceTime通话、微信语音聊天、微信视频聊天、切换到其他App等。此类意外事件触发后，小程序内所有音频会自动暂停。但当这些意外事件结束、小游戏被重新打开时，音频并不会自动恢复。

接下来开始修改audio_manager.js文件以监听意外事件，如代码清单2-6所示。

代码清单2-6 监听意外事件

```
1. // JS: src\managers\audio_manager.js
2. ...
3.
4. /** 音频管理者，负责管理背景音乐及控制按钮 */
5. class AudioManager extends EventDispatcher {
6.   ...
7.
8.   /** 初始化 */
9.   init(options) {
10.    ...
11.    // 监听音频中断事件的开始与结束
12.    wx.onAudioInterruptionBegin((res) => {
13.      console.log("音频中断开始，背景音乐停止了")
```

```
14.     })
15.     wx.onAudioInterruptionEnd((res) => {
16.       console.log("音频中断结束，背景音乐开始恢复")
17.       if (this.#bgAudio.paused) this.#bgAudio.play()
18.     })
19.   }
20.
21.   ...
22. }
23.
24. export default AudioManager.getInstance()
```

这个文件做了什么？

第12～18行是新增的代码，通过wx.onAudioInterruptionBegin和wx.onAudioInterruption-End这两个平台接口，可以分别监听意外事件的开始和结束。在开始时我们不需要做什么，音频暂停的同时，游戏画面也停止了渲染；在结束时，我们检查#bgAudio.paused属性，当背景音乐因意外事件暂停时，该属性为true，此时我们主动调用#bgAudio.play方法恢复音频播放。

在我们的游戏中有一个背景音乐按钮，当背景音乐因为意外事件暂停时，我们需要对这个按钮做什么吗？什么也不需要做。

开发者对游戏的控制是基于对数据的控制完成的，控制了数据就控制了渲染结果。在这件事上，什么是数据？背景音乐是否播放，AudioManager类的bgMusicIsPlaying属性是否为true，就是数据。控制了它，即自动控制了背景音乐按钮的状态。

> 注意 **控制数据而非直接控制渲染**，这条规则非常重要。试想如果在游戏中有十处视图依赖一处数据，若直接控制视图的渲染，我们可能需要执行十处相似的代码；而如果在设计游戏时，让这十处视图的渲染都自动依赖于某一处数据，我们只需要控制这一处数据就可以了。在Web前端开发领域有两个非常知名的**响应式框架**：Vue和React。它们最基本的一条准则就是控制数据，通过数据的变化影响视图的渲染，这也是响应式框架名称的由来，让视图渲染自动响应数据的变化。

暂停事件可以在模拟器中模拟，既可以在模拟器右上角的更多菜单上选择“模拟操作”→“Home”来实现，也可以在手机上测试。保存代码，在手机上预览，日志打印效果如图2-5所示。

图2-5 在手机上测试暂停事件

在游戏运行的时候，按下 Home 键（或其他按键退出微信），然后再切回到微信，即可看到意外事件的发生和结束。

注意 对于音频对象，有一个接口 wx.setInnerAudioOption 可以设置 InnerAudioContext 对象的全局播放选项，以下是示例代码：

```
1.wx.setInnerAudioOption({
2.   mixWithOther: true
3.   , obeyMuteSwitch: true
4.   , speakerOn: true
5.})
```

该设置对所有音频对象有效，也就是说在我们的小游戏项目中，同时对背景音乐和点击音频都有效。该接口有3个属性值得注意：

- mixWithOther，布尔属性，默认为 false，代表是否与其他音频混播。设置为 true 之后，不会终止其他应用或微信内的音乐。
- obeyMuteSwitch，布尔属性，默认为 false，代表是否遵循系统静音开关。设置为 false 之后，即使是在静音模式下，也能播放声音。
- speakerOn，布尔属性，true 代表用扬声器播放，false 代表用听筒播放，默认值为 true。

如果在项目中调用 wx.setInnerAudioOption 接口无效或触发了异常，可以检查一下自己所用的基础库版本，该接口要求基础库版本在 2.3.0 以上。**微信小游戏/小程序的基础库更新迭代很快，使用最新的基础库版本，可以避免因版本低而引发的错误。**

使用一个暂停按钮，控制游戏的暂停与恢复

接下来我们来了解受到意外事件打扰后游戏逻辑如何处理。一般是这样处理的：意外事件发生时，游戏暂停，就像游戏被按下了暂停键一样；当意外事件结束，玩家回到小游戏时，游戏自动恢复运行。

我们可以实现这样一个效果：在游戏上放置一个暂停按钮，用户通过这个按钮可以主动暂停游戏，当然也可以恢复；当意外事件发生时，这个暂停按钮会被自动按下；当暂停事件结束时，用户主动点击这个暂时按钮，才可以恢复游戏的正常运行。

在这里有的读者可能会想，当暂停事件结束时，为什么不自动恢复游戏的运行呢？这样也可以，不过这是个产品的设计问题，不是技术问题，具体如何设计完全取决于开发者自己。

暂停按钮如何展示呢？为了实现方便，我们先实现一个通用的简单文本按钮组件，如代码清单 2-7 所示。

代码清单 2-7　简单按钮的通用实现

```
1. // JS: src\views\simple_button.js
2. import Component from "./component.js"
3. import fontMgr from "../managers/font_manager.js"
4.
5. /** 一个简单的 2D 文本二态按钮 */
6. class SimpleTextButton extends Component {
7.   /** 按钮默认文本 */
8.   label = " 按钮 "
9.   /** 按钮点击时的事件回调句柄 */
10.   #onTap = undefined
11.
12.   init(options) {
13.     this.label = options?.label ?? " 按钮 "
14.     this.x = options?.x ?? 0
15.     this.y = options?.y ?? 0
16.     this.width = options?.width ?? 60
17.     this.height = options?.height ?? 25
18.     this.#onTap = options?.onTap
19.   }
20.
21.   render(context) {
22.     context.shadowColor = "gray"
23.     context.shadowOffsetX = 2
24.     context.shadowOffsetY = 2
25.     context.fillStyle = "orange"
26.     context.fillRect(this.x, this.y, this.width, this.height)
27.     context.shadowOffsetX = 0
28.     context.shadowOffsetY = 0
29.     context.fillStyle = "white"
30.     context.font = '12px ${fontMgr.fontFamily}'
31.     context.textBaseline = "top"
32.     context.fillText(this.label,
33.       this.x + (this.width - context.measureText(this.label).width) / 2,
34.       this.y + (this.height - context.measureText("M").width) / 2)
35.   }
36.
37.   /** 响应触控结束事件 */
38.   onTouchEnd(res) {
39.     const touch = res.changedTouches[0]
40.     const pos = {
41.       x: touch.clientX,
42.       y: touch.clientY
43.     }
44.     if (pos.x > this.x
45.       && pos.x < this.x + this.width
46.       && pos.y > this.y
47.       && pos.y < this.y + this.height) {
48.       if (this.#onTap) this.#onTap(res)
49.     }
```

```
50.   }
51. }
52.
53. export default SimpleTextButton
```

这个组件是怎么实现的？

- 第 6 行中的新类 SimpleTextButton 继承于 Component 组件基类，本身已经拥有 x、y、width、height 等常见 UI 属性。
- 第 10 行添加了一个事件句柄，在监听到 touchEnd 事件点击这个按钮时触发。SimpleTextButton 间接继承于 EventDispatcher，本身支持派发事件及添加事件监听，但为了使用方便，在这里添加了一个 #tap 属性。
- 第 18 行在初始化组件时，可以将事件句柄 onTap 传递进来。
- 第 30 行，注意这里使用了字体管理者的自定义字体名称。
- 第 22～34 行主要实现按钮的绘制。为了简单起见，支持自定义的部分只有按钮文本，按钮的前景色（white）、背景色（orange）和阴影颜色（gray）等其他部分都是写死的。
- 第 38～50 行主要处理按钮是否被点击的判断逻辑。这个方法在运行时是要被显式调用的，在哪里使用该组件，就在哪里监听 touchEnd 事件，并将监听到的事件对象（res）传递到这里。

为了方便开发时使用，我们在 SimpleTextButton 组件的基础之上再封装一个 ToggleButton，具体如代码清单 2-8 所示。

代码清单 2-8　实现切换按钮

```
1. // JS: src\views\toggle_button.js
2. import SimpleTextButton from "simple_text_button.js"
3.
4. class ToggleButton extends SimpleTextButton {
5.   #checked = false
6.
7.   init(options) {
8.     if (!!this.initialized) return; this.initialized = true
9.
10.    super.init(options)
11.    const checkedLabel = options?.checkedLabel ?? "已选择"
12.    const uncheckedLabel = this.label = options?.uncheckedLabel ?? "未选择"
13.    Object.defineProperty(this, "checked", {
14.      get: () => {
15.        return this.#checked
16.      },
17.      set: (val) => {
18.        this.#checked = val
19.        this.label = val ? checkedLabel : uncheckedLabel
20.      },
```

```
21.       configurable: false
22.     })
23.   }
24. }
25.
26. export default ToggleButton
```

这个组件是怎么实现的？

- 第 4 行，ToggleButton 继承于 SimpleTextButton。
- 第 11 行和第 12 行从参数对象中接收了两个文本，checkedLabel 是选择状态下的文本，uncheckedLabel 是未选择状态下的文本，也是默认的按钮文本。
- 第 13～22 行定义了名称为 checked 的 getter 和 setter。为什么不使用字面量直接声明的方式定义，而改用 Object.defineProperty 方法定义？因为这种方式可以少定义一个私有属性，并且可以防止定义被篡改。第 21 行将 configurable 设置为 false，代表这个 getter 和 setter 是不可删除与不可修改的。

注意 **在项目开发中，对于某些实现共性需求的通用组件（如 SimpleTextButton 和 ToggleButton），既不能不设计，也不能过度设计。**要避免在项目开发之初，就设计出一堆所谓的通用组件，此时设计这些组件费时费力，后期还不一定用得上；但同时也要避免项目开发后期的懒惰。有些组件明明可以将共性部分抽离出来，变成基础的通用组件在多处复用，而开发者却只是简单地复制，这会造成项目中充斥着大量相似甚至相同的代码。这是开发者的懒惰，会给产品的后续维护带来数不清的麻烦，在外包项目中这种情况比较多见。

组件定义完了，接下来开始消费。修改 game.js 文件，具体如代码清单 2-9 所示。

代码清单 2-9　应用切换按钮

```
1. // JS：第 2 章\4.1\game.js
2. ...
3. import ToggleButton from "src/views/toggle_button.js"
4.
5. /** 游戏对象 */
6. class Game extends EventDispatcher {
7.   ...
8.
9.   /** 游戏暂停了吗 */
10.   get isPaused() {
11.     return this.#isPaused
12.   }
13.   #isPaused = false
14.   /** 游戏暂停按钮 */
15.   #gamePauseBtn = new ToggleButton()
16.   ...
```

```
17.
18.    /** 初始化 */
19.    init() {
20.      ...
21.
22.      // 初始化游戏暂停按钮
23.      this.#gamePauseBtn.init({
24.        checkedLabel: " 恢复 "
25.        , uncheckedLabel: " 暂停 "
26.        , x: GameGlobal.CANVAS_WIDTH - 80
27.        , y: 50
28.        , onTap: res => {
29.          if (this.#isPaused) {
30.            this.#isPaused = this.#gamePauseBtn.checked = false
31.            this.#loop()
32.          } else {
33.            this.#isPaused = this.#gamePauseBtn.checked = true
34.            setTimeout(() => cancelAnimationFrame(this.#frameId), 50)
35.          }
36.        }
37.      })
38.      // 监听游戏暂停与恢复的事件
39.      wx.onHide(() => {
40.        console.log(" 游戏已暂停 ")
41.        this.#isPaused = this.#gamePauseBtn.checked = true
42.      })
43.      wx.onShow(() => {
44.        console.log(" 游戏已切回，恢复运行了 ")
45.        this.#isPaused = this.#gamePauseBtn.checked = false
46.      })
47.    }
48.    ...
49.    /** 触摸事件结束时的回调函数 */
50.    #onTouchEnd(res) {
51.      ...
52.      this.#gamePauseBtn.onTouchEnd(res)
53.    }
54.
55.    /** 渲染 */
56.    #render() {
57.      ...
58.      // 渲染游戏控制按钮
59.      this.#gamePauseBtn.render(this.#context)
60.    }
61.    ...
62. }
63. ...
```

这个文件主要发生了什么变化？

- 第 3 行引入了新组件 ToggleButton。

- 第 10～13 行声明了私有属性 #isPaused 和只读访问器 isPaused（getter）。在 Game 类外部，只允许读取 #isPaused 属性，不允许修改。
- 第 15 行声明了私有变量 #gamePauseBtn，它是游戏暂停按钮，是一个 ToggleButton 实例，因为下面要在两个方法中使用它，所以将它定义为实例成员。
- 第 23～37 行完成了 #gamePauseBtn 的初始化。注意第 34 行，我们在想取消帧调用时，使用了 setTimeout 定时器，并且延迟执行时间是 50ms。每帧间隔大约 17ms，延迟时间必须显然大于这个数字这行代码才会有效，否则游戏暂停按钮点击后，游戏暂停了，但按钮的暂停状态可能因为 render 方法不再执行了而没有渲染出来。
- 第 39～46 行使用 wx.onHide 和 wx.onShow 接口分别监听小游戏的意外暂停和恢复事件，并在回调函数内改变游戏对象的状态（this.#isPaused）和游戏暂停按钮的状态（this.#gamePauseBtn.checked）。
- 第 52 行将监听到的 touchEnd 事件（res）传递给游戏暂停按钮。
- 第 59 行在 render 方法内将按钮渲染出来。

保存代码，重新编译测试，常态下的运行效果如图 2-6 所示。

游戏暂停时，运行效果如图 2-7 所示。

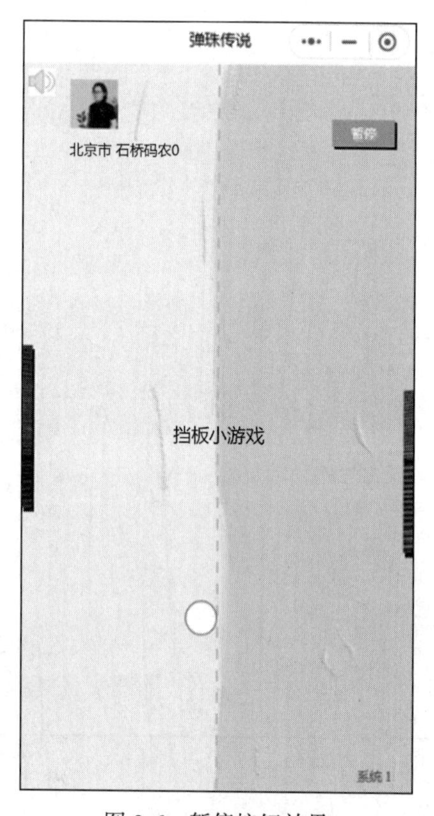

图 2-6　暂停按钮效果

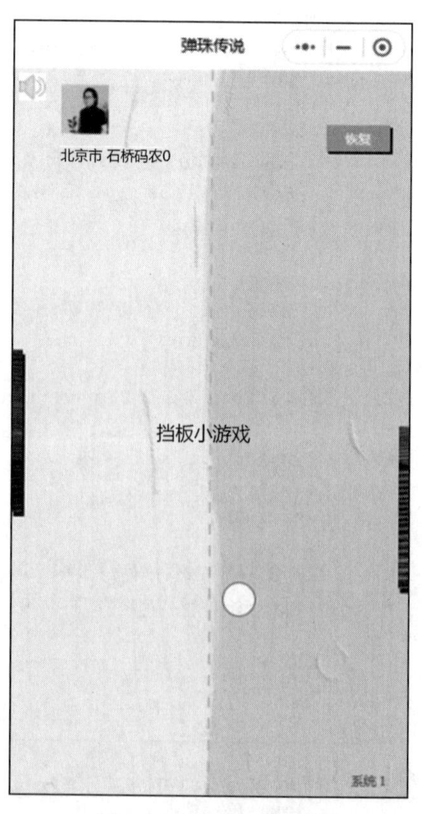

图 2-7　恢复文本效果

无论点击游戏暂停按钮，还是在工具栏中点击“切后台”按钮，都可以让模拟器暂停运行。在游戏暂时后，小球即会停止在屏幕上。在手机上测试，可以按 Home 键或其他退出微信的按键，触发暂停事件。

这里有一个问题：我们明明在 SimpleTextButton 类的 render 方法内使用了字体管理者自定义的字体，为什么按钮的文字绘制效果与游戏标题“挡板小游戏”相差那么远？显然它们不是用一个字体绘制的。

这是因为我们在本课实现 FontManager，在网站上生成自定义字体文件时，输入的字符并不包括“暂停”和“恢复”这两个词。自定义时输入哪些字符，哪些字符才可以以自定义字体的样貌展示，否则便以用户设备默认的字体显示。如果我们想让按钮以同样的字体效果呈现，方法很简单，只需要在线重新生成字体文件，生成新链接将旧链接替换掉便可以了。

在测试时，“切后台”按钮可能不在工具栏区域，但其实这个按钮是存在的，只是默认隐藏了。打开菜单“工具”→“工具栏管理”，勾选“切后台”按钮就可以了。

> 注意　图 2-7 是 PC 微信客户端的截图，从截图中看到，游戏暂停按钮离顶部屏幕边缘较远，这是为小游戏胶囊按钮区域预留的间隔。这是 PC 微信客户端没有将胶囊按钮放在屏幕区内引起的，在手机或模拟器中预览没有这个问题。

解决游戏暂停后定时器不暂停的问题

处理游戏暂停还涉及一个超时问题，画布虽然不渲染了，但定时器时钟还在走。暂停游戏时必须同时把定时器停掉，应该怎么做呢？

原来定时器限时 30s，现在对其改造，需要声明两个实例变量：一个记录游戏的开始时间（#startTime），单位 ms；另一个记录当前回合还剩下多少时间（#remainedTime），单位也是 ms。用这两个类变量实现新的游戏限时需求：游戏暂停时，定时器也暂停；游戏恢复时，定时器以剩余的时间重新开启。

接下来开始改造 game_index_page.js 文件，游戏的限时定时器在这个文件内，修改后如代码清单 2-10 所示。

代码清单 2-10　修改游戏限时问题

```
1. // JS: src\views\game_index_page.js
2. ...
3.
4. /** 游戏主页 */
5. class GameIndexPage extends Page {
6.   ...
7.
8.   /** 开始计时时间 */
9.   #startTime
```

```
10.   /** 剩余的定时器时间，默认为 30 秒 */
11.   #remainedTime = 30 * 1000
12.   ...
13.
14.   /** 处理开始事务 */
15.   start() {
16.     ...
17.     // this.#gameOverTimerId = setTimeout(() => {
18.     //   this.game.turnToPage("gameOver")
19.     // }, 1000 * 30)
20.     //初始化开局时间与局时剩余时间
21.     this.#startTime = Date.now()
22.     this.#remainedTime = 30 * 1000
23.     this.#gameOverTimerId = setTimeout(() => {
24.       this.game.turnToPage("gameOver")
25.     }, this.#remainedTime)
26.   }
27.
28.   /** 暂停页面 */
29.   pause() {
30.     //记录剩余多少局时
31.     this.#remainedTime = Date.now() - this.#startTime
32.     clearTimeout(this.#gameOverTimerId) //清除定时器
33.   }
34.
35.   /** 恢复页面 */
36.   recover() {
37.     this.#gameOverTimerId = setTimeout(() => {
38.       this.game.turnToPage("gameOver")
39.     }, this.#remainedTime)
40.   }
41.
42.   ...
43.}
44.
45.export default GameIndexPage
```

这个文件发生了什么变化？

- 第 9～11 行添加了两个类的私有变量。
- 第 17～19 行是旧的启动定时器的代码，注释掉。第 21～25 行是新的开启代码，每次页面启动时，记录开局时间（第 21 行），将剩余局时（#remainedTime）重置为 30ms（第 22 行）并开启定时器。
- 第 29～40 行新增了两个方法：pause 负责处理页面暂停时的逻辑，recover 负责处理页面恢复时需要执行的逻辑。暂停时，记录剩余局时，清除定时器；恢复时，以剩余局时重启定时器。

页面的暂停和恢复可以作为页面对象的基本行为。为了让所有页面都保持相同的结构，接下来我们在 page.js 文件的页面基类 Page 中添加两个空方法，具体如下：

```
1. // JS: src\views\page.js
2. ...
3.
4. /** 页面基类 */
5. class Page extends Box {
6.   ...
7.
8.   /** 暂停页面 */
9.   pause() { }
10.
11.   /** 恢复页面 */
12.   recover() { }
13. }
14.
15. export default Page
```

第9～12行是新增的空方法：pause和recover。

最后改造game.js文件，如代码清单2-11所示。

代码清单2-11　修改游戏暂停逻辑

```
1. // JS: 第2章\4.1\game.js
2. ...
3.
4. /** 游戏对象 */
5. class Game extends EventDispatcher {
6.   ...
7.
8.   /** 初始化 */
9.   init() {
10.     ...
11.
12.     //初始化游戏暂停按钮
13.     this.#gamePauseBtn.init({
14.       ...
15.       , onTap: res => {
16.         // if (this.#isPaused) {
17.         //   this.#isPaused = this.#gamePauseBtn.checked = false
18.         //   this.#loop()
19.         // } else {
20.         //   this.#isPaused = this.#gamePauseBtn.checked = true
21.         //   setTimeout(() => cancelAnimationFrame(this.#frameId), 50)
22.         // }
23.         this.#isPaused ? this.recover() : this.pause()
24.       }
25.     })
26.     //监听游戏暂停与恢复的事件
27.     wx.onHide(() => {
28.       // console.log("游戏已暂停")
29.       // this.#isPaused = this.#gamePauseBtn.checked = true
30.       this.pause()
31.     })
```

```
32.     wx.onShow(() => {
33.       // console.log(" 游戏已切回，恢复运行了 ")
34.       // this.#isPaused = this.#gamePauseBtn.checked = false
35.       this.recover()
36.     })
37.   }
38.
39.   /** 暂停游戏 */
40.   pause() {
41.     if (this.#isPaused) return
42.     console.log(" 游戏已暂停 ")
43.     this.#currentPage.pause()
44.     this.#isPaused = this.#gamePauseBtn.checked = true
45.     setTimeout(() => cancelAnimationFrame(this.#frameId), 50)
46.     new Task(Task.STOP_BG_AUDIO, this, "bg2").sendOutBy(this)
47.   }
48.
49.   /** 恢复游戏 */
50.   recover() {
51.     if (!this.#isPaused) return
52.     console.log(" 游戏已切回，恢复运行了 ")
53.     this.#currentPage.recover()
54.     this.#isPaused = this.#gamePauseBtn.checked = false
55.     this.#loop()
56.     new Task(Task.PLAY_BG_AUDIO, this,
        "bg2").execute()
57.   }
58.
59.   ...
60. }
61. ...
```

这个文件又发生了什么变化？

- 第 40～47 行是新增的游戏方法 pause，执行游戏暂停时需要执行的代码。将原来在第 20、21 行和第 28、29 行执行的代码移到这个方法内。**功能相同或相似的代码理应放在一起，并以方法封装。**
- 第 50～57 行是新增的游戏恢复方法 recover，改造原因及方式与 pause 方法相同。
- 第 46～56 行分别在游戏暂停、恢复时实现背景音乐的暂停和播放。注意第二个参数 bg2 不能修改为 bg，因为目前 bg2 是默认的背景音乐。

文件修改完了，保存代码，重新编译测试，在模拟器中的暂停效果如图 2-8 所示。

图 2-8　模拟器中的暂停效果

在 PC 微信客户端中测试时，有可能会在调用 InnerAudioContextplay 对象的 play 方法时遇到一个找不到该方法的异常，这是小游戏在多端环境下的音频功能实现不一致造成的。为了避免给测试带来麻烦，可以修改 audio_manager.js 文件将错误捕捉住，如代码清单 2-12 所示。

代码清单 2-12　修改音频播放方法

```
1. // JS: src\managers\audio_manager.js
2. ...
3. import { promisify } from "../utils.js"
4.
5. /** 音频管理者，负责管理背景音乐及控制按钮 */
6. class AudioManager extends EventDispatcher {
7.   ...
8.   play(source) {
9.     ...
10.     if (arr) {
11.       ...
12.
13.       if (action === "play") {
14.         ...
15.         // innerAudioContext.play()
16.         promisify(innerAudioContext.play)().catch(console.log)
17.       } else if (action === "stop") {
18.         ...
19.       }
20.     }
21.   }
22.
23.   ...
24. }
25.
26. export default AudioManager.getInstance()
```

第 16 行，此处的 play 方法不支持 Promise 风格调用，使用工具方法 promisify 将其转化一下，并且在调用后给返回的 Promise 对象添加 catch，以捕捉可能出现的异常。

修改后，在 PC 微信客户端中可能出现的异常信息会在调试区打印出来，但不会再影响程序的正常运行。

> 注意　**定时器不仅不守时，在多端的实现也是不一致的。**在有的环境端，当小游戏切到后台执行时，定时器也停止了；在有的环境端却不停止，有时会变慢，有时不会变慢。在使用时不能依赖环境让定时器停止或变慢，必须手动控制。

添加游戏顶级 UI 层，实现退出功能

这项优化的需求是这样的：在屏幕上显示一个按钮，文本为“退出”，在任何时候都显

示，点击它则退出游戏。

按钮的实现已经有了，使用 SimpleTextButton 即可。至于退出游戏，小游戏专门有一个接口 wx.exitMiniProgram，可用于退出当前小游戏。

在每个游戏中一般都有一个顶级 UI 层，无论游戏当前处于哪个页面，这个顶级 UI 层是一直存在的。接下来我们创建一个 game_top_layer.js 文件，在该文件中实现一个 GameTopLayer 类，并在这个类中声明游戏的退出按钮，如代码清单 2-13 所示。

代码清单 2-13　实现游戏顶级 UI 层

```
1. // JS: src\views\game_top_layer.js
2. import Box from "box.js"
3. import SimpleTextButton from "simple_text_button.js"
4. import ToggleButton from "toggle_button.js"
5.
6. /** 游戏顶级 UI 层 */
7. class GameTopLayer extends Box {
8.
9.   /** 游戏暂停按钮 */
10.   gamePauseBtn = new ToggleButton()
11.
12.   init(options) {
13.     if (!!this.initialized) return; this.initialized = true
14.
15.     //初始化暂停按钮
16.     this.gamePauseBtn.init({
17.       checkedLabel: "恢复"
18.       , uncheckedLabel: "暂停"
19.       , x: GameGlobal.CANVAS_WIDTH - 80
20.       , y: 50
21.       , onTap: res => {
22.         this.emit("gamePause")
23.       }
24.     })
25.     this.addElement(this.gamePauseBtn)
26.
27.     //退出按钮
28.     const exitBtn = new SimpleTextButton()
29.     exitBtn.init({
30.       label: "退出"
31.       , x: GameGlobal.CANVAS_WIDTH - 80
32.       , y: 90
33.       , onTap: () => {
34.         console.log("游戏结束")
35.         wx.exitMiniProgram()
36.       }
37.     })
38.     this.addElement(exitBtn)
39.   }
```

```
40. }
41.
42. export default new GameTopLayer()
```

这个文件做了什么？

- 第7行的组件继承于容器Box。
- 第16～25行初始化了游戏暂停按钮。该按钮原来位于Game类内，现在有了顶级UI层，放在这里更适合。
- 第28～38行使用SimpleTextButton组件初始化了一个退出按钮，点击该按钮后会调用wx.exitMiniProgram接口，退出游戏。
- 第22行，当点击游戏暂停按钮时，在顶级UI层派发了gamePause事件。

再看一下在game.js文件中如何使用GameTopLayer，如代码清单2-14所示。

代码清单2-14 应用顶级UI层

```
1.  // JS：第2章\4.1\game.js
2.  ...
3.  // import ToggleButton from "src/views/toggle_button.js"
4.  import gameTopLayer from "src/views/game_top_layer.js"
5.
6.  /** 游戏对象 */
7.  class Game extends EventDispatcher {
8.    ...
9.    /** 游戏暂停按钮 */
10.   // #gamePauseBtn = new ToggleButton()
11.   ...
12.
13.   /** 初始化 */
14.   init() {
15.     ...
16.
17.     // 初始化游戏暂停按钮
18.     // this.#gamePauseBtn.init({
19.     //   ...
20.     //   , onTap: res => {
21.     //     ...
22.     //     this.#isPaused ? this.recover() : this.pause()
23.     //   }
24.     // })
25.     // 监听游戏暂停与恢复的事件
26.     ...
27.     // 初始化游戏顶级 UI 层
28.     gameTopLayer.init()
29.     gameTopLayer.on("gamePause", ()=>{
30.       this.#isPaused ? this.recover() : this.pause()
31.     })
32.   }
```

```
33.
34.        /** 暂停游戏 */
35.  pause() {
36.    ...
37.    // this.#isPaused = this.#gamePauseBtn.checked = true
38.    this.#isPaused = gameTopLayer.gamePauseBtn.checked = true
39.    ...
40.  }
41.
42.  /** 恢复游戏 */
43.  recover() {
44.    ...
45.    // this.#isPaused = this.#gamePauseBtn.checked = false
46.    this.#isPaused = gameTopLayer.gamePauseBtn.checked = false
47.    ...
48.  }
49.
50.  ...
51.
52.  /** 触摸事件结束时的回调函数 */
53.  #onTouchEnd(res) {
54.    ...
55.    // this.#gamePauseBtn.onTouchEnd(res)
56.    gameTopLayer.onTouchEnd(res)
57.  }
58.
59.  /** 渲染 */
60.  #render() {
61.    ...
62.    // 渲染游戏控制按钮
63.    // this.#gamePauseBtn.render(this.#context)
64.    // 渲染顶级 UI 层
65.    gameTopLayer.render(this.#context)
66.  }
67.
68.  ...
69.}
70....
```

这个文件主要有什么变动?

- 第 4 行引入了顶级 UI 层实例。
- 第 10 行，游戏暂停按钮已经被移至 GameTopLayer 中。
- 第 18～24 行是原实例化游戏暂停按钮的代码，不再需要了，注释掉，它们已经被移至 GameTopLayer 类中。
- 第 28～31 行初始化 gameTopLayer，并监听它派发的 gamePause 事件，这个事件是由顶级 UI 层中的游戏暂停按钮（gamePauseBtn）派发的。
- 第 56 行，由原来直接调用游戏暂停按钮的 onTouchEnd 方法改为调用 gameTopLayer

的 onTouchEnd 方法。

- 第 65 行直接调用顶级 UI 层实例（gameTopLayer）的 render 方法。

代码修改完了，保存并重新编译测试，点击“暂停”和“退出”按钮，Console 面板没有输出，程序没有任何反应，这是怎么回事？

还有一件事没有做，打开 box.js 文件修改代码，如代码清单 2-15 所示。

代码清单 2-15　修改 UI 盒子关于事件的传递代码

```
1. // JS: src\views\box.js
2. ...
3.
4. /** UI 盒子 */
5. class Box extends Component {
6.   ...
7.
8.   onTouchEnd(res) {
9.     const N = this.children.length
10.    for (let j = 0; j < N; j++) {
11.      const element = this.children[j]
12.      element.onTouchEnd(res)
13.    }
14.  }
15.
16.  onTouchMove(res) {
17.    const N = this.children.length
18.    for (let j = 0; j < N; j++) {
19.      const element = this.children[j]
20.      element.onTouchMove(res)
21.    }
22.  }
23. }
24.
25. export default Box
```

第 8～14 行新增 Box 类的 onTouchEnd 方法，默认将 touchEnd 事件传递给了所有子元素；第 16～22 行将 touchMove 事件传递给了所有子元素。这一步修改是为了实现容器向子元素自动传递拿到的事件。GameTopLayer 是 Box 的子类，修改以后，GameTopLayer 便可以自动为每个按钮子元素传递事件，而不必再显式调用它们的 onTouchEnd 或 onTouchMove 方法了。

再次保存代码，重新编译，这次效果正常了，如图 2-9 所示。

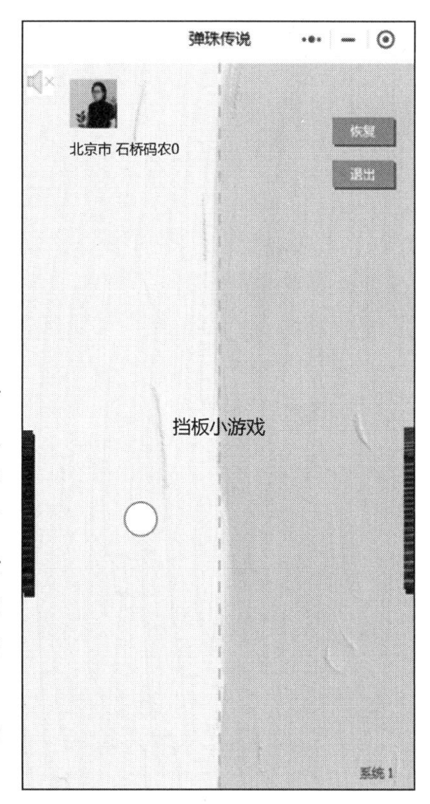

图 2-9　“退出”按钮效果

点击“暂停”按钮，游戏可以暂停；点击“退出”

按钮，在手机微信上和PC微信客户端中都可以退出小游戏，在微信开发者工具中不会关闭模拟器，只有Console面板会输出日志。

需求已经实现了，但是目前的代码是有问题的，看下面这段代码：

```
1. // JS：第2章\4.1\game.js
2. ...
3. /** 暂停游戏 */
4. pause() {
5.   ...
6.   this.#isPaused = gameTopLayer.gamePauseBtn.checked = true
7.   ...
8. }
9.
10. /** 恢复游戏 */
11. recover() {
12.   ...
13.   this.#isPaused = gameTopLayer.gamePauseBtn.checked = false
14.   ...
15. }
16. ...
```

第6行、第13行代码均有两级属性访问。**过长的访问链往往意味着代码坏味，好的代码具有良好的封装性，绝不轻易允许外部代码直接修改子元素的属性。**

注意 目前我们已经写好的代码，坏味还不是特别明显。还有一种更坏的实现：在GameTopLayer中不向外派发gamePause事件，而直接在GameTopLayer中引入游戏实例（game），直接调用它的pause和recover方法。这是一种最直观的实现方法，但在这种方法中，顶层对象直接引用和操作子元素、孙元素的属性，子元素、孙元素又直接调用顶级对象的方法。如果这样写代码，还模块化、拆分代码干什么？直接放在一个文件中实现所有功能不是更简单吗？

如果模块与模块之间、对象与对象之间的职责不清楚，上面的对象随便引用和操作下面的对象，下面的对象又随便调用上面对象中的方法，代码散落在各个地方，毫无组织章法，便极难理解和维护。

在外包项目中最容易出现这样的代码。在多数情况下，外包项目是一锤子买卖，外包公司关心的是如何将一期功能快速实现，而不会考虑后期需求如何变动、功能如何拓展。

笔者曾经在一个总价逾200万美元的国际外包项目中见过这样的“高级代码”：任何子元素访问另一个子元素都是从根元素开始，使用3个节点以上的访问链直接调用。这种写法或能让一期开发很敏捷，但却让需求变动成为噩梦，改动项目树身上的任何一个节点都会影响其他节点。

为了实现更好的封装性，我们必须将GameTopLayer类中的gamePauseBtn改为私有属

性。先看一下修改后的 game_top_layer.js 文件，如代码清单 2-16 所示。

代码清单 2-16　改进顶级 UI 层对象的封装性

```
1. // JS: src\views\game_top_layer.js
2. ...
3.
4. /** 游戏顶级 UI 层 */
5. class GameTopLayer extends Box {
6.
7.   /** 游戏暂停按钮 */
8.   // gamePauseBtn = new ToggleButton()
9.
10.  init(options) {
11.    ...
12.
13.    // 初始化暂停按钮
14.    const gamePauseBtn = new ToggleButton()
15.    gamePauseBtn.init({
16.      ...
17.    })
18.    this.addElement(gamePauseBtn)
19.    const game = options.game
20.    this.run = () => gamePauseBtn.checked = game.isPaused
21.
22.    // 退出按钮
23.       ...
24.  }
25. }
26.
27. export default new GameTopLayer()
```

这个文件有什么变化？

- 第 8 行，游戏暂停按钮不再需要是一个实例变量，注释掉。
- 第 19 行将游戏实例（game）从参数对象中传递了进来。
- 第 20 行以简便的箭头函数重写了 run 方法，访问游戏实例的只读属性 isPaused，将其赋值给游戏暂停按钮的 checked 属性。

改造以后，GameTopLayer 类变得更加简单了，封装性也更好了。

再看 game.js 文件的变化，如代码清单 2-17 所示。

代码清单 2-17　在主文件中对顶层对象的应用代码

```
1. // JS: 第 2 章 \4.1\game.js
2. ...
3.
4. /** 游戏对象 */
5. class Game extends EventDispatcher {
6.   ...
7.
```

```
8.    /** 暂停游戏 */
9.    pause() {
10.     ...
11.     // this.#isPaused = gameTopLayer.gamePauseBtn.checked = true
12.     this.#isPaused = true
13.     ...
14.   }
15.
16.   /** 恢复游戏 */
17.   recover() {
18.     ...
19.     // this.#isPaused = gameTopLayer.gamePauseBtn.checked = false
20.     this.#isPaused = false
21.     ...
22.   }
23.
24.   ...
25.
26.   /** 运行 */
27.   #run() {
28.     this.#currentPage.run()
29.     gameTopLayer.run()
30.   }
31.
32.   ...
33. }
34. ...
```

这里主要的修改有两处：

- 第 12 行、第 20 行去掉长访问链；
- 第 29 行添加对 gameTopLayer 实例的 run 方法的调用。

保存代码，重新编译测试，运行效果是一致的，说明改动没有问题。

最后总结一下，在改造之前，Game 类中有较长的访问链操作顶级 UI 示例（gameTopLayer）的子元素（gamePauseBtn）的属性（checked），这样的代码是有坏味的。**一个对象，它的子元素应该由它自己负责修改，不能随便交给外部代码修改。**

目前我们的改造方法是折中的，更合理的做法是：将游戏对象的实例（game）传入 GameTopLayer 后，通过子元素（gamePauseBtn 实例）的 init 方法再将 game 示例传入 gamePauseBtn 实例中，基于游戏的整体运行机制——每帧渲染前都会调用 run 方法，在子元素（gamePauseBtn）的 run 方法内让子元素自己主动访问游戏实例（game）的公开只读属性（isPaused），并更新其 checked 属性。

当然，目前我们的代码逻辑比较简单，直接在 GameTopLayer 类中操作就可以了。

本课小结

本课源码见 disc/ 第 2 章 /2.1。

这节课不仅优化了游戏体验，还在开发背景图片、失误时振动、从意外事件中恢复游戏、退出等功能时，学习了如何制作多端适配的背景图片，如何使用既漂亮、体积又小的字体等，并创建了一个通用的基础按钮组件 SimpleTextButton。此外，在添加顶级 UI 层时，则体会了**什么才是好的对象封装性。**

这节课添加的功能主要与游戏体验有关，下节课我们尝试优化游戏性能。

第 5 课　优化游戏性能：监听全局错误，记录错误日志

上节课我们主要添加了多端适配的背景图片和游戏顶层 UI，这节课我们着手优化游戏性能，在代码上优化小游戏项目。

监听全局错误，使用外观模式记录错误日志

JS 是单线程语言，当主线程出现异常时，会影响整个程序的正常运行。有些异常是由用户输入、网络抖动、运行时环境异常导致的，不一定是必现的，也不一定是由代码逻辑不严谨引起的。作为开发者，一方面要尽可能地写出健壮的代码，另一方面就是将错误日志记录好，方便在排查错误时使用。

接下来我们尝试监听全局错误，并将错误信息记录下来。在小游戏中，接口 wx.onError 可以监听全局错误。修改 game.js 文件，如代码清单 2-18 所示。

代码清单 2-18　监听全局错误

```
1. // JS：第 2 章\4.2\game.js
2. ...
3.
4. /** 游戏对象 */
5. class Game extends EventDispatcher {
6.   ...
7.
8.   /** 初始化 */
9.   init() {
10.    ...
11.
12.  // 监听全局错误事件
13.  wx.onError(this.#onError)
14.    // throw new Error(" 全局错误测试 ")
15.  }
16.
17.  ...
18.
19.  #onError(res) {
20.    console.log(" 发生了全局错误 ", res.message)
21.  }
22.}
23....
```

第 13 行通过应用级事件接口 wx.onError 监听了全局异常，无论在哪个 JS 文件内有异常发生，第 20 行都会打印。

第 14 行代码可以主动抛出一个异常，用于测试，待测试过后再反注释掉这行代码。当异常抛出时，可以在调试区看到一条异常信息（红色），如图 2-10 所示。

```
▶Error: 全局错误测试                                          VM2568 WAGame.js:2
    at Game._callee3$ (game.js? [sm]:149)
    at s (VM2583 WAGameSubContext.js:2)
    at Generator.n._invoke (VM2583 WAGameSubContext.js:2)
    at Generator.next (VM2583 WAGameSubContext.js:2)
    at asyncGeneratorStep (asyncToGenerator.js:1)
    at c (asyncToGenerator.js:1)
```

图 2-10　Console 面板中的全局错误

从运行效果来看，全局错误监听已经生效。一般异常会阻断程序代码的运行，但第 20 行代码，即 wx.onError 的回调代码却会正常执行。我们可以在这里将错误信息在本地缓存中记录下来，或存储到服务器上。调试区打印错误，只有开发者能看到。将错误信息记录下来，方便开发者在测试设备或用户设备上调试错误。

有一个事件监听，必有一个移除操作与之对应。现在在 Game 类中添加一个退出方法 exit，这里主动退出小游戏，并在退出前移除监听、清理资源，代码如下：

```
1. // JS：第 2 章\2.2\game.js
2. ...
3. /** 游戏结束，公开方法放在私有方法的上面 */
4. end() {
5.   ...
6. }
7.
8. /** 退出游戏 */
9. exit(){
10.   wx.offError(this.#onError)
11.   this.end()
12.   wx.exitMiniProgram()
13. }
14. ...
```

第 9～13 行是新增的 exit 方法。第 4 行的 end 方法在第 4 课中属于私有方法，位于文件的下方位置，现在将它移到上面来，新的公有方法 exit 放在它的下面。

注意　原则上有一个事件监听，必有一个移除操作与之对应。在 Game 类的 start 方法中，还有 4 个对任务事件的监听：

```
1. /** 开始游戏 */
2. start() {
3. ...
4. const onTask = task => {
5. if (!task.isDone) task.sendOutBy(audioManager)
```

```
6. }
7. this.on(Task.PLAY_HIT_AUDIO, onTask)
8. this.on(Task.STOP_HIT_AUDIO, onTask)
9. this.on(Task.PLAY_BG_AUDIO, onTask)
10.this.on(Task.STOP_BG_AUDIO, onTask)
11.}
```

严格来讲，这 4 个事件监听在退出游戏或游戏结束时也应该移除，但从整个程序的生命周期来看，那些始终需要的事件监听、贯穿整个程序生命周期的事件监听，不移除问题也不大。程序都退出了，进程和所有线程已然销毁，在此之前进行移除工作反而会给 CPU 增加额外的工作。

本节中的 wx.onError 监听不移除也是可以的，移除仅作示范之用。

因为游戏对象已经有了 exit 这个专有的退出方法，所以在 GameTopLayer 中，当点击“退出”按钮时，可以直接调用这个方法，如代码清单 2-19 所示。

代码清单 2-19　在顶级 UI 层中直接调用退出方法

```
1.  // JS: src\views\game_top_layer.js
2.  ...
3.
4.  /** 游戏顶级 UI 层 */
5.  class GameTopLayer extends Box {
6.    init(options) {
7.      ...
8.      const game = options.game
9.      ...
10.     // “退出” 按钮
11.     ...
12.     exitBtn.init({
13.       ...
14.       , onTap: () => {
15.         ...
16.         // wx.exitMiniProgram()
17.         game.exit()
18.       }
19.     })
20.     ...
21.   }
22. }
23.
24. export default new GameTopLayer()
```

第 17 行，在 init 方法内可以访问游戏实例 game，直接调用它的 exit 方法就可以了。

重新编译测试游戏，运行效果与之前是一样的。点击“退出”按钮，小游戏在 PC 微信客户端中即马上关闭了。

现在我们已经监听并在 Console 面板中打印了全局错误，但是如果错误发生在测试人员或用户的设备上，怎么排查呢？最好可以将错误信息保存在本地缓存中或服务器上。

第 2 课曾用 FileSystemManager 实现了本地数据服务模块，接下来我们尝试修改该模块，让它同时支持全局错误信息的读写，如代码清单 2-20 所示。

代码清单 2-20 存取全局错误信息

```
1. // JS: src\managers\data_service.js
2. ...
3.
4. const ...
5.   , HISTORY_ERROR = "historyError" //错误集合名称
6.
7. ...
8.
9. /** 基于文件管理器实现的本地数据服务类 3 */
10. class DataServiceViaFileSystemManager3 {
11.   // /** 本地用户文件路径 */
12.   // get #filePath() {
13.   //   return `${wx.env.USER_DATA_PATH}/${HISTORY_FILEPATH}`
14.   // }
15.   #fsMgr = wx.getFileSystemManager()
16.
17.   async writeLocalData(userScore, systemScore) {
18.     // const key = new Date().toLocaleString()
19.     // const localScoreData = await this.readLocalData()
20.     // localScoreData[key] = {
21.     //   userScore,
22.     //   systemScore
23.     // }
24.     // const filePath = this.#filePath
25.     // const res = await promisify(this.#fsMgr.writeFile)({
26.     //   filePath
27.     //   , data: JSON.stringify(localScoreData)
28.     //   , encoding: "utf8"
29.     // }).catch(console.log)
30.
31.     // return !!res
32.     return await this.write({
33.       userScore,
34.       systemScore
35.     })
36.   }
37.
38.   /** 从本地读取数据 */
39.   async readLocalData() {
40.     // let res = ""
41.     // const path = this.#filePath
42.     // 可能出现的异常: "access:fail no such file or directory..."
43.     // const accessRes = await promisify(this.#fsMgr.access)({ path
        }).catch(console.log)
```

```
44.     // if (accessRes) {
45.     //   const localScoreData = this.#fsMgr.readFileSync(path, "utf8")
46.     //   res = JSON.parse(localScoreData)
47.     // }
48.
49.     // return res || {}
50.     return await this.read()
51.   }
52.
53.   clearLocalData() {
54.     // const filePath = this.#filePath
55.     // this.#fsMgr.removeSavedFile({
56.     //   filePath
57.     // })
58.     this.clear()
59.   }
60.
61.   /** 记录错误日志，外观方法 */
62.   async writeError(err) {
63.     return await this.write({ err }, HISTORY_ERROR)
64.   }
65.
66.   /** 清除错误日志，外观方法 */
67.   async clearError(err) {
68.     return await this.clear(HISTORY_ERROR)
69.   }
70.
71.   /** 向本地写入数据 */
72.   async write(data, collection = LOCAL_DATA_NAME) {
73.     const key = new Date().toLocaleString()
74.     const localScoreData = await this.read(collection)
75.     localScoreData[key] = data
76.     const filePath = this.#getFilePath(collection)
77.     const res = await promisify(this.#fsMgr.writeFile)({
78.       filePath
79.       , data: JSON.stringify(localScoreData)
80.       , encoding: "utf8"
81.     }).catch(console.log)
82.
83.     return !!res
84.   }
85.
86.   /** 从本地读取数据 */
87.   async read(collection = LOCAL_DATA_NAME) {
88.     let res = ""
89.     const path = this.#getFilePath(collection)
90.     // 可能出现的异常："access:fail no such file or directory..."
91.     const accessRes = await promisify(this.#fsMgr.access)({ path }).catch(console.log)
92.     if (accessRes) {
93.       const localScoreData = this.#fsMgr.readFileSync(path, "utf8")
94.       res = JSON.parse(localScoreData)
```

```
95.     }
96.
97.     return res || {}
98.   }
99.
100.  /** 清除本地游戏数据 */
101.  async clear(collection = LOCAL_DATA_NAME) {
102.    const filePath = this.#getFilePath(collection)
103.    const res = await promisify(this.#fsMgr.writeFile)({
104.      filePath
105.      , data: JSON.stringify({})
106.      , encoding: "utf8"
107.    }).catch(console.log)
108.
109.    return !!res
110.  }
111.
112.  /** 获取本地用户文件路径 */
113.  #getFilePath(collection = LOCAL_DATA_NAME) {
114.    return collection === LOCAL_DATA_NAME
115.      ? `${wx.env.USER_DATA_PATH}/${HISTORY_FILEPATH}`
116.      : `${wx.env.USER_DATA_PATH}/${collection}`
117.  }
118.}
119.
120.// export default new DataServiceViaFileSystemManager()
121.export default new DataServiceViaFileSystemManager3()
```

这个文件发生了什么？

- 第 5 行的 HISTORY_ERROR 是一个新定义的文件常量。
- 第 72～110 行实现了 3 个方法：write、read 和 clear。其中 clear 是采用写入空内容的方法实现的，相当于 write 方法的一种特殊调用。write、read 方法基本是在原来的旧方法 writeLocalData、readLocalData 的基础上修改过来的。
- 第 17～59 行保留了原来的 3 个方法：writeLocalData、readLocalData 和 clearLocalData。保留它们可以兼容原消费代码。这 3 个旧方法现在是通过间接调用新方法实现的。
- 第 113 行实现了一个私有方法 #getFilePath，代替原来的私有属性 #filePath（第 12 行）。在新的实现中，分游戏分数和游戏错误两个集合，这两个集合分别存储于不同的本地用户文件中。
- 第 62～69 行定义了两个外观方法：writeError 和 clearError。

《微信小游戏开发：前端篇》的最后一章提到过外观模式，外观模式能为类库、框架，或仅为复杂的类提供一个简单的接口。外观模式既能为复杂的框架、类库服务，也能为一个小小的模块服务。在类 DataServiceViaFileSystemManager3 中，writeError 和 clearError 是两个外观方法，它们可以简化对 write、clear 方法的调用。如果没有这两个方法，我们在模块外记录、清除错误时，还需要将 HISTORY_ERROR 常量导出。

代码拓展完了，接下来看一下 game.js 文件中消费代码的变动：

```
1. // JS：第 2 章\4.2\game.js
2. ...
3. import dataService from "src/managers/data_service.js"
4.
5. /** 游戏对象 */
6. class Game extends EventDispatcher {
7.   ...
8.
9.   async #onError(res) {
10.     console.log(" 发生了全局错误 ", res.message)
11.     await dataService.writeError(res.message)
12.     const errData = await dataService.read("historyError")
13.     console.log("errData", errData)
14.     // await dataService.clearError()
15.   }
16. }
17. ...
```

这个文件有什么变化？

- 第 11 行调用 dataService 的外观方法 writeError，将错误信息存入本地。
- 第 12 行，由于我们没有在本地数据模块内定义一个名为 readError 的外观方法，这里只能直接调用 read 方法。这里直接将 historyError 作为参数传递进去是有坏味的，如果常量名称 HISTORY_ERROR 有修改，而这里忘记了修改，代码就不能正常工作了。正常的做法是将模块内的常量 HISTORY_ERROR 导出，替换这里的字面量 historyError，但这样既涉及导出，又涉及导入，有些麻烦，不如直接定义和使用外观方法方便。从这里也能看出使用外观模式的好处。
- 第 14 行，反注释这一行即可测试清除方法。

保存代码，重新编译测试，程序中没有异常。故意抛出一个异常，在测试区可以看到打印的错误信息，如图 2-11 所示。

```
errData                                                          game.js? [sm]:163
▼{2021/10/27 下午1:36:54: {…}, 2021/10/27 下午1:37:06: {…}}
  ▶ 2021/10/27 下午1:36:54: {err: "MiniProgramError↵全局错误测试↵Error: 全局错误测试…
  ▶ 2021/10/27 下午1:37:06: {err: "MiniProgramError↵全局错误测试↵Error: 全局错误测试…
  ▶ __proto__: Object
```

图 2-11　被捕获的全局错误信息

在测试人员或用户的设备上排查错误时，我们可以定义一个特殊的指令用于查看所有历史错误，以帮助我们推断异常发生的原因。在记录错误日志时，时间是个必不可少的维度，一般都会记录在错误信息里。另外，本地存储空间有限，如果可以，应该将错误日志存储到服务器上，或者在程序中加个开关，只将体验版本的日志存储到服务器上。

允许打开设置页面，用户自己管理授权

用户给出的授权，用户理应有权收回。在微信开发者工具中，可以通过选择工具栏中的“清缓存”→“清除授权数据”进行清理，在手机上如何清理呢？

小游戏有一个接口 wx.openSetting，可用于打开一个微信内置的设置页面，如图 2-12 所示，由用户自己管理自己授出的权限。

在基础库 2.3.0 之前，开发者可以直接使用 wx.openSetting 打开授权设置页面；从基础库 2.3.0 版本开始，必须在用户发生交互（如点击）行为后，才允许跳转到设置页。

可以在“退出”按钮下方加一个“设置”按钮，点击该按钮可进入授权设置页面。于是在 GameTopLayer 的 init 方法中添加“设置”按钮，如代码清单 2-21 所示。

图 2-12　微信内置的设置页面

代码清单 2-21　添加“设置”按钮

```
1. // JS: src\views\game_top_layer.js
2. ...
3.
4. /** 游戏顶级 UI 层 */
5. class GameTopLayer extends Box {
6.   init(options) {
7.     ...
8.
9.     //设置按钮
10.     const style = {
11.       left: GameGlobal.CANVAS_WIDTH - 80
12.       , top: 130
13.       , width: 60
14.       , height: 25
15.       , lineHeight: 23
16.       , backgroundColor: "#F5A831"
17.       , color: "white"
18.       , textAlign: "center"
19.       , fontSize: 12
20.       , borderColor: "gray"
21.       , borderWidth: 1
22.       , borderRadius: 1
23.     }
24.     const openSettingButton = wx.createOpenSettingButton({
25.       type: "text"
26.       , text: "设置"
27.       , style
```

```
28.     })
29.     openSettingButton.show()
30.   }
31. }
32.
33. export default new GameTopLayer()
```

这个文件发生了什么？

- 第 10～29 行是设置按钮的初始化代码，该按钮由接口 wx.createOpenSettingButton 创建，是一个原生 UI 组件，它不需要添加事件监听，点击后会直接跳转到微信内置的设置页面。
- 第 10～23 行中的 style 是一个原生按钮样式设置对象，将它设置为常量，稍后它有可能会再次被复用。
- 第 29 行调用了 openSettingButton 的 show 方法，在屏幕上显示按钮。由 wx.createOpenSettingButton 接口创建的设置按钮，属于系统原生 UI 组件，由小游戏运行时管理，我们不需要在 render 方法中绘制它，也不需要将它添加为 Box 容器的子元素。

由于我们需要在 GameTopLayer 中放置原生 UI，原生 UI 的绘制不是我们可以控制的，因此 GameTopLayer 是一个 Box，不能是 Vbox，也不能是 HBox，在这个类中的子元素，我们只能使用绝对定位的方式管理它们的位置。

> **注意** openSettingButton 是专用的设置按钮，我们不需要给它添加任何事件监听，它就可以自动跳转到设置页面，但如果我们想知道什么时候这个按钮被点击了，仍然可以使用 onTap 监听它的点击事件。

保存代码，重新编译测试，运行效果如图 2-13 所示。

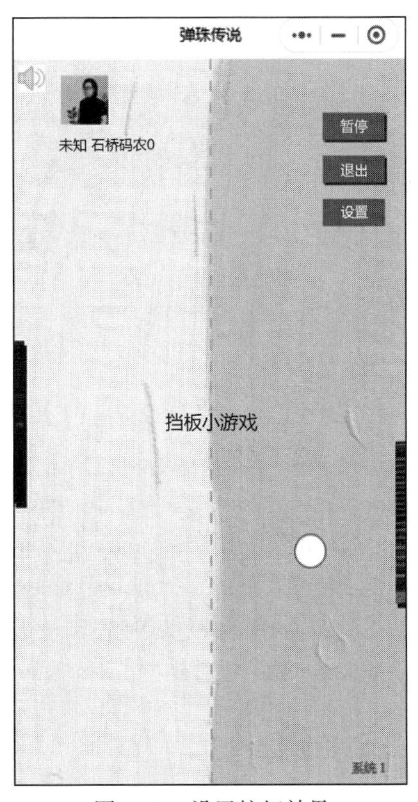

图 2-13 设置按钮效果

当点击“设置”按钮时，程序会跳转至设置页面，这是一个原生页面，页面效果如图 2-12 所示。

这个页面是由微信管理的，我们不能自定义和控制，点击左上角的“返回”按钮返回游戏后，游戏继续。经测试，在模拟器和手机上可以跳转，在 PC 微信客户端中目前尚未支持，但程序不会报错，不影响正常运行。

点击“设置”按钮时，是不是需要将游戏暂停，从设置页面返回时再将游戏恢复？或许有读者会想，我们可以使用 openSettingButton 的 onTap 方法设置点击按钮的回调函数，此时将游戏暂停；但我们却无法获知用户何时在设置页面中点击了返回按钮，此时游戏的恢复只能由用户手动完成了。

但其实我们什么也不需要做。离开主屏进入设置屏，也是小游戏的意外中断事件，与打电话、闹钟等中断事件是一样的，当点击“设置”按钮时，在Console面板可以看到这样一条打印的消息：“游戏已暂停。”此时游戏已然停止。当我们从设置页面返回时，又可以看到一条调试消息：“游戏已切回，恢复运行了。”此时游戏又自动恢复了。

监听游戏暂停的相关代码是在第4课完成的。

拓展：关于小游戏UI层结构的说明

现在有这样一个问题：我们使用wx.createOpenSettingButton接口创建的按钮显示在哪里了？它和模态弹窗、小球、挡板，谁在前、谁在后呢？对此，我们通过一张图来了解。图2-14所示为小游戏的UI层次。

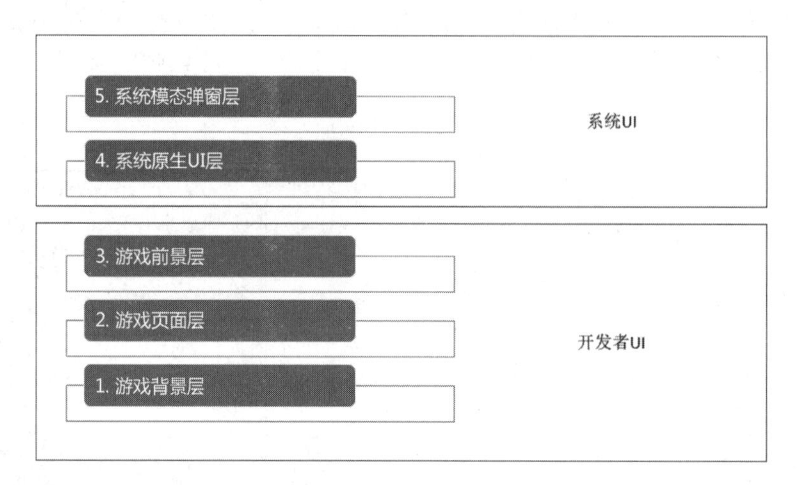

图2-14　UI层次

- wx.showModel接口创建的模态弹窗及wx.showToast接口创建的小提示窗口出现在第5层。
- 用户授权设置页面及wx.createOpenSettingButton接口创建的设置按钮出现在第4层。
- 顶级UI层（GameTopLayer）在第3层。
- 游戏页面（GameIndexPage、GameOverPage）在第2层。

第1层暂时没有内容，一般将通用的游戏背景放在这一层。目前我们将背景（Background）暂时放在了GameIndexPage的最下面，相当于放在了游戏背景层。

主动垃圾回收

JS自带垃圾回收（Garbage Collection，GC），不需要开发者操心内存管理。现在我们思考一个问题：在小游戏中能不能让 JS 主动回收内存垃圾？

小游戏有一个 wx.getPerformance 接口可以获取一个性能管理器，但是这个性能管理器只有一个方法：number Performance.now()。使用这个 now 方法可以获取一个自小游戏运行之后的计时时间，单位为微秒，Performance 并没有一个可以主动强制回收内存的方法。

小游戏还有一个接口 wx.triggerGC，可用于加快 JS 垃圾回收的触发，但具体何时回收是由运行时环境（如 JavaScriptCore）控制的，该接口并不能保证马上能触发垃圾回收工作。

接下来我们在游戏结束时，在 end 方法内主动申请一次垃圾回收，代码如下：

```
1. // JS: 第 2 章 \4.2\game.js
2. ...
3. /** 游戏结束 */
4. end() {
5.   ...
6.   // 申请垃圾回收
7.   const performance = wx.getPerformance()
8.   console.log(" 当前微秒 ", performance.now())
9.   wx.triggerGC()
10. }
11. ...
```

除了使用 wx.triggerGC 接口手动触发垃圾回收，也可以连续多次抛出异常来触发垃圾回收，具体代码如下：

```
1. const gc = () => {
2.   try {
3.     throw new Error("gc")
4.   } catch (err) { }
5. }
6. gc(); gc(); gc()
```

还可以连续两次以上创建大内存对象，让运行时环境感觉到内存紧张，从而主动触发垃圾回收。

最后总结一下，在实际生产环境中，垃圾回收由运行时负责就好，不需要开发者干涉。

拓展：如何控制屏幕亮度

屏幕亮度在小游戏中也是有接口可以控制的，以下代码用于将屏幕亮度设置为 0.5：

```
1. wx.setKeepScreenOn({
2.   keepScreenOn: .5
3. })
```

屏幕亮度值的范围是 0～1，0 最暗，1 最亮。一般情况下，在游戏开始时将屏幕点亮，在游戏结束时将屏幕恢复到开始游戏前的亮度。

当游戏切到后台运行或遇到其他意外事件时，屏幕点亮功能会被打断，针对这种情况，我们可以在 Game 类的 recover 方法中放置恢复屏幕亮度的代码。

本课小结

本课源码见 disc/ 第 2 章 /2.2。

这节课我们主要监听了全局错误，并对错误做了本地日志记录，稍后当我们拓展后端代码和云开发代码时，这些错误日志还会存储到后端数据库或云数据库中。

下节课我们尝试为小游戏添加排行榜。无论单机休闲游戏还是联机对战游戏，排行榜都是社交营销的利器，是不可或缺的功能。

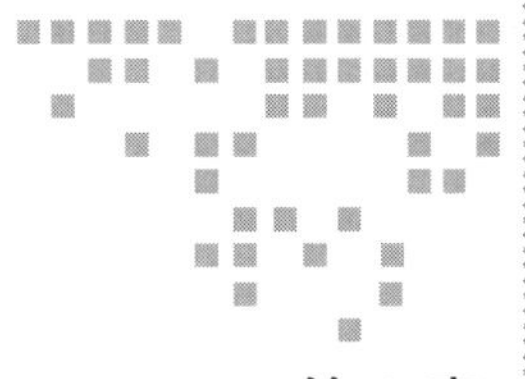

第 3 章 Chapter 3

本地功能：添加排行榜和广告

上一章主要练习了添加背景图片、在失误时发出振动以及监听全局程序错误，这一章是本地功能优化的最后一章，主要练习添加好友排行榜、为小游戏添加广告。

第 6 课　添加好友排行榜，为社交营销助力

上节课主要实现了全局错误监听及错误日志的记录，这节课我们从营销上考虑，通过添加好友排行榜等功能为小游戏产品的营销助力。在微信平台开发小游戏，添加社交营销功能是实现低成本病毒式营销的必要条件。

实现一个游戏内玩家排行榜

下面我们尝试实现一个游戏内玩家排行榜，当游戏结束时，在屏幕上展示用户自己及其微信好友的得分。展示用户自己的得分好办，好友的得分如何展示呢？

这就需要将每位玩家的游戏得分在服务器上保存好，需要的时候在小游戏端拉取出来并展示。游戏内玩家排行榜是一个借助微信服务器存储数据而实现的自定义排行榜。由于游戏内玩家排行榜是借助微信服务器实现的，对于一些数据存储的格式，我们必须遵照微信的约定来定义。

实现这个游戏内玩家排行榜所用的接口，个人开发者亦可以使用，不要求开发者具备企业资质。实现过程大致分为 5 步：

第一步，在微信公众平台的管理后台配置排行榜；

第二步，在小游戏项目中修改配置文件，开启开放数据域目录；

第三步，实现开放数据域的 JS 代码；

第四步，实现一个开放数据管理者，调用开放数据域的代码；

第五步，在游戏页面中加上消费代码，完成排行榜的渲染。

首先看第一步，在管理后台配置排行榜。登录微信公众平台，在页面左栏中依次找到设置→游戏设置→排行榜设置，单击“添加”按钮会打开添加面板，如图 3-1 所示。

图 3-1 新建分数排行榜

在“排行榜唯一标识”字段中写上“ rank”，稍后会在代码中用到这个名称；“排行榜名称”可能会在微信的游戏中心显示，是什么排行榜，简单描述清楚即可；“排行榜数据类型”一般选择“整数类型”；在“数据单位后缀”字段中填写“分”，完成后提交。

排行榜设置提交后需要审核，如图 3-2 所示。

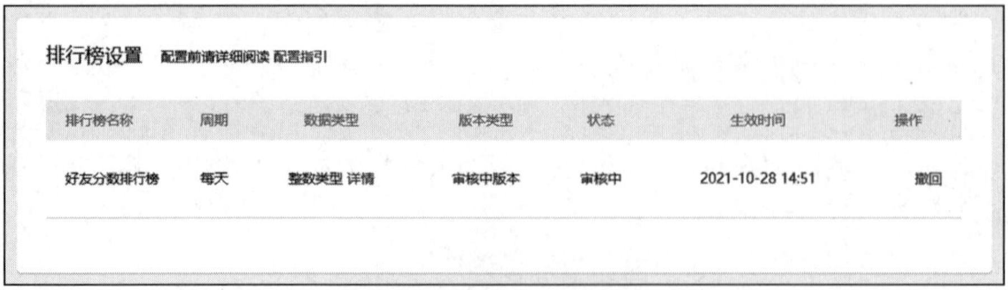

排行榜设置 配置前请详细阅读 配置指引

排行榜名称	周期	数据类型	版本类型	状态	生效时间	操作
好友分数排行榜	每天	整数类型 详情	审核中版本	审核中	2021-10-28 14:51	撤回

图 3-2 待审核的排行榜

不过我们不需要等待审核完成，即使排行榜一直处于“审核中”状态，也可以在项目中调用排行榜数据存储的相关接口。

接下来看第二步，修改配置文件。打开 game.json 文件，添加开放数据域目录，代码如下：

```
1. {
2.   ...
3.   "openDataContext": "open_data"
4. }
```

在项目根目录下创建一个 open_data 目录，它是放置开放数据域代码的专用目录。**所谓开放数据域，是微信通过配置文件和目录控制的一组特殊的 JS 代码。只有这个目录下的 JS 代码才可以调用微信小游戏开放数据的相关接口。**

主域可以调用所有平台接口，而开放数据域可以调用的接口是有限的，它主要能调用 7 类接口，下面具体来了解一下。

1. 动画接口

- ❑ requestAnimationFrame：发起帧执行函数。
- ❑ cancelAnimationFrame：取消帧执行函数。

2. 定时器（Timer）接口

- ❑ setTimeout：设置延时定时器。
- ❑ clearTimeout：取消延时定时器。
- ❑ setInterval：设置间隔定时器。
- ❑ clearInterval：取消间隔定时器。

3. 添加与移除触摸事件的接口

- ❑ wx.onTouchStart：监听开始触摸事件。
- ❑ wx.onTouchMove：监听触点移动事件。
- ❑ wx.onTouchEnd：监听触摸结束事件。
- ❑ wx.onTouchCancel：监听触点失效事件。
- ❑ wx.offTouchStart：移除对开始触摸事件的监听。
- ❑ wx.offTouchMove：移除对触点移动事件的监听。
- ❑ wx.offTouchEnd：移除对触摸结束事件的监听。
- ❑ wx.offTouchCancel：移除对触点失效事件的监听。

4. 画布接口

wx.createCanvas：创建画布，只支持 2D 渲染模式。

5. 图片接口

wx.createImage：创建图像对象。

6. 开放数据域接口

- wx.getFriendCloudStorage：拉取当前用户所有同玩好友的托管数据。
- wx.getGroupCloudStorage：获取群同玩成员的游戏数据。
- wx.getUserCloudStorage：获取当前用户托管数据当中对应 key 的数据。
- wx.setUserCloudStorage：对用户托管数据进行写数据操作。
- wx.removeUserCloudStorage：删除用户托管数据当中对应 key 的数据。

7. 互动接口

- wx.onMessage：在开放数据域中监听主域发送的消息。
- wx.getOpenDataContext：获取开放数据域实例对象。

注意 这里列出的只是部分主要接口，所有接口可以查看官方文档，参见 https://developers.weixin.qq.com/minigame/dev/api/# 开放数据域。

有些接口，例如 wx.getFriendCloudStorage 接口，是开放数据域专有的，在主域中不可调用，这些接口返回的数据属于平台保护内容，它们无法在主域中直接拉取，也无法在开放数据域中拉取后再传递到主域中。保护这些数据是开放数据域设计的初衷。

开放数据域中的 Image（图像）对象只能加载本地或微信 CDN 中的图片，不能使用开发者自己服务器上的图片。对于非本地或非微信 CDN 中的图片，如果一定要使用，也有变通的方法：先从主域通过 wx.downloadFile 接口下载网络图片文件，拿到一个临时的文件路径，再通过 OpenDataContext.postMessage 接口将文件路径传到开放数据域使用。

下面来看第三步，实现开放数据域代码。

在目录 open_data 下创建 index.js 文件，具体如代码清单 3-1 所示。

代码清单 3-1　开放数据域代码

```
1. // JS: open_data\index.js
2. // import { promisify } from "../src/utils.js" //无法导入
3.
4. //接收来自主域的命令请求
5. wx.onMessage(async res => {
6.   let executeRes
7.   if (res.command === "render") {
8.     executeRes = await render(res.data) //渲染共享画布
9.   } else if (res.command === "update") {
10.    executeRes = await update(res.data) //更新用户得分
11.  }
12.  console.log(`${res.command}执行结果`, executeRes)
13.})
14.
15.//拉取好友游戏数据
16.async function retrieveUserGameDataList() {
17.  const res = await promisify(wx.getFriendCloudStorage)({
```

```
18.     keyList: ["rank"]
19.   })?.catch(console.log)
20.   return res?.data ?? []
21.   // return new Promise((resolve, reject) => {
22.   //   //这个接口本身并不支持 Promise 风格调用
23.   //   wx.getFriendCloudStorage({
24.   //     keyList: ["rank"],
25.   //     success: res => {
26.   //       if (res.errMsg === "getFriendCloudStorage:ok") resolve(res.data)
27.   //     },
28.   //     fail: err => reject(err)
29.   //   })
30.   // })
31. }
32.
33. //更新用户的 KVData 数据
34. async function update(data) {
35.   let needUpdate = true
36.   const newRankValue = JSON.parse(data.KVDataList[0].value)
37.     , userGameDataList = await retrieveUserGameDataList()
38.   console.log("已加载好友游戏数据", userGameDataList)
39.
40.   //检查是否需要更新
41.   const N = userGameDataList.length
42.   for (let j = 0; j < N; j++) {
43.     const user = userGameDataList[j]
44.     const rankValue = JSON.parse(user.KVDataList[0].value)
45.     if (data.openid === user.openid) {
46.       if (newRankValue.wxgame.score <= rankValue.wxgame.score) needUpdate = false
47.       break
48.     }
49.   }
50.
51.   if (needUpdate) {
52.     const KVDataList = data.KVDataList
53.     const res = await promisify(wx.setUserCloudStorage)({
54.       KVDataList
55.     })?.catch(console.log)
56.     return res?.errMsg === "setUserCloudStorage:ok"
57.   }
58.
59.   return false
60. }
61.
62. //在共享画布上渲染排行榜
63. async function render(data) {
64.   const userGameDataList = await retrieveUserGameDataList()
65.     , sharedCanvas = wx.getSharedCanvas()
66.     , context = sharedCanvas.getContext("2d")
67.   console.log("已加载好友游戏数据", userGameDataList)
68.
```

```
69.   //绘制标题
70.   context.fillStyle = "#07336b"
71.   context.font = "bold 20px/22px STHeiti"
72.   context.fillText("排行榜", 20, 40)
73.
74.   //绘制玩家昵称及得分列表
75.   context.font = "14px STHeiti"
76.   let offsetY = 75
77.   const N = userGameDataList.length
78.   for (let j = 0; j < N; j++) {
79.     const user = userGameDataList[j]
80.     const txt = user.nickname
81.     if (user.KVDataList.length > 0) {
82.       const rankValue = JSON.parse(user.KVDataList[0].value)
83.       txt = `玩家：${user.nickname}\t\t\t 分数：${rankValue.wxgame.score}`
84.     }
85.     context.fillText(txt, 20, offsetY)
86.     offsetY += 25
87.   }
88.
89.   return true
90. }
91.
92. /** 将小程序 / 小游戏的异步接口转为同步接口 */
93. function promisify(asyncApi) {
94.   return (args = {}) =>
95.     new Promise((resolve, reject) => {
96.       asyncApi(
97.         Object.assign(args, {
98.           success: resolve,
99.           fail: reject
100.        })
101.      )
102.    })
103.}
```

这个文件做了什么？我们一起看一下。

- 第 2 行，这一行我们想导入主域的 utils.js 文件，这是非法的，模块不能跨域导入。第 93～103 行是我们特意复制进来的 promisify 方法，稍后会用到这个方法。**将这个方法放在文件底部并不影响上面的代码调用它。**
- 第 5 行使用 wx.onMessage 接口监听来自主域的指令请求，我们主要实现了两个指令：update，用于更新分数；render，用于渲染开放数据域的共享画布。开放数据域有一块自己的离屏画布，这块画布并不会主动渲染，只有在调用后才会渲染，并且渲染代码需要我们自己完成。
- 第 16～31 行实现了一个拉取好友游戏数据的方法 retrieveUserGameDataList，这些数据是我们自己存储在微信服务器上的，稍后我们会看到存储代码。第 18 行使用了排行榜唯一标识 rank，这个名称稍后在开放数据管理者模块中还会用到。

- 第 17 行使用我们自定义的工具方法 promisify 将官方接口 wx.getFriendCloudStorage 转化为同步接口，转化之后代码更简洁。第 21～30 行是不经转化实现的异步代码，对比之下，可以看出同步代码的优势。注意，wx.getFriendCloudStorage 这个接口以及下面第 53 行用到的 wx.setUserCloudStorage 接口，官方文档说它们支持 Promise 风格调用，但笔者实践后发现并不支持。这个问题至少在基础库 2.19.5 版本中存在，以后可能会修正，**在使用的时候当以实践结果为准。**
- 第 34～60 行实现了更新玩家分数的 update 方法。在更新玩家分数之前，先从历史数据中找到自己的数据，比对新旧分数，如果新分数不比旧数字大，则不更新。判断好友数据列表中哪条是自己的数据是基于 openid 进行的，在第 45 行。
- 第 63～90 行实现了 render 方法，这个方法负责将好友游戏数据（包括自己的）渲染在开放数据域的共享画布上。这个画布是一个离屏画布，为什么称它是共享画布呢？因为它可以同时被开放数据域和主域访问。

通过 wx.getFriendCloudStorage 接口拿到的好友游戏数据列表具有如图 3-3 所示的数据结构。

```
▼[{…}]
  ▼0:
    ▼KVDataList: Array(1)
      ▶0: {key: "rank", value: "{"wxgame":{"score":1,"update_time":1635408010.98}}"}
        length: 1
      ▶__proto__: Array(0)
     avatarUrl: "https://wx.qlogo.cn/mmopen/vi_32/S3yeC45zKtjGG1B6ib6ib3UAArzKDBLFd3zx0Fp4RKccU0ndOhAJtkpWiabw…
     nickname: "石桥码农"
     openid: "o0_L54sDkpKo2TmuxFIwMqM7vQcU"
```

图 3-3　微信好友游戏列表的数据结构

这是一个数组，每个数组元素包括用户头像、昵称、openid 及一个 KVDataList 数组。KVDataList 数组有多少个元素，取决于我们主动保存了多少个排行榜的数据，如果保存了一个，该数组中便有一个元素。KVDataList 数组的元素对象中有一个 key 属性，它是排行榜的唯一标识。

开放数据域的代码写完了。再来看第四步，实现一个开放数据域管理者。要完成游戏内玩家排行榜的绘制工作，有三个子任务需要完成：

- 通过开放数据域，间接调用开放数据接口，存数据；
- 请求绘制共享画布，这是一个离屏画布；
- 将共享画布转绘到主屏画布上。

接下来我们在主域创建一个开放数据域管理者，实现完成这三个子任务的方法。在 managers 目录下创建 open_data_manager.js 文件，具体如代码清单 3-2 所示。

代码清单 3-2 创建开放数据域管理者

```
1. // JS: src\managers\open_data_manager.js
2. const UPDATE = "update" // 更新得分
3.   , RENDER = "render" // 请求渲染共享画布
4.
5. /** 开放数据域管理者 */
6. class OpenDataManager {
7.   /** 开放数据域的上下文环境对象 */
8.   #openDataContext = wx.getOpenDataContext()
9.
10.   /** 间接调用 setUserCloudStorage 存储用户得分 */
11.   updateUserScore(userScore) {
12.     const rankValue = {
13.       "wxgame": {
14.         "score": userScore
15.         , "update_time": Date.now() / 1000
16.       }
17.     }
18.     return this.request(UPDATE, {
19.       openid: "o0_L54sDkpKo2TmuxFIwMqM7vQcU"
20.       , KVDataList: [{ key: "rank", value: JSON.stringify(rankValue) }]
21.     })
22.   }
23.
24.   /** 发消息到开放数据域，请求渲染共享画布 */
25.   requestRenderShareCanvas() {
26.     return this.request(RENDER, { w: GameGlobal.CANVAS_WIDTH })
27.   }
28.
29.   /** 将开放数据域的共享画布内容渲染到主屏 */
30.   render(context) {
31.     context.drawImage(this.#openDataContext.canvas, 0, 0)
32.   }
33.
34.   /** 向开放数据域发送指令请求 */
35.   request(command, data) {
36.     return new Promise((resolve, reject) => {
37.       this.#openDataContext.postMessage({
38.         command,
39.         data
40.       })
41.       // 没有办法获知开放数据域用多少时间完成指令，默认为 100ms
42.       setTimeout(resolve, 100)
43.     })
44.   }
45. }
46.
47. export default new OpenDataManager()
```

这个文件做了什么？

- 第2行、第3行中的这两个常量用于实现下面的外观方法。
- 第30～32行中的render方法的作用很简单，将共享画布上的内容转绘到主域画布上，调用这个方法之前，必须保证开放数据域的共享画布已经完成了绘制。
- 第35～44行中的request方法用于向开放数据域发送一个指令请求，每项指令包括一个指令和一个数据项。由于我们无法知道开放数据域何时可以完成请求，所以只能在第42行使用定时器延时100ms，认为100ms之后该指令完成了。从主域向开放数据域传递的数据只能是基础数据类型，开放数据域不允许向主域主动发送通知，但是主域却需要知道开放数据域什么时候将异步任务执行完成。怎么知道？用间隔定时器轮询是一个办法，像第42行的做法——假设在一段时间后完成——也是一种办法，但这些办法都有瑕疵，这方面的能力以后官方可能会有所拓展。
- 第11～27行定义了两个外观方法：updateUserScore，负责更新当前用户的分数，每个用户主动更新自己的分数，所有用户就可能取到好友游戏数据了；requestRenderShareCanvas，负责通过开放数据域绘制共享画布。这两个方法的执行都涉及了对服务器接口的调用，都需要一定的执行时间。
- 第19行有一个写死的openid，这个openid是从哪里获取的？在开放数据域中拉取好友游戏数据列表时，可以看到自己的openid。原理上，这个openid应该从当前小游戏中动态获取，但目前我们还未涉及这部分代码的实现，为了测试方便，可以先写死。（第15课实现了getOpenid方法，可以动态获取当前用户的openid。）

最后看第五步，完成消费代码。打开game_index_page.js文件，修改代码如下：

```
1. // JS: src\views\game_index_page.js
2. ...
3. import openDataMgr from "../managers/open_data_manager.js" // 引入开放数据域管理者
4.
5. /** 游戏主页 */
6. class GameIndexPage extends Page {
7.   ...
8.
9.   /** 处理结束事务 */
10.   async end() {
11.     ...
12.     // 更新玩家分数
13.     openDataMgr.updateUserScore(userBoard.score)
14.   }
15.
16.   ...
17. }
18.
19. export default GameIndexPage
```

这里只有两行变动：

- ❑ 第 3 行引入了开放数据域管理者模块单例；
- ❑ 第 13 行，在页面结束，即一局游戏结束时，调用开放数据域管理者示例的方法（updateUserScore）更新分数。

打开 game_over_page.js 文件修改代码，如代码清单 3-3 所示。

代码清单 3-3　在结束页面应用开放数据域管理者

```
1. // JS: src\views\game_over_page.js
2. ...
3. import openDataMgr from "../managers/open_data_manager.js"
4. ...
5. /** 游戏结束页面 */
6. class GameOverPage extends Page {
7.   ...
8.
9.   /** 进入页面时要执行的代码 */
10.  start() {
11.    ...
12.
13.    // 请求渲染共享画布
14.    setTimeout(() => openDataMgr.requestRenderShareCanvas(), 2000)
15.  }
16.
17.  render(context) {
18.    super.render(context)
19.    // 将开放数据域的离屏画布转绘到主屏
20.    openDataMgr.render(context)
21.  }
22.}
23.
24.export default GameOverPage
```

有以下三处变化。

- ❑ 第 3 行引入了模块实例，因为 OpenDataManager 模块导出的是单例，所以这里引入的和 game_index_page.js 文件中引入的是同一个模块实例（openDataMgr）。
- ❑ 第 14 行延迟 2s 向开放数据域发出绘制共享画布的请求。为什么要延迟 2s？因为上一步操作（更新分数）需要一定的时间。这一行代码不能放在 render 方法内，它是一项异步操作，伴随着服务器接口的远端调用，不能频繁执行。
- ❑ 第 20 行将开放数据域的共享画布内容转绘到主屏上。这一步可以重复执行，没有关系。这一行代码也不适合放在第 14 行的代码操作后面，因为我们不知道 requestRenderShareCanvas 方法什么时间完成。

代码终于修改完了。为了方便测试，我们在 consts.js 文件中添加一个全局常量：

```
1. // JS: src/consts.js
2. ...
3. GameGlobal.MAX_SCORE = 1 // 默认为 3，分数临界值
```

然后修改 game_index_page.js 文件中的 #checkScore 方法，使用这个常量：

```
1. // JS: src\views\game_index_page.js
2. ...
3.
4. /** 游戏主页 */
5. class GameIndexPage extends Page {
6.   ...
7.
8.   /** 依据分数判断游戏是否结束 */
9.   #checkScore() {
10.    // if (systemBoard.score >= 3 || userBoard.score >= 1) { // 这是逻辑运算符或运算
11.      if (systemBoard.score >= GameGlobal.MAX_SCORE
12.        || userBoard.score >= GameGlobal.MAX_SCORE) {
13.        ...
         }
14.    }
15.  }
16. }
17.
18. export default GameIndexPage
```

第 11 行、第 12 行使用了全局常量 GameGlobal.MAX_SCORE。以后修改分数上限，直接在 consts.js 文件中修改就可以了。

现在进行测试，重新编译，运行效果如图 3-4 所示。

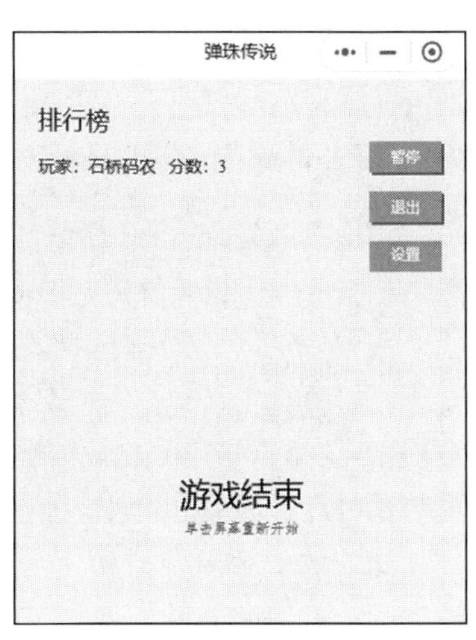

图 3-4　排行榜渲染效果

“排行榜”下方的列表是动态向下排列的，如果想测试多行的绘制效果，可以将 open_data/index.js 文件中的好友游戏数据列表（userGameDataList）人为复制一条。正常情况下，如果有两个以上的开发者同时参与测试，这里便有多条。

wx.getFriendCloudStorage 接口用于拉取当前用户及所有同玩好友在微信服务器上的托管数据，当我们调用这个接口时，会触发授权提示，如图 3-5 所示。

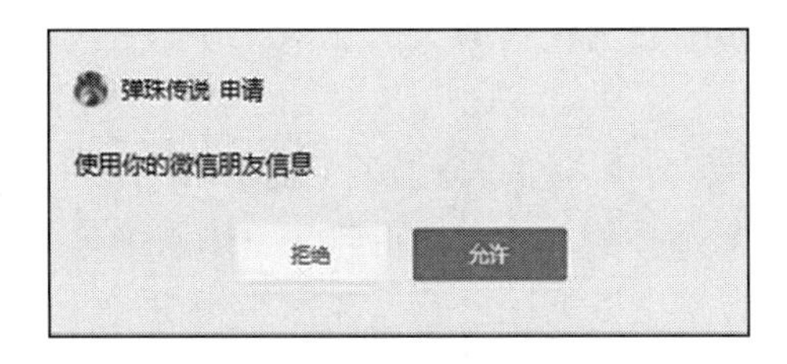

图 3-5　朋友信息授权窗口

点击“允许”按钮，开放数据域即可拉取微信服务器上托管的好友同玩数据了。

注意 同其他授权提示一样，这个“使用你的微信朋友信息”的提示只会弹出一次。如果想避免因用户拒绝而造成排行榜绘制失败，可以先使用 wx.authorize 接口，获取 scope.WxFriendInteraction 授权，该授权范围（scope）为开放数据域内的接口 wx.getFriendCloudStorage、wx.getGroupCloudStorage、wx.getGroupInfo、wx.getPotentialFriendList、wx.getUserCloudStorageKeys、wx.getUserInfo 和 GameServerManager.getFriendsStateData，以及主域内的接口 wx.getUserInteractive-Storage 提供权限许可。

最后总结一下，主域与开放数据域的通信是单向的，只能从主域向开放数据域通过 OpenDataContext.postMessage 接口发送消息，然后在开放数据域使用 wx.onMessage 监听消息，根据消息对象中自定义指令（command）的不同，做不同的事情。从开放数据域是不可以主动向主域发送数据的，更不可以直接调用 wx.request 等接口发起数据交互，这也是开放数据域本身作为一个单独的数据域而刻意防止的事情。

wx.getFriendCloudStorage 这个接口拉取什么关键字（如 rank）的数据，与 wx.setUser-CloudStorage 接口是一一对应的。我们在保存得分时用的关键字是 rank，在拉取时用的也应是 rank，如果换成别的关键字便会拉取不到。

实现好友中心玩家排行榜

在微信“发现”→“游戏”→“我的小游戏”页面中，可以看到小游戏的好友排行榜，图 3-6 所示为《天天象棋》游戏的好友排行榜截图。

截图中的“胜局排行榜”是开发者在微信公众平台设置排行榜时自定义的排行榜名称。图 3-1 所示便是排行榜设置面板。“排行榜唯一标识”是开发者向微信服务器后台上报数据时设置的 key，用于排行榜区分。

此处的“胜局排行榜”是指：开发者按标准格式上报数据后，在微信搜索、小游戏中心等场景下，可以展现同玩好友的排行榜。注意，该配置只影响搜索、小游戏中心的排行榜展现，并不影响基于数据托管的想法在本课开始时实现的游戏内好友排行榜。

游戏中心针对小游戏有一个默认的排行榜。如果要利用这个排行榜，提交的数据就必须遵从微信的规定。若开发者希望把游戏内玩家排行榜的数据同时自动显示于小游戏中心，需要完成以下两步。

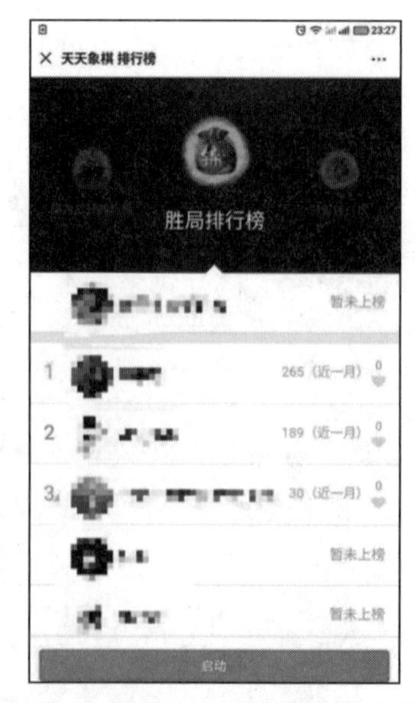

图 3-6 好友中心玩家排行榜示例

第一步，把排行榜数据存储到一个 KVData（包括 key、value 两个属性）中，一个排行榜数据对应一个 key，多个排行榜对应多个 key。

第二步，在小游戏管理后台，在“设置”→“游戏设置”→“排行榜设置”页面下，配置对应的 key 以及相关的排行榜属性。上传数据时，value 的内容必须是 JSON 格式的字符串，该 JSON 字符串转成对象，顶层必须包含一个 wxgame 字段，代码如下：

```
1. let rankValue = {
2.   "wxgame": {
3.     "score": userScore, //该榜单对应分数值
4.     "update_time": Date.now() / 1000 //该分数最后更新时间，Unix 时间戳
5.   }
6. }
```

每个 KVData 的格式要求是这样的：

```
let kvData = { key: "rank", value: JSON.stringify(rankValue) }
```

开发者可以用不同的 key 存储不同的数据，不同的 key 对应的则是不同的排行榜。

修改 key 值涉及两个地方，一个地方是第 8 行：

```
1. // JS: src\managers\open_data_manager.js
2. ...
3. /** 间接调用 setUserCloudStorage，存储用户得分 */
4. updateUserScore(userScore) {
5.   ...
6.   return this.request(UPDATE, {
7.     openid: "o0_L54sDkpKo2TmuxFIwMqM7vQcU"
8.     , KVDataList: [{ key: "rank", value: JSON.stringify(rankValue) }]
9.   })
10. }
```

另一个地方是第 6 行：

```
1. // JS: open_data\index.js
2. ...
3. //拉取好友游戏数据
4. async function retrieveUserGameDataList() {
5.   const res = await promisify(wx.getFriendCloudStorage)({
6.     keyList: ["rank"]
7.   })?.catch(console.log)
8.   return res?.data ?? []
9. }
```

这两个地方的 key 值（rank）必须保持一致。

修改 key 值与排行榜是否通过审核没有关系，没有通过审核也可以使用开放数据域的接口进行测试。通过审核之后的排行榜才会显示在微信搜索与小游戏中心。

开启游戏圈：从小游戏中进入游戏圈

游戏圈是一个为用户提供技能交流、聊天互动、产品反馈等功能的手机社区。在小游

戏内，用户可以通过游戏圈组件直接进入游戏圈。这个功能不要求企业资质，个人开发者也能使用。

微信还为开发者提供了针对游戏圈的运营管理能力。登录微信公众平台，在“设置”→“游戏设置”中可以找到游戏圈管理员配置，如图 3-7 所示，开发者可以配置游戏圈管理员。管理员具有操作帖子置顶、沉底、屏蔽等权限，可以在手机上直接管理和维护游戏圈内容。

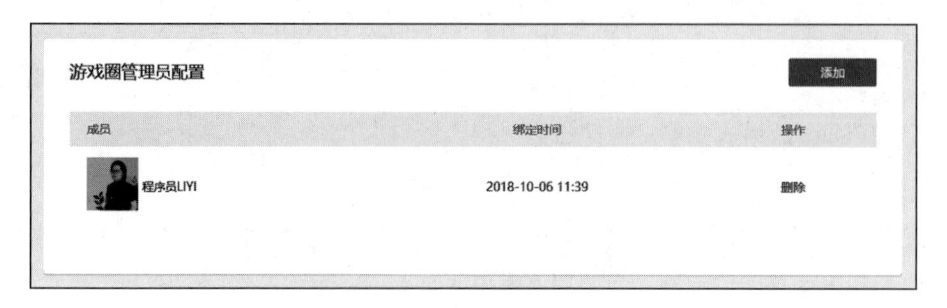

图 3-7 配置游戏圈管理员微信

> 注意 这个设置页面以后可能会变化，原来它位于独立的“游戏设置”页面中，现在移到了设置页面下。

接口 wx.createGameClubButton 可用于创建游戏圈按钮，该接口与第 5 课使用过的 wx.createOpenSettingButton 接口是同类接口，均是创建并返回原生按钮组件的接口。

游戏圈按钮提供了 4 种风格，如图 3-8 所示。这 4 种风格通过参数属性 icon 进行控制。

深色
绿色
白色
浅色

图 3-8 游戏圈按钮的 4 种风格

接下来我们在 GameTopLayer 类中添加游戏圈按钮，具体如代码清单 3-4 所示。

代码清单 3-4 创建游戏圈按钮

```
1. // JS: src\views\game_top_layer.js
2. ...
3.
4. /** 游戏顶级 UI 层 */
5. class GameTopLayer extends Box {
6.   init(options) {
7.     ...
8.
9.     // 游戏圈按钮
10.    const gameClubButton = wx.createGameClubButton({
11.      icon: "light" // light、dark、green、white
```

```
12.         , style: {
13.           left: GameGlobal.CANVAS_WIDTH - 50
14.           , top: 170
15.           , width: 30
16.           , height: 30
17.           , backgroundColor: "#F5A83100"
18.           , color: "white"
19.           , borderColor: "gray"
20.           , borderWidth: 1
21.           , borderRadius: 1
22.         }
23.       })
24.       gameClubButton.show() // 与“设置”按钮一样，必须调用 show 方法才会显示
25.     }
26. }
27.
28. export default new GameTopLayer()
```

第 10～24 行是新增代码，这些代码很简单，没有什么需要解释的。

保存代码，重新编译测试，运行效果如图 3-9 所示。

游戏圈是一个小程序，在模拟器中无法测试，需要在手机或 PC 微信客户端中测试。在手机上的微信游戏界面中点击“游戏圈”选项卡，进入游戏圈页面，效果如图 3-10 所示。

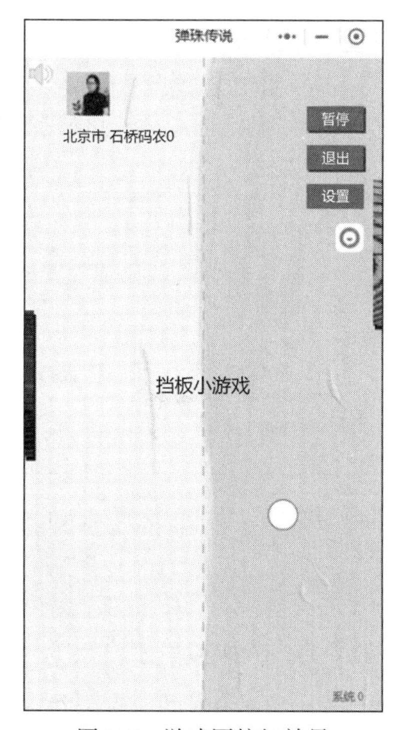

图 3-9　游戏圈按钮效果

图 3-10　游戏圈手机预览效果

开启客服会话：在小游戏中打开客服窗口

游戏玩家遇到问题时，除了去游戏圈查找答案或提问，还可以直接询问客服。小游戏提供了客服问答功能，该功能不仅企业开发者可以使用，个人开发者亦可使用。

通过调用 wx.openCustomerServiceConversation 接口可以弹出客服会话窗口，用户至少触发过一次触摸事件才能调用。由于没有官方提供的原生按钮，因此这里使用 SimpleTextButton 组件。

修改 GameTopLayer 类，添加“客服”按钮，具体如代码清单 3-5 所示。

代码清单 3-5　添加“客服”按钮

```
1. // JS: src\views\game_top_layer.js
2. ...
3.
4. /** 游戏顶级 UI 层 */
5. class GameTopLayer extends Box {
6.   init(options) {
7.     ...
8.
9.     // "客服" 按钮
10.    const customerBtn = new SimpleTextButton()
11.    customerBtn.init({
12.      label: "客服"
13.      , x: GameGlobal.CANVAS_WIDTH - 80
14.      , y: 210
15.      , onTap: () => {
16.        console.log("马上进入客服会话窗口")
17.        wx.openCustomerServiceConversation({
18.          sessionFrom: "弹珠传说小游戏"
19.        })
20.      }
21.    })
22.    this.addElement(customerBtn)
23.  }
24. }
25.
26. export default new GameTopLayer()
```

第 10～22 行是新增代码，这个按钮是自定义实现的按钮，因此要将它添加为容器的子元素（第 22 行）。

保存代码，重新编译测试，按钮效果如图 3-11 所示。

点击“客服”按钮会出现一个模态弹窗，确认后将进入客服会话窗口，这是微信中的一个独立聊天窗口，如图 3-12 所示。

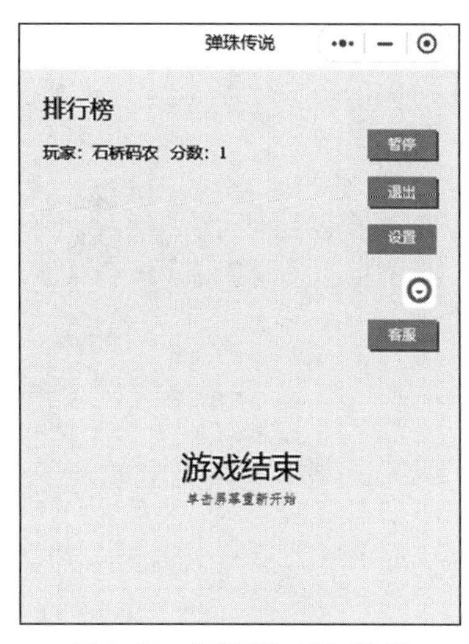

图 3-11　“客服”按钮效果

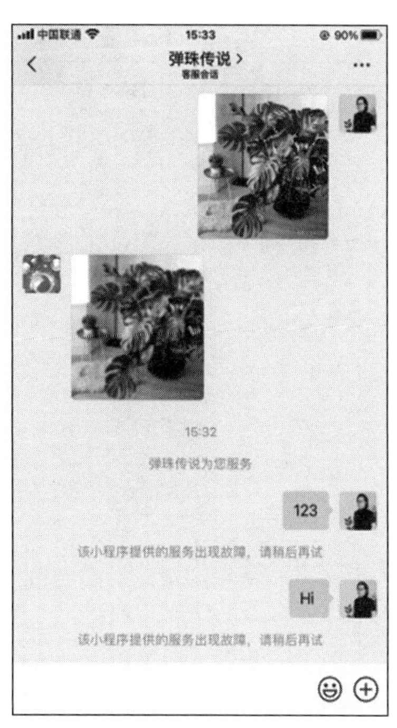

图 3-12　客服互动窗口

下面思考一个问题：玩家发来了信息，客服如何回复呢？

登录微信公众平台（https://mp.weixin.qq.com/），在“功能”→“客服”页面中可以设置接收客服消息的微信账号。如果启用了客服消息的服务器端推送设置，则所有客服消息都会被转发到服务器上，由服务器接收后再进行后续处理。启动服务器端消息转发，可以在“开发”→“开发管理”→“开发设置”页面中进行配置。默认情况下，使用小游戏后台提供的客服功能就可以满足需求，不需要自行处理。

注意　在图 3-12 中之所以会有“该小程序提供的服务出现故障”这样的提示，是因为我们开启了由服务器接收消息但还没有正确配置服务器接收地址而造成的，具体如何配置会在第 18 课详细讲解。默认由服务器接收并处理消息是关闭的，这种情况下，商家可以登录网页端客服（https://mpkf.weixin.qq.com/）或移动端微信小程序——客服小助手与客户进行沟通。

开启用户意见反馈通道

除了游戏圈、客服会话，还有一个意见反馈功能，可以让玩家对产品直接提意见。

使用接口 wx.createFeedbackButton 可以创建“意见反馈”按钮，这是一个风格和使用方式与游戏圈、设置按钮类似的原生组件。

修改 GameTopLayer 类，添加“意见反馈”按钮，具体如代码清单 3-6 所示。

代码清单 3-6 添加“意见反馈”按钮

```
1. // JS: src\views\game_top_layer.js
2. ...
3.
4. /** 游戏顶级 UI 层 */
5. class GameTopLayer extends Box {
6.   init(options) {
7.     ...
8.
9.     // "意见反馈"按钮
10.    const feedbackButton = wx.createFeedbackButton({
11.      type: "text"
12.      , text: "意见反馈"
13.      , style: {
14.        left: GameGlobal.CANVAS_WIDTH - 80
15.        , top: 250
16.        , width: 60
17.        , height: 25
18.        , lineHeight: 23
19.        , backgroundColor: "#F5A831"
20.        , color: "white"
21.        , textAlign: "center"
22.        , fontSize: 12
23.        , borderColor: "gray"
24.        , borderWidth: 1
25.        , borderRadius: 1
26.      }
27.    })
28.    feedbackButton.show()
29.  }
30. }
31.
32. export default new GameTopLayer()
```

第 10～28 行是新增代码。

重新编译测试，运行效果如图 3-13 所示。

点击“意见反馈”按钮会打开 https://mp.weixin.qq.com/mp/wapreportwxadevlog?action=get_page&appid=wx6ac3f5090a6b99c5，这个网址中含有当前小游戏的 AppID。在手机上打开，效果如图 3-14 所示。

添加防沉迷机制

2021 年 8 月 31 日，微信官方向所有小游戏开发者发布了一条站内通知：

根据国家新闻出版署发布的《关于进一步严格管理切实防止未成年人沉迷网络游戏的通知》，微信小游戏将于 2021 年 9 月 1 日 0 点开始，统一升级防沉迷措施。升级后，未成年用户仅可在周五、周六、周日和法定节假日的 20～21 时进行游戏；未实名用户将无法登录游戏。

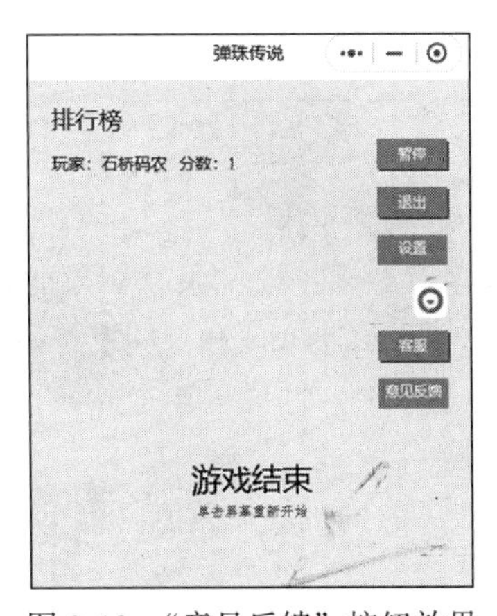

图 3-13　“意见反馈”按钮效果

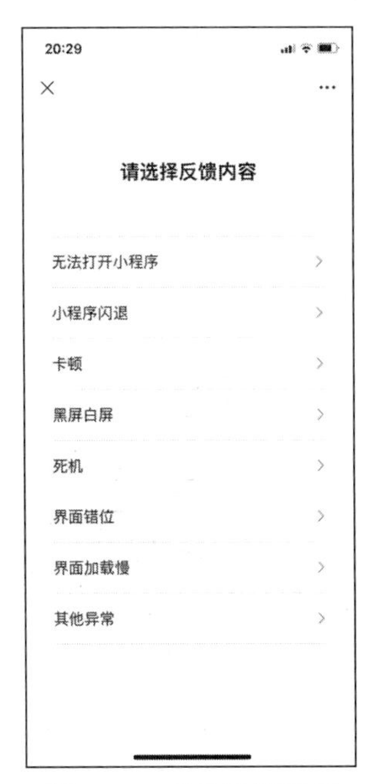

图 3-14　意见反馈页面

接入防沉迷机制是小游戏运营合规的需要，每个小游戏在程序中都应该开启防沉迷检查。小游戏接口 wx.checkIsUserAdvisedToRest 可用于实现这个需求，它会根据用户当天的游戏时间总和判断用户是否需要休息。

打开 utils.js 文件，实现一个通用的防沉迷检查方法，如代码清单 3-7 所示。

代码清单 3-7　创建防沉迷检查方法

```
1. // JS: src\utils.js
2. ...
3. /** 防沉迷检查 */
4. export async function checkAdvisedToRest() {
5.   const key = "REST_CHECK_KEY"
6.     , todayDate = new Date().toLocaleDateString()
7.     , res = await wx.getStorage({ key }).catch(console.log)
8.     , data = res?.data || {}
9.     , startTime = data?.startTime
10.    , date = data?.date
11.
12.  if (startTime && date === todayDate) {
13.    const todayPlayedTime = Date.now() - startTime //+ 1000 * 60 * 60 * 3
14.      , checkRes = await wx.checkIsUserAdvisedToRest({ todayPlayedTime })
15.    if (checkRes.result) {
16.      const alertRes = await wx.showModal({
17.        title: "警告"
18.        , content: "你已超过建议游戏时间！"
19.        , showCancel: false
```

```
20.       })
21.       if (alertRes.confirm) wx.exitMiniProgram()
22.     }
23.   }
24.
25.   if (!data.startTime) data.startTime = Date.now()
26.   data.date = todayDate
27.   wx.setStorage({ key, data })
28. }
```

这个方法是怎么实现的？

- 第 6 行中的 todayDate 是类似“2021/10/28”的字符串。
- 第 7 行通过 wx.getStorage 接口从本地缓存中尝试拉取记录。如果能拉取到，结果会包括两个属性：今天第一次开始游戏的时间 startTime 和日期字符串 date。
- 第 12 行，如果能取到起始时间并且日期是今天，这说明当前用户今天玩过游戏，开始进入防沉迷检查。
- 第 13 行算出当前时间与今天第一次玩游戏的时间之间的差值。第 14 行调用平台接口 wx.checkIsUserAdvisedToRest 进行检查。
- 第 16 行，如果检查结果（result）为 true，弹出模态窗口进行警告，用户确认后退出小游戏。
- 第 25 行，如果起始日期没有设置过，则进行设置，保证一天内这个属性仅设置一次。

怎么测试呢？每天健康的游戏时长为不超过 3h。如果想快点测试代码，可以将第 13 行行尾的注释符去掉，手动延长已游戏时间，重新运行，刷新两次，即能看到防沉迷警告。

如何使用这个防沉迷检查方法呢？修改 game.js 文件，如代码清单 3-8 所示。

代码清单 3-8　在主页中调用防沉迷检查方法

```
1. // JS：第 3 章\3.1\game.js
2. ...
3. import { checkAdvisedToRest } from "src/utils.js"
4.
5. /** 游戏对象 */
6. class Game extends EventDispatcher {
7.   ...
8.
9.   /** 开始游戏 */
10.  start() {
11.    ...
12.
13.    //防沉迷检查
14.    checkAdvisedToRest()
15.  }
16.
```

```
17.    ...
18.   }
19. }
20. ...
21. game.start()
```

第 14 行，在 start 方法内调用了防沉迷检查方法。

重新编译测试，运行效果如图 3-15 所示。

点击“确认”按钮，则会退出游戏。

在开发阶段为了不影响测试，可以先注释掉防沉迷检查代码，代码如下：

```
1. // 防沉迷检查
2. // checkAdvisedToRest()
```

最后总结一下，工具方法 checkAdvisedToRest 基于本地缓存接口实现，不依赖于服务器，也不需要声明任何实例变量或模块变量，方便在小游戏项目中直接复用。方法内部的实现虽然使用了 await，但在调用该方法时，只要不加 await，便不会对游戏的正常运行产生阻塞影响。

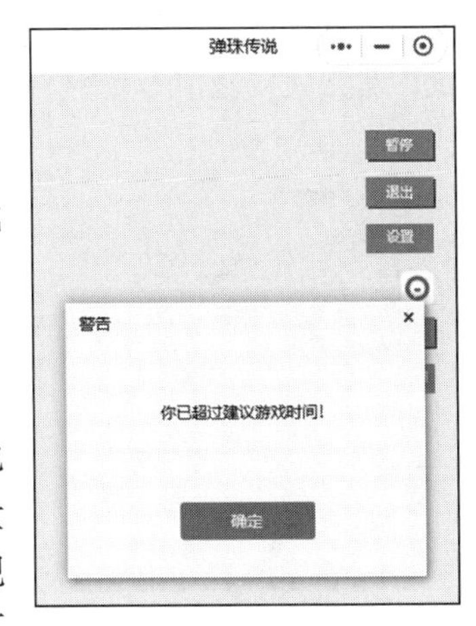

图 3-15　防沉迷效果

注意　wx.checkIsUserAdvisedToRest 接口需要开发者传递一个用户已经消耗的游戏总时间，有人可能会想：既然时长需要自己统计，自己判断不就可以了吗，为什么还要调用微信的接口？

调用微信的接口是为了将所有游戏（至少是微信内的游戏）中用户今天已经玩的时间加起来进行判断。在调用这个接口时，微信小游戏环境知道当前用户是谁。

除了总游戏时长的考虑，还有身份认证。未成年人的游戏时间和游戏时长会受到严格限制，而玩家的个人认证身份一般开发者是不知道的，只有微信平台清楚。

本课小结

本课源码见 disc/ 第 3 章 /3.1。

本课主要实现了好友排行榜，添加了游戏圈、客服会话、意见反馈等功能入口，还添加了游戏防沉迷机制。这些功能都与产品体验、社交营销有关，它们不需要服务端程序支持，在本地就可以完成。有了这些单机功能，我们的小游戏产品才更加完整。

下节课我们尝试添加广告，广告是开发者赖以赢利的有效方式之一。

第 7 课 添加广告

广告不限制账号资质，即使是个人开发者也可以添加。如图 3-16 所示，微信小程序 / 小游戏的广告有 8 种形式：Banner 广告、激励式广告（视频激励式广告）、插屏广告、视频广告、视频贴片广告、格子广告、封面广告和原生模板广告。几乎移动互联网上所有常见的广告形式在微信小程序 / 小游戏里都有支持。

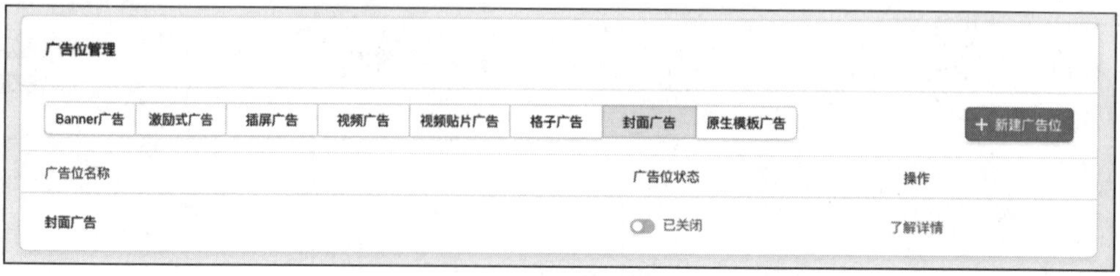

图 3-16 广告组件类别

Banner 广告和视频激励式广告是最常见的两种广告，本课我们重点学习这两种广告的添加方法。

添加 Banner 广告

什么是 Banner 广告？图 3-17 所示就是一个经典的 Banner 广告。

Banner 广告一般是一个长方形，这是互联网世界最早的广告形式。受广告法约束，左上角的“广告”标识不可或缺。

图 3-17 Banner 广告效果

在小游戏中添加广告一般分为五步。

第一步，开通流量主。小游戏上线后，累计独立访客（UV）达到 1000 就可以开通流量主。

第二步，创建广告单元。开通流量主以后，在微信公众平台就可以创建广告单元了。登录小游戏账号后台，选择对应的广告类型创建即可。每个广告单元被创建时都会生成一个广告 ID，这是广告的唯一身份标识。

第三步，获取代码。在微信公众平台创建广告单元后，有示例代码生成，可以直接复制。

第四步，在项目中嵌入代码。将广告嵌入程序中即可测试广告。

第五步，提交审核。小游戏产品上线后，广告单元被展示或被点击，开发者便可以获得收入。

接下来我们看一个 Banner 广告的示例代码：

```
1. //创建和展示 Banner 广告
2. const bannerAd = wx.createBannerAd({
3.   adUnitId: "1002", //后台在线生成
4.   style: {
5.     left: 0
6.     , top: GameGlocal.CANVAS_HEIGHT - 100
7.     , width: GameGlobal.CANVAS_WIDTH
8.     , height: 50
9.   }
10.})
11.bannerAd.onError(err => {
12.  console.log("Banner 广告异常 ", err)
13.})
14.bannerAd.onLoad(res => {
15.  console.log("Banner 广告加载完成 ")
16.})
17.bannerAd.show()
```

第 3 行中的 adUnitId 是在后台创建广告单元时自动生成的。第 5～8 行是控制广告位置和大小的配置。这段代码可以放在项目中的任何地方，但一般放在游戏成功启动以后，这样不会对正常的游戏启动造成影响。

Banner 广告是自动加载的，所以没有 load 方法，创建后直接调用 show 方法展示即可。广告内容的远程拉取及在屏幕上展示都是由小游戏运行时环境负责的。在广告位置的选择上，因为 Banner 广告的显示不能手动控制，所以一般选择将其放在不影响正常游戏体验的非重要区域。

如果流量主还没有开通，会遇到这样一个错误：

```
Banner 广告异常: { errMsg: "operateWXData:fail invalid scope" }
```

开通流量主以后，错误便会消失。

添加视频激励式广告

什么是视频激励式广告？先看一个运行截图，如图 3-18 所示。

屏幕中这个“14 秒后可获得奖励”的广告就是视频激励式广告。如果时间未到，用户强行关闭广告，会得到如图 3-19 所示的提示。

将视频广告看完，会得到开发者预先设定好的奖励。所谓视频激励式广告，就是用户付出时间看完广告，开发者获得广告收益，奖励给用户一些平时需要花钱才能购买到的游戏内容，例如道具、优惠券、VIP 会员权限等。

在使用上，视频激励式广告非常简单，大小与位置均不需要开发者定义，因为它是全屏的，示例如下：

图 3-18　视频激励式广告效果

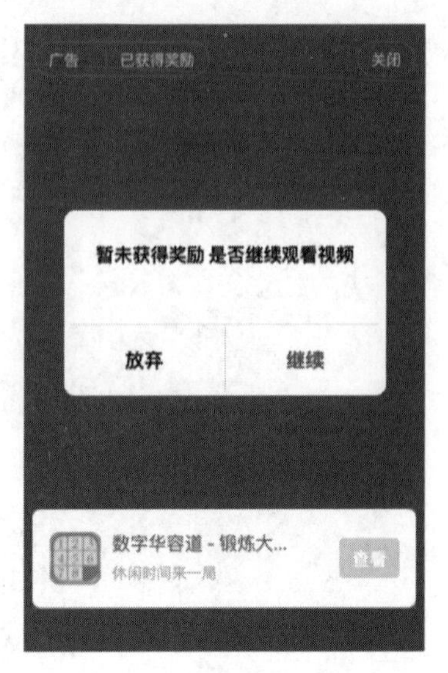

图 3-19　未获奖励的提示效果

```
1. //视频激励式广告
2. const rewardedVideoAd = wx.createRewardedVideoAd({
3.   adUnitId: "1002"
4. })
5. rewardedVideoAd.onError(err => {
6.   console.log("视频激励式广告异常", err)
7. })
8. rewardedVideoAd.onClose(res => {
9.   if (res.isEnded) {
10.     console.log("用户已经看完广告，此处给予奖励")
11.   }
12. })
13. rewardedVideoAd.onLoad(res => {
14.   rewardedVideoAd.show()
15. })
16. rewardedVideoAd.load()
```

与 Banner 广告相同，这段视频激励式广告的代码可以放在项目中的任何地方，第 3 行的 adUnitId 并不是真实的，在使用时需要换成自己真实的广告单元 ID。

视频激励式广告因为是视频，加载的内容体积通常较大，所以它不是自动加载的，必须手动调用 load 方法。我们可以监听 onLoad 事件，在完成后显示。另外，它还有 onClose 方法，可以监听用户关闭时是不是把广告看完了（第 9 行，isEnded 为 true 代表看完），只有用户将视频看完了，开发者才能得到广告收益。

本课小结

本课没有源码。在开通流量主以后，按照示例添加广告代码即可。

这节课我们主要了解了小游戏中广告流量主的开通条件，学习了如何使用 Banner 广告和视频激励式广告这两种使用人数最多的广告形式。

至此所有单机功能优化内容已经学完了。

第 1～3 章我们主要学习了以下内容。

- 如何在单机环境下及在本地存储数据。
- 如何调用第三方平台 API（腾讯地理位置服务）展示用户真实所在的城市。即使是单机应用，通过调用第三方平台接口也可以实现很多功能。理论上调用第三方平台接口与调用自己服务器端的接口是没有本质差异的。
- 从游戏的产品体验角度，添加了多端适配的背景图片，在左挡板失误时添加了振动，添加了游戏的暂停与恢复功能，这些功能旨在改善小游戏的产品体验，所用技巧都是小游戏项目开发中经常用到的。
- 从游戏性能优化的角度，监听全局错误并记录错误日志，以便于错误排查。没有程序是没有 bug 的，尤其是直面最终用户的程序，网络抖动、用户的错误输入、环境异常等多种因素都可能引发程序异常，通过错误监测，可以帮助开发者不断加强程序的健壮性。
- 添加了好友得分排行榜，添加了进入游戏圈（手机玩家交流社区）、客服互动窗口、意见反馈页面的按钮入口，添加了防沉迷机制。排行榜是小游戏必备的社交功能之一，能够显著增强游戏的用户黏性。
- 本章最后一课学习了如何添加广告，在有了流量以后，广告是个人开发者最简单、最有效的盈利模式。

下一章我们开始步入云技术的学习。

以前没有云开发技术，所有涉及后端数据交互的功能都需要开发者自己搭建服务器。使用云服务器代替自己托管服务器对开发者来说方便了许多，但仍然有一定的学习和运维门槛。云开发免除了开发者自己管理服务器的麻烦，让开发者像使用在线接口那样直接使用服务器的计算资源，大大降低了开发者开发和维护后端程序的难度。

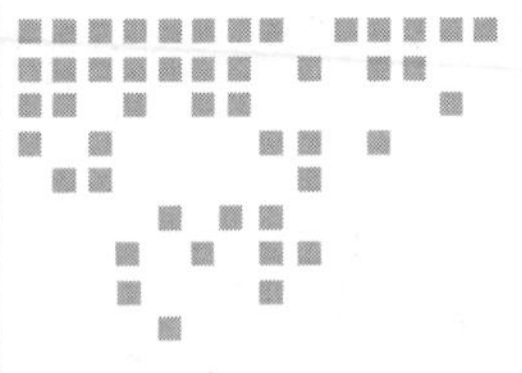

Chapter 4 第 4 章

云开发：创建与使用云函数

我们知道苹果开发者每年要交 99 美元的会员费，无论是否上线 iOS App，无论 App 的收益如何，这 99 美元每年是必交的。但小游戏的开发、上线和发布不需要交任何钱。到目前为止，我们在小游戏中使用的游戏圈、好友排行榜、客服互动、意见反馈等功能都不依赖后端的支持，完全可以单机上线，且毫无后端服务器的运维负担。而这一切，都是微信为开发者提供的免费基础服务。

云开发则是微信为开发者提供的一项付费增值服务。开发者无须搭建服务器，可免鉴权直接使用云存储、云函数、云数据库等 API，满足后端开发的常规数据互动需求。云开发是免费开通的，个人开发者 / 企业开发者都可以使用。

目前微信云开发使用“基础套餐 + 按量付费”的计费模式。新用户首月可免费体验一个与基础套餐配额相同的额度，这个免费配额可满足大多数情况下的开发体验需求。

表 4-1 所示是 2022 年 7 月 17 日微信云开发服务提供的基础套餐配额与按量付费的价格。

表 4-1　微信云开发服务基础套餐配额与按量付费的价格

基础套餐	说　　明	基础套餐配额	按量付费价格
调用次数	云存储上传 / 下载、数据库读写等	20 万次	0.5 元 / 万次
容量	包含文件存储容量和数据库容量	2GB	0.1 元 / GB/ 日
云函数外网出流量	云函数中访问外网资源时产生的出网流量	2GB	0.8 元 / GB
云函数资源使用量	由云函数配置内存乘以函数运行时的计费时长得出	10 万 GBs	0.00011108 元 /GBs
CDN 回源流量	开启 CDN 加速后，因加速需要，回源存储产生的流量	5GB	0.15 元 /GB
CDN 流量	使用 CDN 链接访问云存储文件产生的流量即 CDN 流量	5GB	0.21 元 /GB
套餐价格	19.9 元 / 月		

注意　云开发的套餐设置及价格后续可能会有变化，一切请以官方文档为准，地址为 https://developers.weixin.qq.com/miniprogram/dev/wxcloud/billing/price.html。

有的读者看到基础套餐的云数据库容量只有 2GB，担心不够用，其实大可不必。对绝大多数 Beta 产品的初期试水来说，这个额度完全够用了。待用户增长起来以后，可以再按量付费。如果用户可以将基础套餐的配额耗尽，那么这个产品必定是有潜力的，仅添加广告就足以将套餐费用赚回来了，还有什么理由为套餐费用担心呢？

这一章及下一章学习云开发技术，会继续以不购买服务器、零后端运维的方式进行小游戏产品开发。完成本章所讲的实战内容后，UI 没有变化，仅文件数量有所增加，图 4-1 是完成第 12 课实践后最终的源码统计截图。

```
$ cloc --exclude-dir=node_modules .
      79 text files.
      79 unique files.
      19 files ignored.

github.com/AlDanial/cloc v 1.90  T=0.18 s (446.6 files/s, 31600.1 lines/s)
-------------------------------------------------------------------------------
Language                     files          blank        comment           code
-------------------------------------------------------------------------------
JavaScript                      73            830            801           3841
JSON                             6              0              0            118
-------------------------------------------------------------------------------
SUM:                            79            830            801           3959
-------------------------------------------------------------------------------
```

图 4-1　云开发结果代码统计截图

这个统计已经排除了云开发目录下的 node_modules 目录，JS 文件由第 3 章的 69 个增长为 73 个，仅增加了 4 个文件，但这 4 个文件已经涉及云开发的 5 项常用能力：

- 开发控制台的基本操作，云数据库集合的权限控制；
- 云函数的编写与三个云函数的测试方法；
- 分别在云函数端和小游戏端操作云数据库；
- 用两种方式实现分页查询；
- 可以让两个线程安全修改数据的云数据库原子操作。

云开发具有运维成本低、上手快、扩容容易等优点，无论对个人开发者还是企业开发者而言，都是为小游戏提供后端数据互动能力的首选。

本章主要练习云函数的创建和调用。

第 8 课　创建第一个云函数

由于代码片段项目不支持云开发功能，因此从这一章开始，我们不能再使用代码片段项目模板。

从第 6 课的源码目录（第 3 章 /3.1）复制 4.1 这个目录，并将其作为本课实践的源码目录。打开微信开发者工具，使用小游戏“导入项目”面板导入项目，如图 4-2 所示。

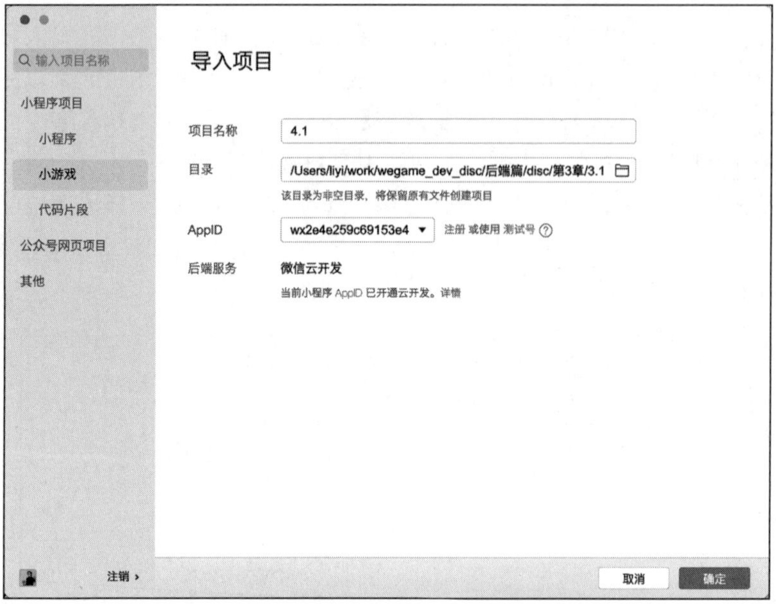

图 4-2 小游戏“导入项目”面板

AppID 默认不需要填写，工具会自动从项目配置文件（project.config.json）中读取。由于之前选择过“微信云开发”，“后端服务”选项会默认使用该设置。

项目创建完成，接下来开始使用云开发技术，大致分为四步：

第一步，在本地项目中配置云开发；

第二步，开通云环境；

第三步，通过云环境在云数据库中创建集合等；

第四步，创建云函数，并在项目中调用。

下面根据上述步骤分别来执行。

配置云开发

打开项目配置文件 project.config.json，添加一行关于云开发代码根目录（cloudfunctionRoot）的配置，代码如下：

```
1. {
2.   ...
3.   "cloudfunctionRoot": "cloud"
4. }
```

同时在项目根目录下创建一个 cloud 目录。完成后，在微信开发者工具的资源管理器面板中可以看到 cloud 目录上有一个特殊的云状图标，如图 4-3 所示。

图 4-3　云开发目录图标效果

在 cloud 目录的后面有一个专属注解："当前环境：dev"。该注解在第一次使用云开发时是没有的，只有在创建了云环境并与项目绑定且同步以后才会出现。

注意　云开发能力是从小游戏基础库 2.2.3 版本开始提供的，在该版本发布初期，微信建议在 game.json 文件中添加一行这样的兼容配置

```
1.{
2.    ...
3.    "cloud": true
4.}
```

将 "cloud" 设置为 true，这样对于不支持云开发的用户设备，微信也可以扩展支持。后来 2.2.3 或以上版本的基础库已覆盖绝大部分用户，就不再需要这个兼容配置了。

开通云环境

点击工具栏中的"云开发"按钮，如图 4-4 所示。

图 4-4　"云开发"按钮

在打开的"云开发控制台"面板中，点击"开通"按钮。在弹出的"新建环境"面板中，按提示填写相关云环境信息，如图 4-5 所示。

dev 是环境名称，这里是一个准备用于测试的云环境，是在资源管理器中显示的名称。环境 ID 为 dev-df2a97，稍后会在代码中用到。每个小游戏可以免费创建两个环境：一般一个为测试环境（如名称为 dev），另一个为生产环境（如名称为 prod）。两个云环境都有一个月的基础套餐免费使用额度。完成后，点击"确定"按钮。

一个环境对应一整套相对独立的云开发资源，包括数据库、存储空间、云函数等。在开发中，建议一个正式环境搭配一个测试环境，所有功能先在测试环境测试通过，再切换

到正式环境申请上线。测试环境的名称一般为 dev（development 的缩写），生产环境的名称一般为 prod（production 的缩写）。

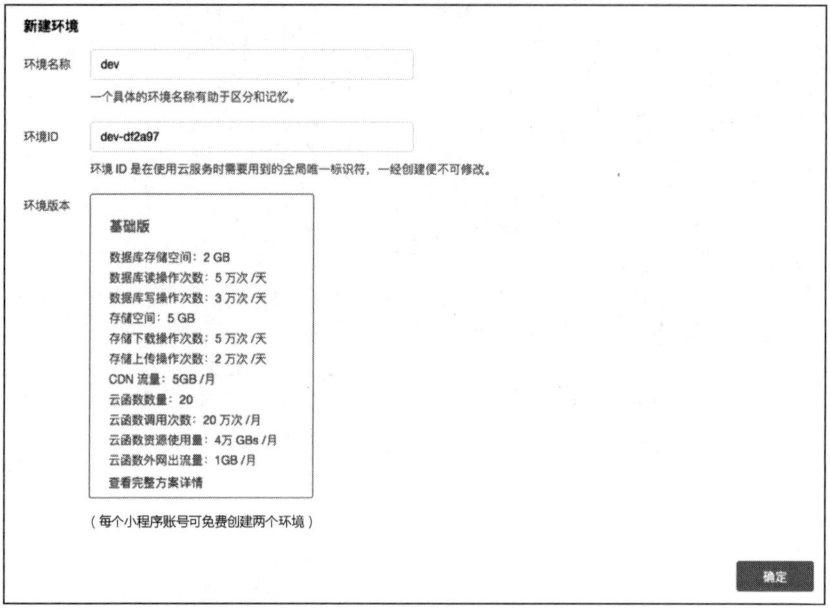

新建环境

环境名称 dev

一个具体的环境名称有助于区分和记忆。

环境ID dev-df2a97

环境 ID 是在使用云服务时需要用到的全局唯一标识符，一经创建便不可修改。

环境版本

基础版

数据库存储空间：2 GB
数据库读操作次数：5 万次 /天
数据库写操作次数：3 万次 /天
存储空间：5 GB
存储下载操作次数：5 万次 /天
存储上传操作次数：2 万次 /天
CDN 流量：5GB /月
云函数数量：20
云函数调用次数：20 万次 /月
云函数资源使用量：4万 GBs /月
云函数外网出流量：1GB /月
查看完整方案详情

（每个小程序账号可免费创建两个环境）

确定

图 4-5　新建环境面板

环境创建后，即可打开云开发控制台，如图 4-6 所示。

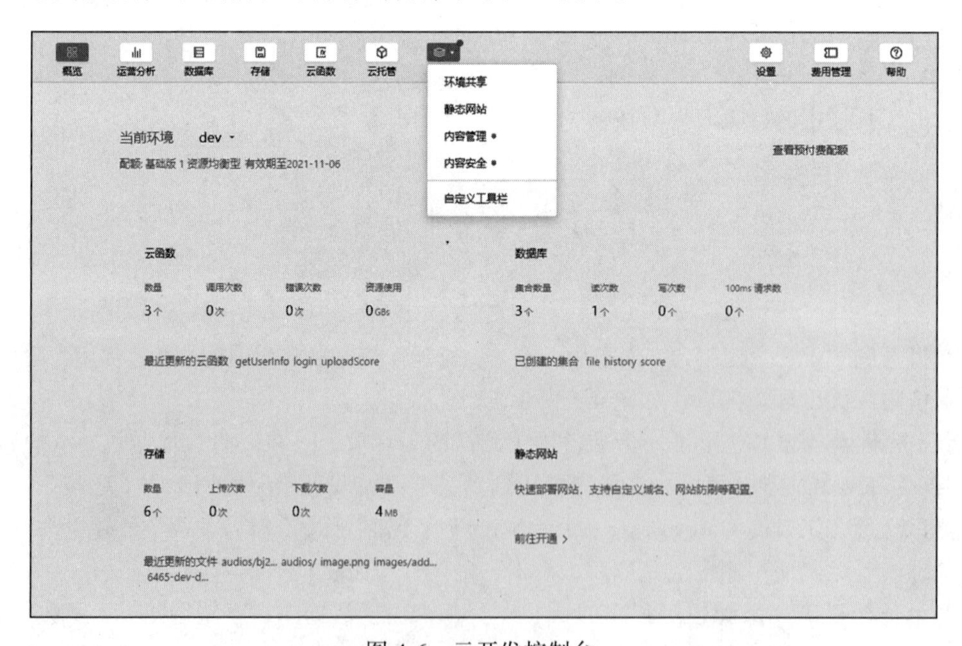

图 4-6　云开发控制台

云开发控制台用于可视化管理云资源，该控制台主要包含以下标签。

- 概览：查看云资源的总体使用情况。点击“当前环境”右边 dev 的下拉三角图标，可以看到环境 ID。
- 运营分析：查看云资源的详细使用统计。原来有一个“用户管理”标签，用于查看小程序的用户访问记录，现在它被移到了“运营分析”标签内。
- 数据库：管理数据库集合、记录、权限设置、索引设置等。
- 存储：也叫云存储，管理云文件、权限设置等。
- 云函数：管理云函数，查看调用日志、监控记录。
- 云托管：这是微信提供的一站式后端服务全托管解决方案，其网址为 https://cloud.weixin.qq.com/cloudrun，是一种介于云开发和云服务器之间的后端服务解决方案。
- 更多：包括以下子标签。
    - 环境共享：是一个跨账号云环境开发资源共享机制，可以让一个小游戏的云环境为另一个小游戏 / 小程序所用。
    - 静态网站：云开发为开发者提供的一个 Web 资源管理服务，允许开发者将静态资源（HTML、JS、CSS、图片、音频、视频等）上传到这里，提供外部访问服务，还可以配套自定义域名。
    - 内容管理：由微信团队开发，这是一个开发者开通后可以直接使用的可视化内容管理平台，它提供了丰富的内容管理功能，支持文本、富文本、Markdown、图片、文件、关联类型等多种资源类型的可视化编辑。
    - 内容安全：开通后可通过规则设置，对上传至云开发的文本等数据进行敏感内容识别处理，以满足微信平台的运营规范，减少小程序提审不通过、封禁等问题。

在开发中，经常使用的是数据库、存储、云函数这三个标签。

第一次使用云环境，在资源管理器面板中有一个“未指定环境”的错误，右击云开发本地代码目录 cloud 并选择“同步云函数列表”，在弹窗中确认即可。同步以后，环境名称及目录下已经编写的历史云函数都会显示出来。

在云数据库中创建集合

在开通云环境后，默认已经有了云数据库，在使用数据存取能力之前，我们需要在云数据库中创建集合。集合可以看作一个 JSON 数组，数组中的每个对象就是一条记录，记录的格式是 JSON 对象。云数据库中的集合相当于 MySQL 关系型数据库中的表。

打开云开发控制台，选择“数据库”标签，在左边导航栏中选择“+”按钮，打开“创建集合”面板，如图 4-7 所示。

在“集合名称”字段中分别输入“history”“error”和“score”并点击“确定”按钮，这样就创建了 3 个集合：history 集合用于保存游戏每局的得分数据（包括用户、系统两个得分），error 集合用于保存全局异常信息，score 集合用于保存玩家个人的历史得分。

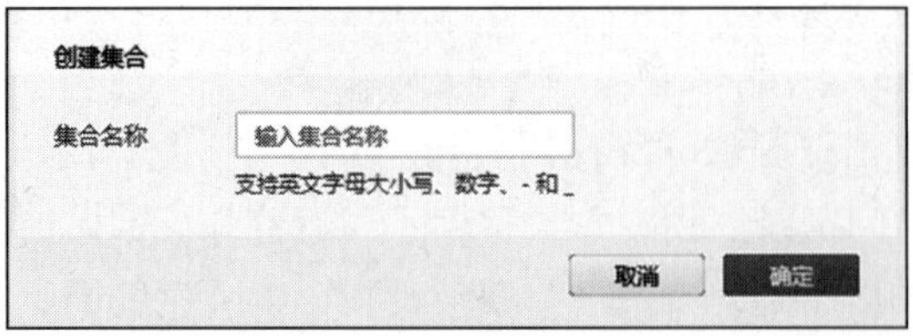

图 4-7 “创建集合”面板

认识云函数

云环境开通后，本地云函数列表中会默认创建云函数 login。cloud/login/index.js 文件是 login 函数的主文件，它的默认代码如下：

```
1. // 云函数入口文件
2. const cloud = require("wx-server-sdk")
3.
4. cloud.init()
5.
6. // 云函数入口函数
7. exports.main = async (event, context) => {
8.   const wxContext = cloud.getWXContext()
9.
10.   return {
11.     event,
12.     openid: wxContext.OPENID,
13.     appid: wxContext.APPID,
14.     unionid: wxContext.UNIONID,
15.   }
16. }
```

这些代码做了什么？

- 第 2 行引入了 wx-server-sdk 模块。一个云函数目录就相当于一个本地的 Node.js 小项目，可以像普通 Node.js 项目那样引入模块。
- 第 4 行初始化云环境，稍后在实际使用时可能还会修改这行代码。
- 第 7～16 行通过 exports 关键字导出了函数 main。exports 是 CommonJS 规范使用的关键字，小程序 / 小游戏默认使用的是 CommonJS 规范。
- 第 8 行的接口 cloud.getWXContext 返回了云环境上下文对象，在该对象上可以直接取到 openid、appid、unionid。云函数是免鉴权的，这是使用云函数的方便之处。

在云函数的右键菜单中选择“下载”选项，即可将云函数的代码从微信服务器上下载到本地。云函数可以在本地编写、调试，但在云端运行。

创建云函数

在云开发目录 cloud 的右键菜单中选择“创建 Node.js 云函数”选项，输入函数名“updateScore”，按回车键，工具将会自动创建一个 updateScore 目录。一个目录就是一个云函数，该目录下会自动生成 index.js、config.json、package.json 三个文件。

云函数是在本地创建的，待代码编写、测试完成后，需要在云函数右键菜单中选择“上传并部署：云端安装依赖”选项，将云函数的代码上传到微信服务器。如果项目是由多人协作开发的，其他开发者则需要在云函数根目录上选择“同步云函数列表”，以将云函数同步至本地。

接下来修改 updateScore/index.js 文件，使用这个云函数保存当前玩家的历史得分，具体如代码清单 4-1 所示。

代码清单 4-1　调用云函数保存游戏历史得分

```
1. // 云函数入口文件
2. const cloud = require("wx-server-sdk")
3.
4. // 与小程序端的代码一致，均需调用 init 方法进行初始化
5. // cloud.init()
6. cloud.init({
7.   env: cloud.DYNAMIC_CURRENT_ENV
8. })
9.
10. // 可在入口函数外缓存 db 对象
11. const db = cloud.database()
12.
13. // 重命名数据库查询，更新指令对象，以便于使用
14. const _ = db.command
15.
16. // 云函数入口函数
17. // export default async function main(event, context) {
18. exports.main = async (event, context) => {
19.   const wxContext = cloud.getWXContext()
20.
21.   // 以 openid-score 作为记录 id
22.   const openid = wxContext.OPENID
23.   const docId = `openid-score`
24.   const querResult = await db.collection("score").doc(docId).get().
        catch(console.log)
25.   // const userRecord = querResult?.data
26.
27.   if (querResult) {
28.     // 第一次会取不到记录，querResult 会为空
29.     const userRecord = querResult.data
30.     // 更新用户分数
31.     const maxScore = userRecord.scores.concat([event.score]).reduce((acc,
          cur) => cur > acc ? cur : acc)
```

```
32.     const updateResult = await db.collection("score").doc(docId).update({
33.       data: {
34.         // _.push 会指向 scores 数组字段尾部并添加一个记录，该操作为原子操作
35.         scores: _.push(event.score),
36.         max: maxScore
37.       }
38.     })
39.
40.     if (updateResult.stats.updated === 0) {
41.       //没有更新成功，更新数为 0
42.       return {
43.         success: false
44.       }
45.     }
46.
47.     return {
48.       success: true,
49.       updated: true
50.     }
51.
52.   } else {
53.     //创建新的用户记录
54.     await db.collection("score").add({
55.       // data 是将要被插入到 score 集合的 JSON 对象
56.       data: {
57.         //这里指定了 _id，如果不指定，数据库会默认生成一个
58.         _id: docId,
59.         //这里指定了 _openid，因在云函数端创建的记录不会默认插入用户 openid，如果是在小
            程序端创建的记录，会默认插入 _openid 字段
60.         _openid: openid,
61.         //历史分数
62.         scores: [event.score],
63.         //缓存最大值
64.         max: event.score,
65.       }
66.     })
67.
68.     return {
69.       success: true,
70.       created: true,
71.     }
72.   }
73. }
```

这个文件做了什么？

- 第 2 行引入了 wx-server-sdk 模块。在进行本地测试时，这个模块由开发者使用 npm install 指令在本地安装；在云端测试、执行时，该模块由服务器负责安装。
- 第 6~8 行初始化云环境。如果不传 env，则使用默认的云环境。这里将 env 设置为 cloud.DYNAMIC_CURRENT_ENV，表示指向当前云函数定义时所在的云环境。

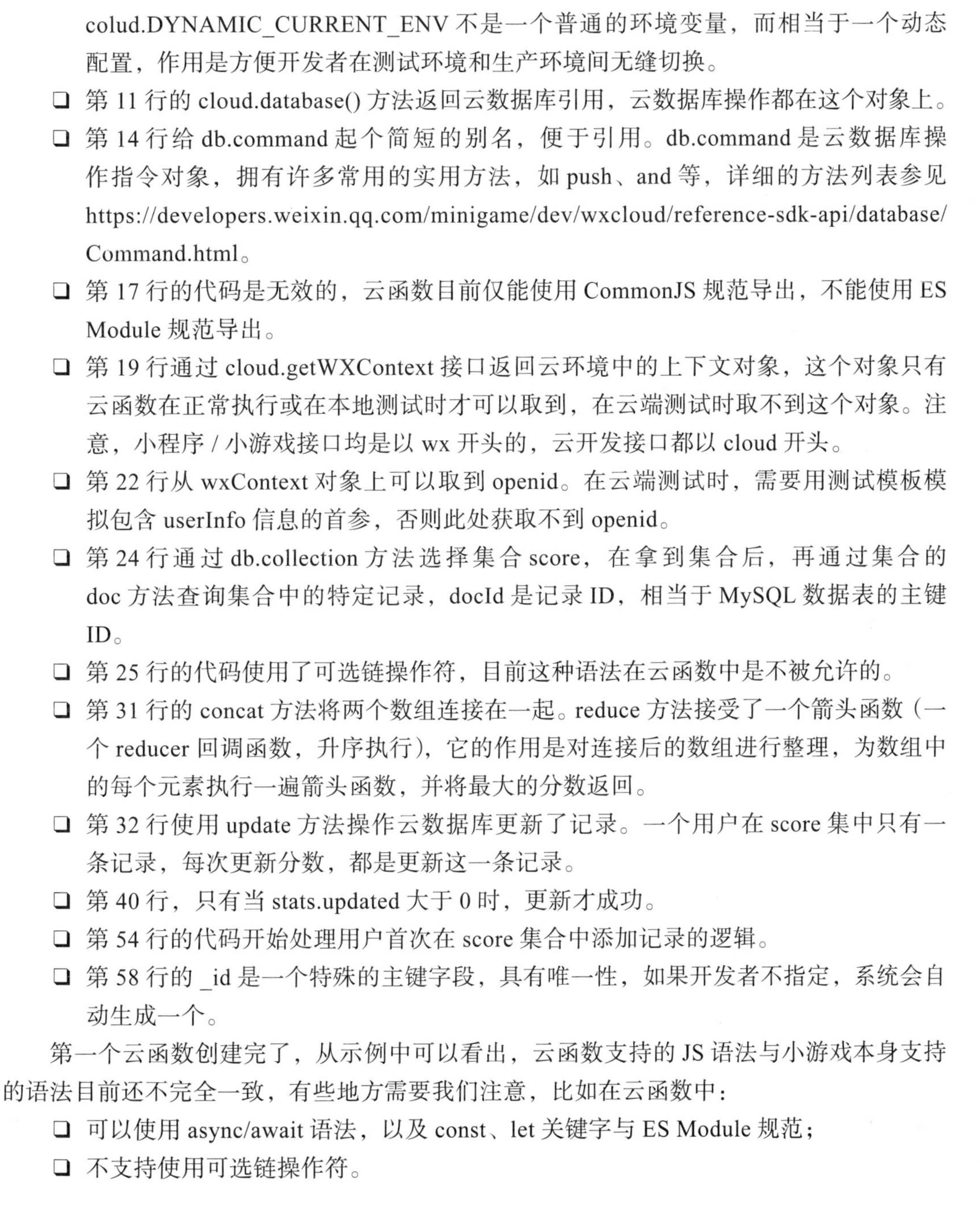

colud.DYNAMIC_CURRENT_ENV 不是一个普通的环境变量，而相当于一个动态配置，作用是方便开发者在测试环境和生产环境间无缝切换。

- 第 11 行的 cloud.database() 方法返回云数据库引用，云数据库操作都在这个对象上。
- 第 14 行给 db.command 起个简短的别名，便于引用。db.command 是云数据库操作指令对象，拥有许多常用的实用方法，如 push、and 等，详细的方法列表参见 https://developers.weixin.qq.com/minigame/dev/wxcloud/reference-sdk-api/database/Command.html。
- 第 17 行的代码是无效的，云函数目前仅能使用 CommonJS 规范导出，不能使用 ES Module 规范导出。
- 第 19 行通过 cloud.getWXContext 接口返回云环境中的上下文对象，这个对象只有云函数在正常执行或在本地测试时才可以取到，在云端测试时取不到这个对象。注意，小程序 / 小游戏接口均是以 wx 开头的，云开发接口都以 cloud 开头。
- 第 22 行从 wxContext 对象上可以取到 openid。在云端测试时，需要用测试模板模拟包含 userInfo 信息的首参，否则此处获取不到 openid。
- 第 24 行通过 db.collection 方法选择集合 score，在拿到集合后，再通过集合的 doc 方法查询集合中的特定记录，docId 是记录 ID，相当于 MySQL 数据表的主键 ID。
- 第 25 行的代码使用了可选链操作符，目前这种语法在云函数中是不被允许的。
- 第 31 行的 concat 方法将两个数组连接在一起。reduce 方法接受了一个箭头函数（一个 reducer 回调函数，升序执行），它的作用是对连接后的数组进行整理，为数组中的每个元素执行一遍箭头函数，并将最大的分数返回。
- 第 32 行使用 update 方法操作云数据库更新了记录。一个用户在 score 集中只有一条记录，每次更新分数，都是更新这一条记录。
- 第 40 行，只有当 stats.updated 大于 0 时，更新才成功。
- 第 54 行的代码开始处理用户首次在 score 集合中添加记录的逻辑。
- 第 58 行的 _id 是一个特殊的主键字段，具有唯一性，如果开发者不指定，系统会自动生成一个。

第一个云函数创建完了，从示例中可以看出，云函数支持的 JS 语法与小游戏本身支持的语法目前还不完全一致，有些地方需要我们注意，比如在云函数中：

- 可以使用 async/await 语法，以及 const、let 关键字与 ES Module 规范；
- 不支持使用可选链操作符。

本课小结

本课源码见 disc/ 第 4 章 /4.1。

从本课开始，由于云开发目录的存在，每个云函数目录下都可能有一个 node_modules

子目录，这个目录下又有许多子目录和文件，文件量及代码体积一下大了许多。虽然在package.json文件中依赖项只有wx-server-sdk，但这个SDK本身又有许多依赖项，所以node_modules目录下就多了许多文件。

这节课主要开通了云环境，并且编写了第一个云函数（updateScore），下节课将分别在本地和云端测试云函数。云函数的测试非常重要，掌握正确的测试方法可以帮助我们快速写出正确的云函数代码。

第9课　调试和调用云函数

云函数中可以使用的语法与小游戏中的并不完全一致，在编写过程中难免会遇到bug，在测试时一定要细心。这节课我们看一看，在编写过程中如何测试云函数，以验证代码的正确性。

启动项目、在项目中测试云函数是最直接的方法，但其实有更简单的方法。

云端测试

先看云端测试。所谓云端测试，就是在服务器上测试云函数。在本地写好云函数后，选择右键菜单“上传并部署：云端安装依赖”，如图4-8所示。

这里有两个选项，“上传并部署：所有文件”和“上传并部署：云端安装依赖（不上传node_modules)”，两个选项的差别在于本地的node_modules目录是否上传。node_modules目录是Node.js本地缓存模块的目录，在云函数上传到服务器以后，也是可以从服务器上远程下载的，没有必要从本地上传，因此多数情况下选择“上传并部署：云端安装依赖（不上传node_modules)”。

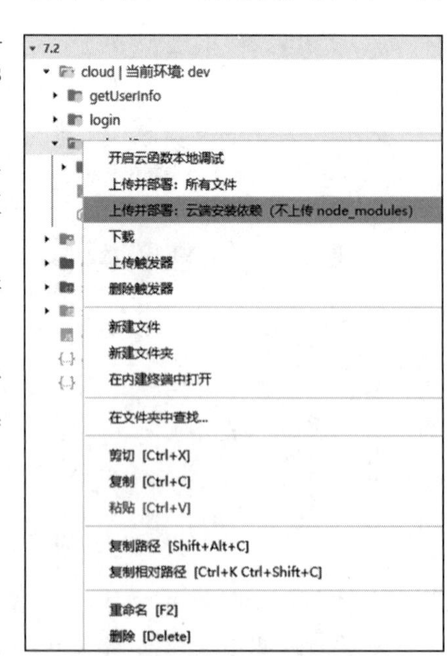

图4-8　云函数上传并部署菜单

在云开发控制台中选择云函数，这里可以看到所有的云函数列表，如图4-9所示。

如果是刚刚上传的云函数，云函数可能会处于“更新中”的状态，这时是不能进行云端测试的，须待更新完毕。如果依赖简单，更新过程会在几秒内完成。

单击“云端测试”，会在窗口右边打开测试面板，如图4-10所示。

云端测试因为没有小游戏环境的真实请求，接口cloud.getWXContext是取不到云环境上下文对象的，而取不到这个对象，就取不到用户的openid。为了顺利进行测试，我们需要编写一个测试模板：

图 4-9　云函数列表

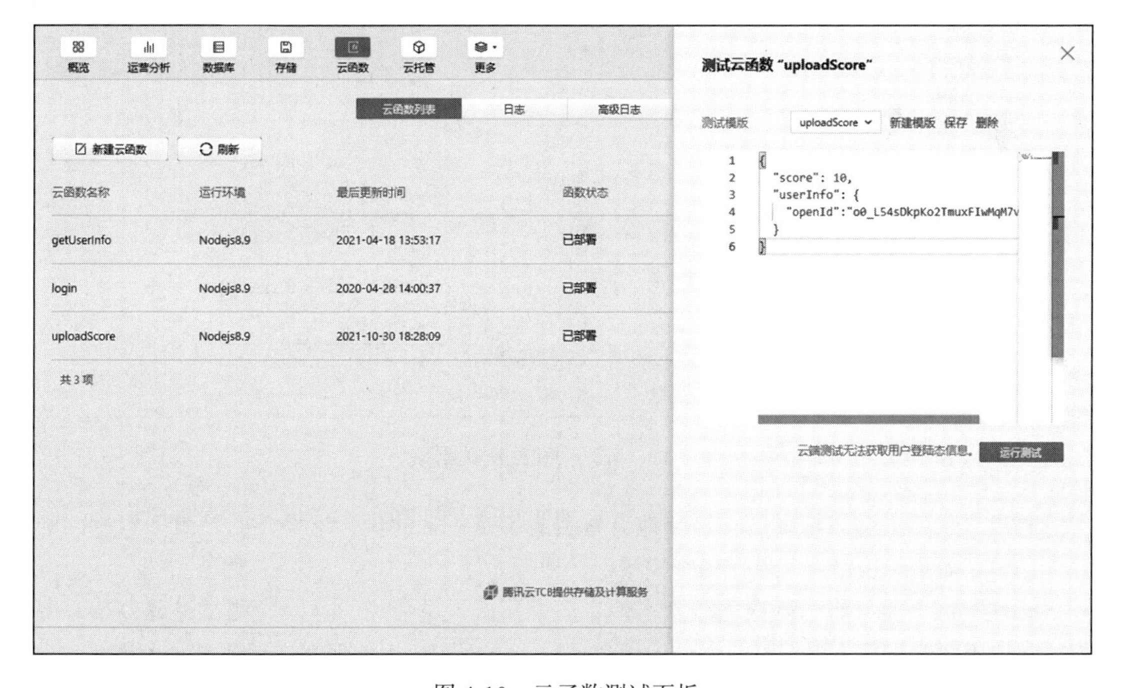

图 4-10　云函数测试面板

```
1. {
2.   "score": 10,
3.   "userInfo": {
4.     "openid":"o0_L54sDkpKo2TmuxFIwMqM7vQcU"
5.   }
6. }
```

在这个测试模板中，整个 JSON 数据是一个对象，在测试时作为 uploadScore 云函数的第一个参数传递进去，openid 在这里是写死的，这是为了测试方便。每个测试模板都可以保存，以便下次测试时复用。

测试模板准备好以后，就可以单击“运行测试”按钮了。如果代码没有问题，在测试面板中可以看到云函数的返回结果，如图 4-11 所示。

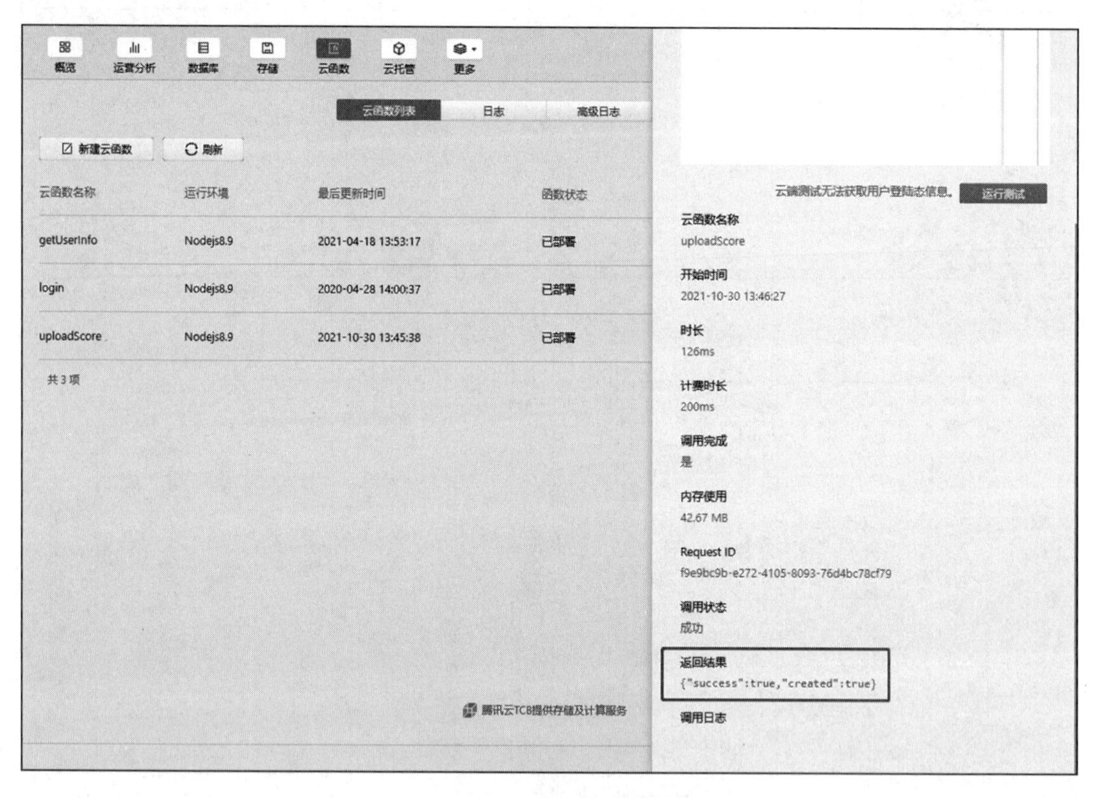

图 4-11 云函数在线测试结果

初级开发者大多数情况下在这个地方看到的不是正常的执行结果，而是服务器返回的错误信息，需要根据错误信息仔细查找错误的根源。

云端测试不需要将云函数下载到本地，适合测试人员使用，但因为测试过程复杂、费时，所以不适合开发人员编写与调试云函数代码。下面看一下如何在本地测试云函数。

本地调试

云函数在本地编写完成后，不需要上传服务器也可以测试。在云开发控制台选择“云函数”标签，从云函数列表中选择云函数 uploadScore 的“本地调试”操作，打开本地调试面板，如图 4-12 所示。

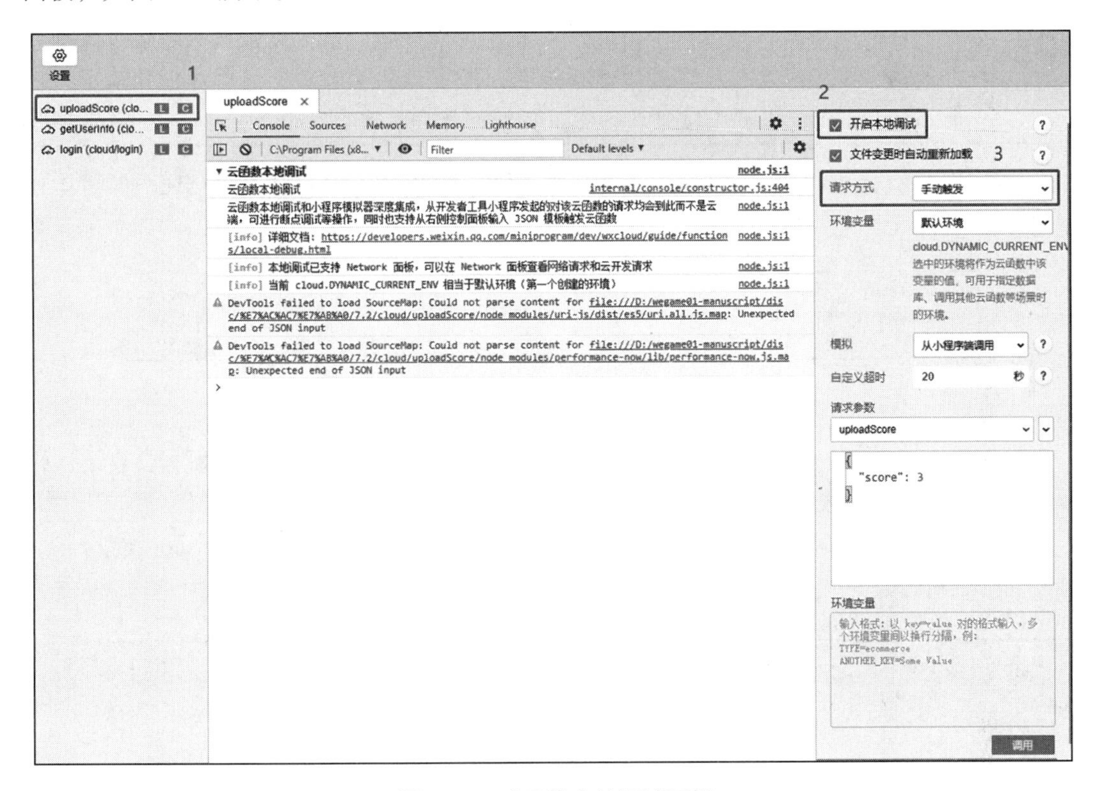

图 4-12　云函数本地调试面板

在这个面板中，仍然可以切换不同的云函数，一个云函数占用了左边栏里的一个独立标签。先在左边栏中选择云函数 uploadScore；接着在右边栏中勾选“开启本地调试”复选框，这会在本地安装依赖，需要花费一些时间，但好在依赖只会安装一次；最后设置“请求方式”为“手动触发”就可以点击“调用”按钮进行调试了。

> **注意** 在微信开发者工具旧版本中，还需要手动通过 npm install 指令安装模块，现在已经不需要了。当勾选“开启本地调试”复选框时，安装模块的工作就会由工具代劳了，这也是这步操作需要花费少许时间的原因。只有当“开启本地调试”的操作失败时，才需要将云函数目录视为一个 Node.js 项目，使用 npm 等相关指令进行代码调试、错误排查。

在下方的“请求参数”处还可以定义云函数第一个参数的数据，这个数据（JSON 格式）解析后会作为一个对象在云函数执行时传递给云函数。本地调试不同于云端调试，在本地调试中，接口 cloud.getWXContext 可以像真实环境那样取到云环境中微信调用的上下文对象（WXContext），进而取到用户的 OPENID，没有必要模拟包括 OPENID 信息在内的 userInfo 数据。

> **注意** 本地调试和云端测试都有一个测试模板另存为的功能，可以将测试数据作为模板保存下来，方便下次复用。保存测试模板时，微信开发者工具会在项目根目录下创建一个 cloudfunctionTemplate 目录，测试模板即保存在这个目录下。

本地调试成功后，可以在 Console 面板中看到云函数的执行时长和执行结果，如图 4-13 所示。

```
[info] 函数被触发，正在执行中...                                         node.js:1
[info] 函数执行成功 (耗时 383ms) ▸{success: true, updated: true}        node.js:1
[info] 调用 本地 云函数 'uploadScore' 完成 （耗时 403ms）                node.js:1
```

图 4-13　云函数本地测试结果

如果代码有错误，在单击“开启本地调试”及调试执行时，Console 面板都会有错误提示信息输出，这些信息可以帮助我们排查错误。

云函数成功执行测试后，在云开发控制台选择“数据库”标签，再选择 score 集合，即可看到刚更新的数据，如图 4-14 所示。

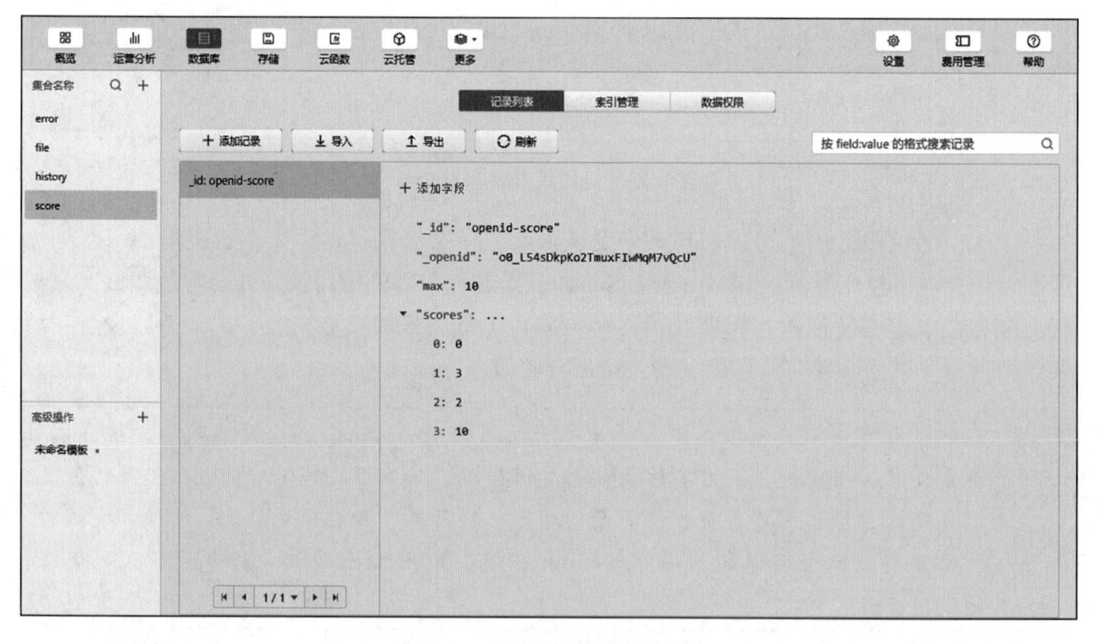

图 4-14　云数据库集合记录

本地调试窗口和微信开发者工具是不同的窗口，可以一边调试一边修改代码。相比云端测试，本地调试不需要上传代码和在服务器端安装依赖包，更加适合在云函数的研发阶段使用。

调用云函数

经过测试，云函数 uploadScore 已经没有问题了，接下来在项目中使用这个云函数，在游戏结束时通过它将用户得分存储到云数据库中。

在 managers 目录下新建一个 cloud_function_manager.js 文件，如代码清单 4-2 所示。

代码清单 4-2 创建云函数管理者

```
1. // JS: src\managers\cloud_function_manager.js
2. /** 云函数管理者 */
3. class CloudFunctionManager {
4.   constructor() {
5.     wx.cloud.init({
6.       env: "dev-df2a97"
7.     })
8.   }
9.   /**
10.    * 上传用户得分
11.    * @param {number} userScore
12.    */
13.   async uploadScore(userScore) {
14.     const res = await wx.cloud.callFunction({
15.       name: "uploadScore",
16.       data: {
17.         score: userScore
18.       }
19.     }).catch(console.log)
20.
21.     return {
22.       errMsg: res.errMsg === "cloud.callFunction:ok" ? "uploadScore:ok" : res.errMsg
23.     }
24.   }
25. }
26.
27. export default new CloudFunctionManager()
```

这个文件做了什么？

- 第 5 行调用云环境初始化接口 wx.cloud.init 在小游戏端初始化云函数的执行环境。注意，这里的接口有一个“wx”前缀，是一个三级接口。小游戏中的三级接口很少，如以 wx.cloud 开头的小游戏端的云开发接口。在 cloud/uploadScore/index.js 文件中，我们调用过云函数端初始化环境的接口 cloud.init，它是在服务器端执行的；而这里的初始化是在小游戏端执行的，是后面调用云函数的必要准备。

- 第 14 行通过三级接口 wx.cloud.callFunction 调用了云函数，该接口的参数是一个对象，有 name（云函数名称）、data（数据）两个属性，是传递云函数的第一个参数。这个接口支持 Promise 风格调用。
- 第 22 行，一般以 wx 开头的接口在调用成功时返回的 errMsg 等于接口名 + " :ok"。在这里，uploadScore 方法返回的结果对象与小游戏接口返回的结果对象具有相似的结构。

接下来看如何消费。修改 game_index_page.js 中的调用，如代码清单 4-3 所示。

代码清单 4-3　应用云函数管理者

```
1. // JS: src\views\game_index_page.js
2. ...
   // 引入云函数管理者
3. import cloudFuncMgr from "../managers/cloud_function_manager.js"
4.
5. /** 游戏主页 */
6. class GameIndexPage extends Page {
7.   ...
8.
9.   /** 处理结束事务 */
10.  async end() {
11.    ...
12.
13.    // 通过云函数存储玩家分数
14.    cloudFuncMgr.uploadScore(userBoard.score)
15.  }
16.
17.  ...
18. }
19.
20. export default GameIndexPage
```

这段代码很简单，保存代码，重新编译测试，当一局游戏结束时查看云数据库，score 集合中的数据已更新。

最后总结一下，云函数相对独立，可以在本地测试，又没有鉴权的麻烦，可以直接取到 openid、nickName、avatarUrl 等用户信息，且使用的是 JS 语言，故而非常适合给小游戏 / 小程序项目快速添加后端数据服务的支持。

本课小结

本课源码见 disc/ 第 4 章 /4.2。

这节课主要学习了如何在云端及本地调试云函数。目前我们在云数据库中存储数据是通过云函数间接完成的，下节课我们看一下如何直接在小游戏中操作云数据库。

云数据库主要用于存取动态数据，可以为单机产品添加动态交互功能，并且无论企业开发者还是个人开发者都有免费额度，可以零成本启用。

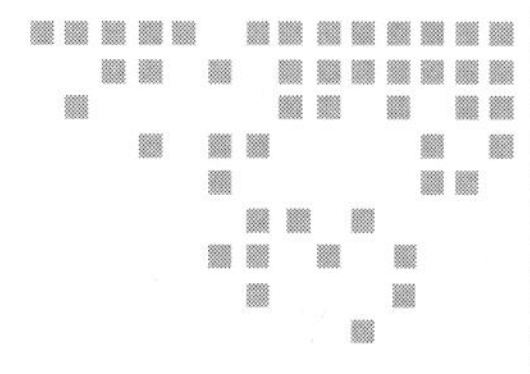

第5章 Chapter 5

云开发：使用云数据库

上一章主要练习了云函数的创建和调用，这一章练习云数据库的基本操作。

第10课　在小游戏端直接操作云数据库

开发者可以通过以下三种形式在小游戏项目中使用云开发能力：

- ❑ 先定义云函数，通过接口 wx.cloud.callFunction 调用云函数来使用云开发能力；
- ❑ 不定义云函数，在小游戏端代码中直接通过调用 wx.cloud 开头的接口来使用云开发能力；
- ❑ 通过 HTTP API 在 Web 端使用云开发能力。

同一套云开发能力，微信为什么要定义三类接口呢？

因为它们的适用场景及能力范围是不同的：第一类，服务器端云函数的能力范围及权限最大；第二类，小游戏端的云开发接口是第一类的子集，因此只适合完成一些非机密性的操作；而第三类，HTTP API 是后来扩展出来的，作用是方便开发者在 Web 端管理云开发数据，它的能力范围和权限不及第一类服务器端的云函数。

本节课我们练习的是第二类，即通过调用 wx.cloud 开头的接口使用云开发能力。

在小游戏中初始化云环境

对云开发能力的调用，在小游戏端项目中分为服务器端云函数调用和小游戏端直接调用两种方式。无论采用哪一种方式，在调用之前都需要先初始化云环境。

在小游戏端使用云能力前，可以先使用 wx.cloud.init 方法完成云能力初始化，这个方法的定义如下：

```
function init(options): void
```

options 参数定义了云开发的默认配置，该配置会作为之后调用其他所有云 API 的默认配置，options 提供以下可选配置。

- env：云环境 ID，字符串形式。
- traceUser：是否将用户的访问行为记录到控制台的用户管理中，以便稍后在云开发控制台中查看。

我们在 CloudFunctionManager 类中使用的初始化代码如下：

```
1. wx.cloud.init({
2.   env: "dev-df2a97"
3. })
```

环境 ID“dev-df2a97”是之前在开通云环境时备下的，在云开发控制台的预览标签下也可以看到。

直接操作云数据库集合

初始化云环境之后，就能使用云数据库 API 操作云数据库了。在 data_service.js 文件中的 DataServiceViaFileSystemManager3 类中，我们主要实现了以下 3 个方法。

- write：写入数据。
- read：读取数据。
- clear：清空数据。

接下来在 CloudFunctionManager 类中依次实现这 3 个方法，将本地存储转为云数据库存储。修改 cloud_manager.js 文件，具体如代码清单 5-1 所示。

代码清单 5-1　在云数据库中存储

```
1. // JS: src\managers\cloud_function_manager.js
2. const HISTORY = "history"      // 游戏历史数据集合名称
3.   , ERROR = "error"             // 错误信息集合名称
4.
5. /** 云函数管理者 */
6. class CloudFunctionManager {
7.   constructor() {
8.     wx.cloud.init({
9.       env: "dev-df2a97"
10.    })
11.    this.#db = wx.cloud.database()
12.  }
13.
14.  /** 云数据库引用 */
15.  #db
```

```
16.
17.   /**
18.    * 上传用户得分
19.    * @param {number} userScore
20.    */
21.   async uploadScore(userScore) {
22.     ...
23.   }
24.
25.   /** 写入游戏历史数据 */
26.   async writeHistoryData(userScore, systemScore) {
27.     return await this.write({
28.       dateCreated: new Date(),
29.       userScore,
30.       systemScore
31.     }, HISTORY)
32.   }
33.
34.   /** 读取游戏历史数据 */
35.   async readHistoryDatas() {
36.     return await this.read(HISTORY)
37.   }
38.
39.   /** 清空游戏历史数据 */
40.   async clearHistoryDatas() {
41.     return await this.clear(HISTORY)
42.   }
43.
44.   /** 记录错误日志 */
45.   async writeError(err) {
46.     return await this.write({
47.       dateCreated: new Date(),
48.       err
49.     }, ERROR)
50.   }
51.
52.   /** 读取错误日志 */
53.   async readErrors() {
54.     return await this.read(ERROR)
55.   }
56.
57.   /** 清除错误日志 */
58.   async clearErrors() {
59.     return await this.clear(ERROR)
60.   }
61.
62.   /** 向云数据库写入数据 */
63.   async write(data, collection = HISTORY) {
64.     return this.#db.collection(collection).add({
65.       data
66.     }).catch(console.log)
```

```
67.   }
68.
69.   /** 从云数据库读取数据 */
70.   async read(collection = HISTORY) {
71.     const _ = this.#db.command
72.     return this.#db.collection(collection)
73.       .where({
74.         "dateCreated": _.lt(new Date())
75.       })
76.       .orderBy("dateCreated", "asc")
77.       .get().catch(console.log)
78.   }
79.
80.   /** 清除云数据库集合数据 */
81.   async clear(collection = HISTORY) {
82.     const _ = this.#db.command
83.     return await this.#db.collection(collection).where({
84.       "dateCreated": _.lt(new Date())
85.     }).remove().catch(console.log) // 仅能移除 1 条
86.   }
87. }
88.
89. export default new CloudFunctionManager()
```

这个文件有什么变化？

- 第 2 行、第 3 行定义了两个集合常量：history 集合和 error 集合，前者是游戏历史数据集合，后者是全局异常信息集合。在操作云数据库之前，须确保云开发控制台“数据库”标签下存在这两个集合。
- 第 8～10 行是云环境初始化代码。
- 第 11 行获取云数据库引用，存为私有实例变量 #db，以方便在方法中使用。
- 第 21～23 行是旧的 uploadScore 方法，无改动。
- 第 26～60 行是两组外观模式方法，分别用于操作 history 集合和 error 集合。
- 第 63～86 行是核心方法 write、read 和 clear 的实现。
- 第 64 行在数据库对象上使用 collection 方法取得命令对象后，使用 add 方法新增数据。
- 第 73～75 行，在 collection 对象上使用 where 方法可以构建查询条件。第 74 行使用的 lt 是云数据库查询对象上一种特殊的查询筛选操作符（方法），表示小于某值。
- 第 76 行中的 orderBy 用于指定排序方式，dateCreated 是我们自定义的集合字段，asc 表示升序。表示倒序的是 desc。
- 第 77 行中的 get 方法用于返回符合查询条件的集合记录，返回结果是一个 Promise 对象。
- 第 85 行中的 remove 方法用于将符合查询条件的记录从云数据库中移除。在小游戏端执行移除操作，权限是受限的，每次仅能移除 1 条，这一点稍后在测试时可以发现。

代码中使用 new Date() 创建了当前时间对象 Date。需要注意的是，在小程序端创建的时间是客户端时间，不是服务器端时间，小程序端的时间与服务器端的时间不一定吻合。如果需要使用服务端时间，应该用云数据库对象的 serverDate 方法，即 #db.serverDate()，来创建并返回一个服务端时间（ServerDate）。当使用了 ServerDate 的云数据库操作请求抵达微信服务器端时，该字段会被自动转换成服务器端的当前时间。

代码改造完了，接下来开始测试，首先在游戏结束时将游戏数据存入 history 集合中。修改 game_index_page.js 文件，具体如代码清单 5-2 所示。

代码清单 5-2　应用云数据库保存代码

```
1. // JS: src\views\game_index_page.js
2. ...
3. import cloudFuncMgr from "../managers/cloud_function_manager.js" //引入云资源管理者
4.
5. /** 游戏主页 */
6. class GameIndexPage extends Page {
7.   ...
8.
9.   /** 处理结束事务 */
10.  async end() {
11.    ...
12.
13.    //小游戏端直接操作云数据库
14.    await cloudFuncMgr.writeHistoryData(userBoard.score, systemBoard.score)
15.    console.log("readHistoryDatas", (await cloudFuncMgr.readHistoryDatas()).data)
16.    console.log("clearHistoryDatas", await cloudFuncMgr.clearHistoryDatas())
17.  }
18.
19.  ...
20. }
21.
22. export default GameIndexPage
```

这个文件发生了什么变化？

- 第 14 行调用 writeHistoryData 方法将游戏数据引入 history 集合中。
- 第 15 行调用 readHistoryDatas 方法读取历史游戏数据，返回的是一个 Promise 对象，使用 await 关键字等待后，取其 data 属性，它是真正的集合记录。
- 第 16 行调用 clearHistoryDatas 方法尝试清空 history 集合。

保存代码，重新编译测试，调试区输出内容如下：

```
1. readHistoryDatas (4) [{…}, {…}, {…}, {…}]
2. clearHistoryDatas {stats:  {removed: 1}, errMsg: "collection.remove:ok"}
```

readHistoryDatas 取出的是全部记录，读取集合在小游戏端不受限制。clearHistoryDatas 方法并不能清空集合，仅能清除一条记录，在返回的结果对象中，stats.removed 为 1 代表删除了一条记录。

接下来测试 error 集合的存储和读取。修改 game.js 文件，具体如代码清单 5-3 所示。

代码清单 5-3 测试错误信息的存储和读取

```
1. // JS: 第 5 章 \5.1\game.js
2. ...
3. import cloudFuncMgr from "src/managers/cloud_function_manager.js" // 引入云资源管理者
4.
5. /** 游戏对象 */
6. class Game extends EventDispatcher {
7.   ...
8.
9.   /** 初始化 */
10.  init() {
11.    ...
12.
13.    // 监听全局错误事件
14.    wx.onError(this.#onError)
15.    // throw new Error(" 全局错误测试 ")
16.  }
17.
18.  ...
19.
20.  async #onError(res) {
21.    ...
22.
23.    // 向云数据库记录异常信息
24.    cloudFuncMgr.writeError(res.message)
25.    console.log("readErrors", (await cloudFuncMgr.readErrors()).data);
26.  }
27. }
28. ...
```

第 24 行、第 25 行分别调用 writeError、readErrors 方法。将第 15 行代码反注释掉，就可以测试代码表现。异常抛出后，程序会中止执行，但 #onError 方法会得到执行。打开云数据库，可以看到 error 集合中已有记录，如图 5-1 所示。

在添加记录时，我们并没有指定 _id、_openid 字段，这两个字段是小游戏环境自动附加的。_id 是集合的默认主键，_openid 字段存入的是当前用户的 openid。

拓展：了解云数据库中的字段类型

云数据库提供了以下 8 种字段类型。

- string：字符串。
- number：数字。
- object：对象。

- array：数组。
- bool：布尔值。
- Geo：多种表示地理位置的类型。原来仅支持 GeoPoint 一种类型，表示地理位置点，现已升级，支持 GeoPoint、GeoPolygon 等多种类型。
- Date：时间。
- null：空值，是一个空的占位符。

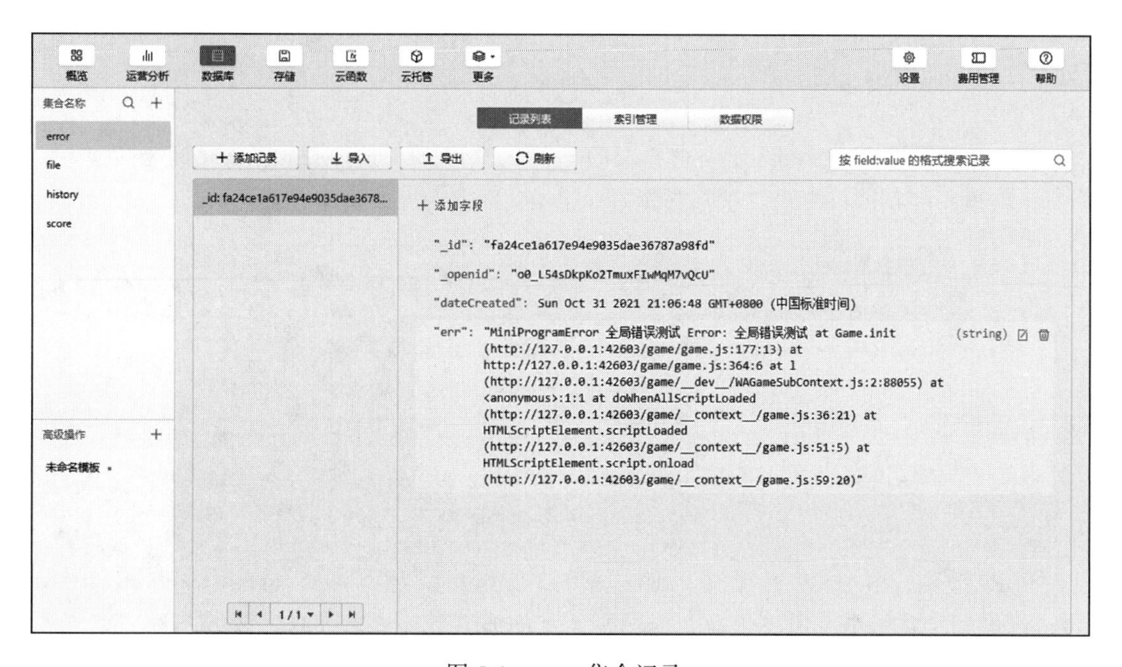

图 5-1　error 集合记录

在云数据库中，选择集合中一条记录的某个字段，点击字段右边的编辑按钮，便会弹出“编辑字段”的面板，如图 5-2 所示。

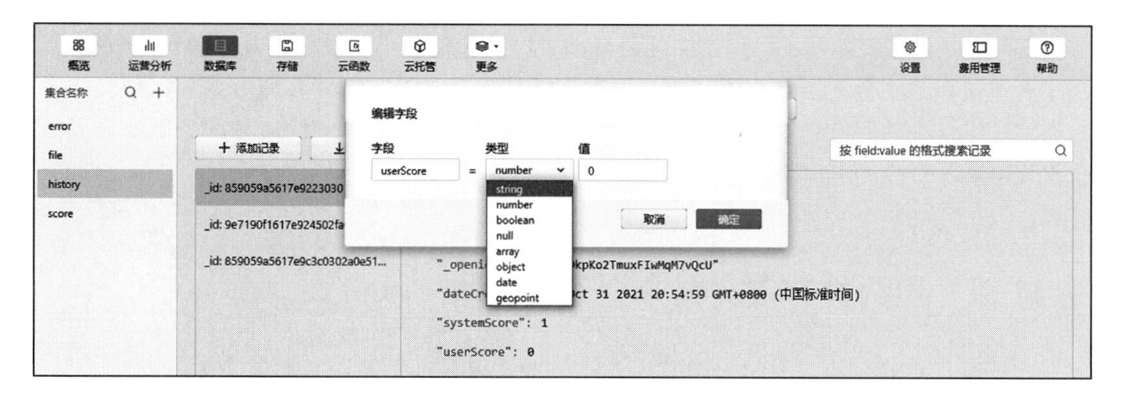

图 5-2　集合字段类型

在“类型”的下拉列表中，我们可以看到有8种字段类型。在存入数据前，云数据库不要求我们先定义字段及字段类型；在存入数据时，传入的字段字面量是什么类型，在存储时就会自动选择相应的类型。下面来看一段存入数据的代码：

```
1. /** 写入游戏历史数据 */
2. async writeHistoryData(userScore, systemScore) {
3.   return await this.write({
4.     dateCreated: new Date(),
5.     userScore,
6.     systemScore
7.   }, HISTORY)
8. }
```

从字面量类型来看，dateCreated是时间类型，userScore与systemScore都是数值类型。打开云数据库的history集合，选择任意一条记录，数据内容如图5-3所示。

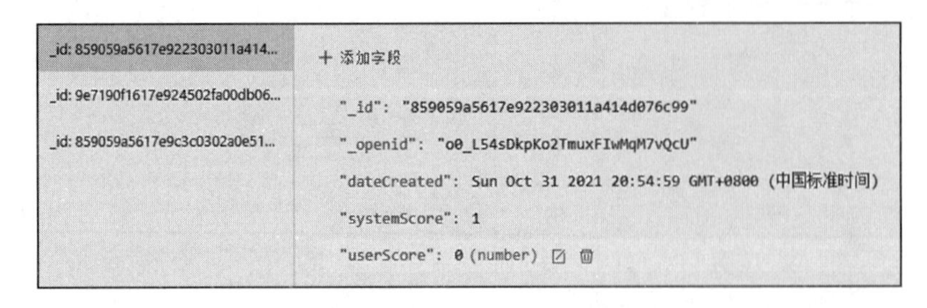

图5-3 history集合字段

可以看到，在云数据库中，dateCreated是Date类型，userScore和systemScore是number类型。在每个字段右边有两个图标，点击编辑图标可以设置字段的名称、类型和值，点击删除图标可以删除字段。

本课小结

本课源码见disc/第5章/5.1。

这节课我们主要学习了如何初始化云环境，以及如何在小游戏端中直接操作云数据库。在小游戏端移除集合记录是有限制的，每次仅能移除一条，下节课我们看一下如何在小游戏端移除集合中的所有记录，以及如何实现分页查询。在数据量大的时候，分页查询是一个常规需求。

第11课 用两种方式实现分页查询

这节课我们首先看一下如何用两种方式分别实现分页查询以及如何为集合添加索引，然后了解一下云数据库集合的权限控制机制。

使用分页查询方法

目前在 CloudFunctionManager 类中，read 会读取所有集合记录，如果集合中记录数量巨大，这个方法便不适合用来直接调用集合记录了，这时候可以实现一个分页读取的方法，按页读取记录。

设定分页大小为 10，页的大小从 1 开始计数，修改 CloudFunctionManager 类，添加一个 readByPage 方法，如代码清单 5-4 所示。

代码清单 5-4　实现分页读取方法

```
1. // JS: src\managers\cloud_function_manager.js
2. ...
3.
4. /** 云资源管理者 */
5. class CloudFunctionManager {
6.   ...
7.
8.   /** 从云数据库分页读取数据 */
9.   async readByPage(collection = HISTORY, pageIndex = 1, pageSize = 10,
       whereCondition = null) {
10.     const _ = this.#db.command
11.       , offset = (pageIndex - 1) * pageSize
12.     whereCondition = whereCondition || {
13.       "dateCreated": _.lt(this.#db.serverDate())
14.     }
15.     const listRes = await this.#db.collection(collection)
16.       .where(whereCondition)
17.       .orderBy("dateCreated", "desc")
18.       .limit(pageSize)
19.       .skip(offset)
20.       .get().catch(console.log)
21.     const totalRes = await this.#db.collection(collection)
22.       .where(whereCondition)
23.       .orderBy("dateCreated", "desc")
24.       .count().catch(console.log)
25.
26.     return {
27.       errMsg: listRes?.errMsg === "collection.get:ok" ? "readByPage:ok" :
          listRes?.errMsg
28.       , data: {
29.         list: listRes?.data ?? []
30.         , total: totalRes?.total ?? 0
31.       }
32.     }
33.   }
34. }
35.
36. export default new CloudFunctionManager()
```

这个分页读取方法是怎么实现的？

- ❑ 第 12 行中的 whereCondition 是一个 where 查询条件，这个条件我们可以在调用 readByPage 方法时传递进来。查询条件不同，返回的集合内容也不相同。如果不提供查询条件，则默认条件为“ dateCreated”小于当前的服务器时间，#db.serverDate() 表示获取当前的服务器时间。
- ❑ 第 18 行中的 limit 表示限制获取多少条记录，这个数字等于分页大小。
- ❑ 第 19 行中的 skip 表示跳过多少条记录，页的大小从 1 开始，跳过的记录条数等于页的大小减去 1，再乘以分页大小。
- ❑ 第 24 行中的 count 方法用于统计符合查询条件的记录总数，返回一个包含 total 字段的对象。与 get 方法一样，count 是一个执行方法，执行这个方法将返回结果，而 where、limit、skip 等其他方法是条件构建方法，并不会马上返回执行结果。
- ❑ 第 17 行、第 23 行中的 orderBy 方法用于指定排序字段，desc 表示降序排列。
- ❑ 第 26～32 行，将两步数据库查询的结果汇总到一个结果对象内。小程序 / 小游戏接口每次调用都会返回一个包含 errMsg、data 字段的对象，在这里我们仿照这种结构，也返回一个类似结构的对象。

在结果中，我们不仅返回了指定页面的列表数据，还返回了总记录数 total。这个 total 是有用的，在消费代码处用它除以页面大小，才可以算出一共有多少页。

分页拉取方法完成了，接下来修改 game_index_page.js 文件。在游戏结束时调用这个新增加的方法，如代码清单 5-5 所示。

代码清单 5-5　测试分页查询方法

```
1. // JS: src\views\game_index_page.js
2. ...
3. // import dataService from "../managers/data_service.js" //引入数据服务单例
4. ...
5.
6. /** 游戏主页 */
7. class GameIndexPage extends Page {
8.   ...
9.
10.   /** 处理结束事务 */
11.   async end() {
12.     ...
13.
14.     //记录游戏数据，开始测试 DataServiceViaFileSystemManager
15.     // await dataService.writeLocalData(userBoard.score, systemBoard.score)
16.     //读取本地记录
17.     // const localScoreData = await dataService.readLocalData()
18.     // console.log("localScoreData", localScoreData)
19.     // dataService.clearLocalData()
20.
21.     //更新玩家分数
```

```
22.     openDataMgr.updateUserScore(userBoard.score)
23.
24.     // 通过云函数存储玩家分数
25.     cloudFuncMgr.uploadScore(userBoard.score)
26.
27.     // 在小游戏端直接操作云数据库
28.     await cloudFuncMgr.writeHistoryData(userBoard.score, systemBoard.score)
29.     console.log("readHistoryDatas", (await cloudFuncMgr.readHistoryDatas()).data)
30.     // console.log("clearHistoryDatas", await cloudFuncMgr.clearHistoryDatas())
31.     // 分页读取历史数据
32.     console.log("readByPage", (await cloudFuncMgr.readByPage()).data)
33.   }
34.
35.   ...
36. }
37.
38. export default GameIndexPage
```

这里主要有以下三点变化。

- 第 15～19 行，本地存储相关接口不再调用，以后将数据存入云数据库或 MySQL 数据库。第 3 行的 dataService 模块也不再需要引入。
- 第 30 行，为了方便测试分页方法，不再调用清空方法 clearHistoryDatas。
- 第 32 行是新增代码，调用新方法 readByPage，由于参数有默认值，所以不用传递也可以正常调用。

调试区输出如下：

```
readByPage {list: Array(10), total: 13}
```

总记录数为 13，返回了第 1 页的 10 条记录。

使用聚合查询方法

集合查询主要分为两种方式：直接在集合上调用 get、count 方法进行查询，这是上一节我们使用过的方式；还有一种方式是使用聚合查询对象进行查询。接下来我们尝试使用第二种方式实现类似的分页查询功能。修改 cloud_function_manager.js 文件，具体如代码清单 5-6 所示。

代码清单 5-6　使用聚合查询

```
1. // JS: src\managers\cloud_function_manager.js
2. ...
3.
4. /** 云资源管理者 */
5. class CloudFunctionManager {
6.   ...
7.
8.   /** 从云数据库使用聚合对象实现分页查询 */
```

```
9.    async readByPageViaAggregate(collection = HISTORY, pageIndex = 1, pageSize =
        10, whereCondition = null) {
10.     const _ = this.#db.command
11.       , offset = (pageIndex - 1) * pageSize
12.       , $ = this.#db.command.aggregate
13.     whereCondition = whereCondition || {
14.       userScore: _.gte(0)
15.     }
16.
17.     const listRes = await this.#db.collection(collection)
18.       .aggregate()
19.       .addFields({
20.         totalSystemScore: $.sum("$systemScore")
21.         , totalUserScore: $.sum("$userScore")
22.         , totalScore: $.add(["$systemScore", "$userScore"])
23.       })
24.       .match(whereCondition)
25.       .sort({
26.         dateCreated: -1
27.       })
28.       .limit(pageSize)
29.       .skip(offset)
30.       .end().catch(console.log)
31.
32.     const totalRes = await this.#db.collection(collection)
33.       .aggregate()
34.       .match(whereCondition)
35.       .sort({
36.         dateCreated: -1
37.       })
38.       .count("total")
39.       .end().catch(console.log)
40.
41.     return {
42.       errMsg: listRes?.errMsg === "collection.aggregate:ok" ?
            "readByPageViaAggregate:ok" : listRes?.errMsg
43.       , data: {
44.         list: listRes?.list ?? []
45.         , total: totalRes?.list[0]?.total ?? 0
46.       }
47.     }
48.   }
49. }
50.
51. export default new CloudFunctionManager()
```

这个文件有什么变化？

- 第 9 行中的 readByPageViaAggregate 是新增的聚合分页查询方法，By 与 Via 是接口命名中常用的两个介词。

- 第 12 行，美元符号“$”用来表示聚合操作符对象，它有一些与聚合查询相关的实用方法，与第 10 行中的“_”一样，它的作用只是为了让代码看起来简短一些。
- 第 18 行，在集合对象上调用 aggregate（聚合）方法，返回一个聚合操作对象，但此时查询尚未进行，直到第 30 行调用 end 方法，查询才会执行。第 33～39 行的用法与之同理。
- 第 19 行，在聚合操作对象上调用 addFields 方法，添加一些数据库集合中本来并不存在的字段。
- 第 20 行中的“$systemScore”是一个特殊的字段串，在字段名称前面加上一个美元符号，代表动态获取该字段的值。$.sum 表示取和。在该示例中完成取和操作后，实际上 totalSystemScore 等于 systemScore，相当于定义了一个别名字段。第 21 行中 totalUserScore 的定义与之同理。$.sum 方法一般与 group 方法一同使用，在单独使用时用途并不大。
- 第 22 行中的 $.add 表示相加，即将两个字段的值加在一起，取得一个新字段的值。
- 第 24 行，聚合操作自成一体，有单独的查询语法，这里的 match 方法对应于普通查询中的 where，用于指定查询条件。值得一提的是，目前聚合查询中的 match 对日期类型 Date 的支持并不是很好，在查询条件对象中使用 Date 将触发异常，这个问题在后续版本更新中可能会修正。
- 第 25 行中的 sort 方法用于指定排序方式，与普通查询中的 orderBy 方法类似。在使用 sort 方法时：-1 表示降序，与 desc 类似；1 表示升序，与 asc 类似。
- 第 28 行、第 29 行中 limit 与 skip 的用法与普通查询中类似。
- 第 32～39 行使用类似的聚合查询方式，查询了符合条件的总记录数。
- 第 44 行，与普通查询不同，聚合查询所返回结果对象的数据都在 list 属性上，并不在 data 属性上。

代码写完了，接下来看看如何调用。打开 game_index_page.js 文件，修改后的代码如下：

```
1.  // JS: src\views\game_index_page.js
2.  ...
3.  import cloudFuncMgr from "../managers/cloud_function_manager.js" // 引入云资源管理者
4.
5.  /** 游戏主页 */
6.  class GameIndexPage extends Page {
7.    ...
8.
9.    /** 处理结束事务 */
10.   async end() {
11.     ...
12.     // 测试聚合分页查询
13.     console.log("readByPageViaAggregate", (await cloudFuncMgr.readByPageViaAggregate()).
          data)
14.   }
```

```
15.
16.   ...
17. }
18.
19. export default GameIndexPage
```

第 13 行调用了新方法 readByPageViaAggregate，采用默认参数即可。调试区的输出如下：

```
readByPageViaAggregate {list: Array(10), total: 43}
```

list 中的每个元素都有我们自定义添加的字段（如 totalScore 等），如图 5-4 所示。

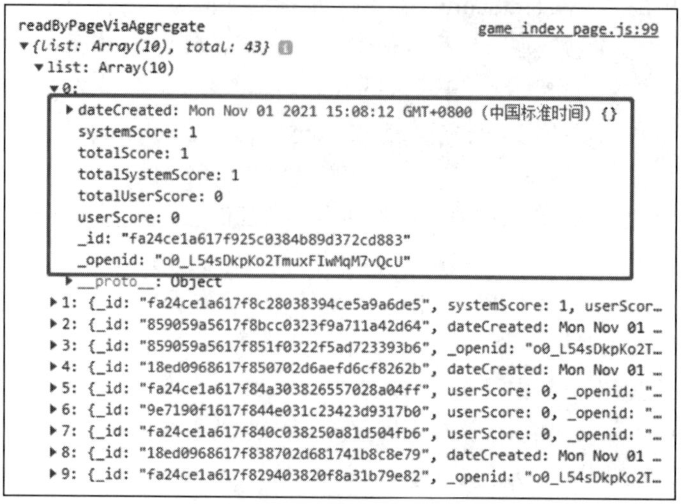

```
readByPageViaAggregate                                          game_index_page.js:99
▼{list: Array(10), total: 43}
  ▼list: Array(10)
    ▼0:
      ▶dateCreated: Mon Nov 01 2021 15:08:12 GMT+0800 (中国标准时间) {}
       systemScore: 1
       totalScore: 1
       totalSystemScore: 1
       totalUserScore: 0
       userScore: 0
       _id: "fa24ce1a617f925c0384b89d372cd883"
       _openid: "o0_L54sDkpKo2TmuxFIwMqM7vQcU"
      ▶__proto__: Object
    ▶1: {_id: "fa24ce1a617f8c28038394ce5a9a6de5", systemScore: 1, userScor…
    ▶2: {_id: "859059a5617f8bcc0323f9a711a42d64", dateCreated: Mon Nov 01 …
    ▶3: {_id: "859059a5617f851f0322f5ad723393b6", _openid: "o0_L54sDkpKo2T…
    ▶4: {_id: "18ed0968617f850702d6aefd6cf8262b", dateCreated: Mon Nov 01 …
    ▶5: {_id: "fa24ce1a617f84a303826557028a04ff", userScore: 0, _openid: "…
    ▶6: {_id: "9e7190f1617f844e031c23423d9317b0", userScore: 0, _openid: "…
    ▶7: {_id: "fa24ce1a617f840c038250a81d504fb6", userScore: 0, _openid: "…
    ▶8: {_id: "18ed0968617f838702d681741b8c8e79", dateCreated: Mon Nov 01 …
    ▶9: {_id: "fa24ce1a617f829403820f8a31b79e82", _openid: "o0_L54sDkpKo2T…
```

图 5-4 在 Console 面板中打印记录字段

使用循环的方式清空小数据集合

通过 remove 方法每次仅能删除一条记录，如果想一次清空列表中的所有记录，应该怎么做呢？

除了利用云函数外，在小游戏端还可以通过循环删除的方式达到目的。修改 cloud_function_manager.js 文件，如代码清单 5-7 所示。

代码清单 5-7 实现清空集合的方法

```
1. // JS: src\managers\cloud_function_manager.js
2. ...
3.
4. /** 云资源管理者 */
5. class CloudFunctionManager {
6.   constructor() {
7.     ...
8.     this.#db = wx.cloud.database({
9.       throwOnNotFound: false
10.    })
```

```
11.   }
12.   ...
13.
14.   /** 循环清除云数据库集合数据 */
15.   async forceClear(collection = HISTORY) {
16.     const list = (await this.read(collection))?.data ?? []
17.       , n = list.length
18.     for (let j = 0; j < n; j++) {
19.       const row = list[j]
20.       await this.#db.collection(collection).doc(row._id).remove()
21.     }
22.     return {
23.       errMsg: n > 0 ? "forceClear:ok" : ""
24.     }
25.   }
26. }
27.
28. export default new CloudFunctionManager()
```

这里主要有两个变化。

- 第 8～10 行，在获取云数据库操作对象时，添加了一个 throwOnNotFound 选项，将其设置为 false，代表在未查询到数据时返回空数据，而不是抛出异常，这在一定程度上可以增强代码的鲁棒性。
- 第 15～18 行是新增的 forceClear 方法，先取到一个集合，然后在循环中通过 doc 方法依据字段 _id 查询到每个记录对象，并依次调用其 remove 方法。这种实现方法仅适用于小数据量集合。

下面开始消费，在 game_index_page.js 文件中添加对 forceClear 方法的调用：

```
1. // JS: src\views\game_index_page.js
2. // 强制清除 history 集合
3. console.log("forceClear", await cloudFuncMgr.forceClear())
```

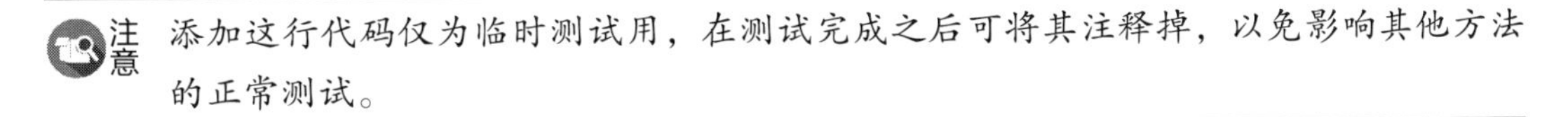

注意　添加这行代码仅为临时测试用，在测试完成之后可将其注释掉，以免影响其他方法的正常测试。

调试区的输出如下：

```
forceClear {errMsg: "forceClear:ok"}
```

对于清空记录类操作，在小游戏端仅适合清除部分或单个记录，大量清除工作还是适合放在服务器端及云函数中操作。

拓展：为查询字段添加索引，提升执行效率

建立索引是提高数据库查询性能、优化小游戏响应速度的重要手段。**我们应为所有需要成为常用查询条件的字段建立索引**，添加索引后，相关查询的执行效率将会得到提升。

在之前的查询中，我们多次使用了 dateCreated 字段作为查询条件，现在为它添加索引。打开“云开发控制台”→“数据库”，选择集合 history，选择“索引管理”标签，点击“新建索引”按钮，打开“添加索引”面板，如图 5-5 所示。

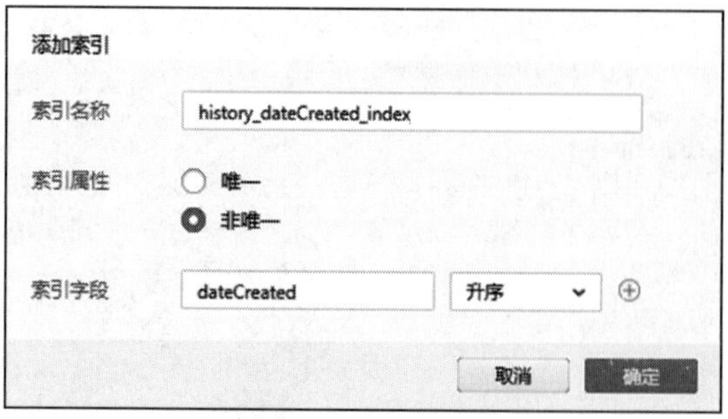

图 5-5　新建集合索引

“索引名称”的格式一般为集合名称 + 字段名称 +index，在“索引字段”处写上真实的字段名称，点击“确定”按钮。

初建索引的命中次数为 0，如图 5-6 所示。

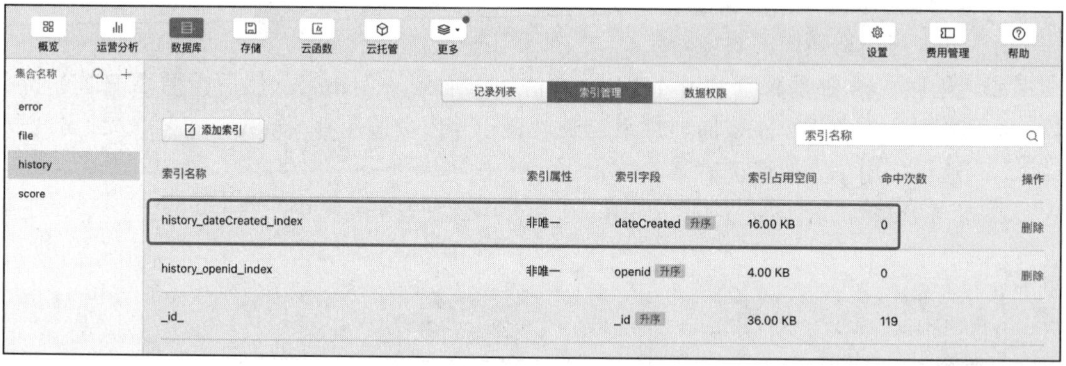

图 5-6　查看集合索引列表

所谓命中次数，即所有查询中采用本索引形成查询条件的次数。运行两次，命中次数即会增加。_id_ 和 history_openid_index 是默认创建的索引，它们可以提升我们依据 _id、_openid 字段查询的执行速度，其中 _id_ 索引的右边没有“删除”操作，因为它作为主键索引是不能删除的。

拓展：了解集合的权限控制

现在我们思考这样一个问题：在云数据库集合中，小游戏自动为每条记录添加了一个 _id 字段，这是可以理解的，因为它代表主键，是文档的唯一标识，但为什么要添加 _openid 这个字段呢？

它是用于实现权限控制的。打开“云开发控制台”→“数据库”，选择集合 history，选择数据权限，可以查看到集合的权限控制选项，如图 5-7 所示。

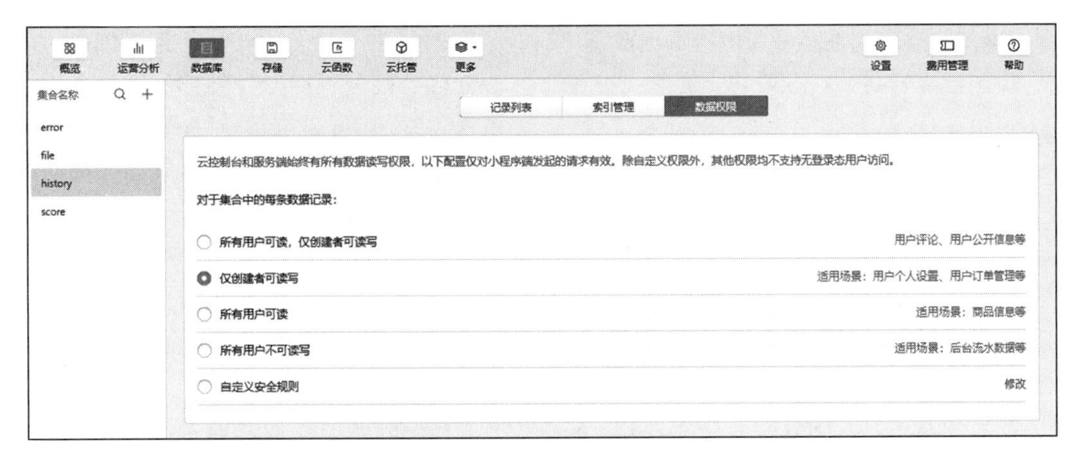

图 5-7　设置集合的数据权限

每个集合都可以拥有一种权限配置规则，这个规则是作用在集合的每条记录上的。用户在小游戏中创建的每条记录都会带有他的信息，其 openid 信息会以 _openid 字段保存在记录中。集合中的权限控制规则是围绕着一个用户是否应该拥有权限操作其他用户创建的数据而展开的。

对于小游戏端操作云数据库的代码，我们可以通过小游戏环境知道当前用户的 openid，每次操作都可以检查集合中预定义的权限、记录中的 _openid 和当前用户的 openid，以此确定当前用户是否有权限读写代码。

在云开发控制台，开发者拥有完全权限，可以对所有数据进行增、删、改、查等操作。

本课小结

本课源码见 disc/ 第 5 章 /5.2。

这节课我们主要学习了如何实现分页查询，如何为集合添加索引，了解了集合的权限控制机制，下节课我们看一下用户如何操作自己保存的数据。

第 12 课　用户如何操作自己创建的数据：查询与更新

在小程序端调用云函数的请求中，第一个参数 event 中会被自动注入一个 userInfo 对象，这个对象中含有 openid、appid 等字段信息。在云端测试云函数时，如果云函数内部没有从云环境上下文对象中获取到 openid 信息，可以在测试模板中模拟一个 userInfo 传递进去，效果是一样的。

查询用户自己添加的历史数据

通过上一节课我们已经知道，默认情况下集合 history 的数据权限是“仅创建者可读写”，这意味着我们在小游戏端查询云数据库时自带了 openid 参数，对于一个用户创建的数据，即使没有通过 where 或 match 显式设置有关 openid 的限制查询条件，其他用户也是查询不到的。

假设集合的数据权限是“所有人可读”，在小游戏端查询时，我们又如何限制查询动作只查询自己的记录呢？

对于云函数内的查询代码，我们从云环境上下文对象中取得 openid，然后将 openid 与记录中的 _openid 字段做比较就可以了；而如果是在小游戏端查询的，又如何进行限制呢？

可以通过一个云函数先取得当前用户的 openid，再以这个 openid 作为小游戏端查询云数据库的条件。

在云开发中，云函数的独特优势之一就在于它与微信登录鉴权的无缝整合，当小游戏端调用云函数时，云函数的第一个参数对象会被自动注入一个 userInfo 对象，这个对象内包括当前用户的 openid 等信息。

开发者可以通过一个云函数直接取得用户的 openid 而无须校验，校验工作在调用云函数时已经由小游戏环境做好了，这是使用云开发技术的方便之处。

接下来我们要创建一个名为 getUserInfo 的云函数，创建后 getUserInfo/index.js 文件的源代码如下：

```
1. const cloud = require("wx-server-sdk")
2.
3. cloud.init()
4.
5. /**
6.  * 云函数入口函数
7.  * @param {*} event
8.  * @param {*} context
9.  */
10. exports.main = async (event, context) => {
11.   const wxContext = cloud.getWXContext()
12.   return {
13.     openid: wxContext.OPENID,
14.     appid: wxContext.APPID,
15.     unionid: wxContext.UNIONID,
16.   }
17. }
```

这段代码不需要做任何修改，完成以后别忘记在右键菜单上选择“上传并部署：云端安装依赖”。

在云开发控制台的云函数列表中，选择 getUserInfo 的云端测试，打开右栏测试面板，新建一个 getUserInfo 测试模板，内容如图 5-8 所示。

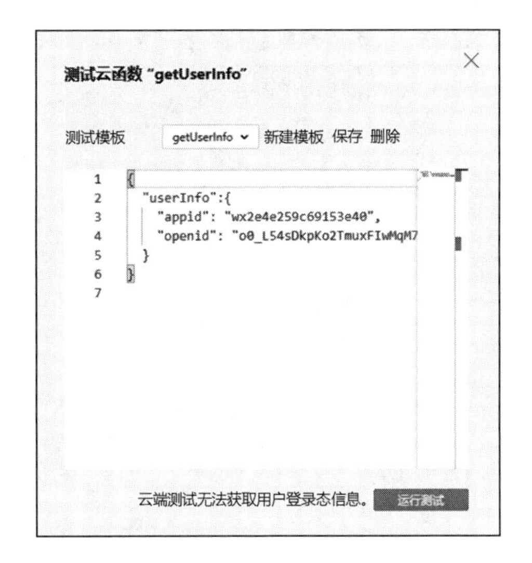

图 5-8　新建云函数的测试数据模板

测试模板的内容为：

```
1. {
2.   "userInfo":{
3.     "appid": "wx2e4e259c69153e40",
4.     "openid": "o0_L54sDkpKo2TmuxFIwMqM7vQcU"
5.   }
6. }
```

单击"运行测试"按钮就可以看到正常的模拟结果了。

在我们调用 getUserInfo 这个云函数时，微信小游戏会自动向第一个参数对象内注入一个 userInfo 对象，这是我们可以从环境上下文对象中取得 openid 的原因所在。正因如此，我们在进行云端测试时，在创建测试模板后，也需要输入 userInfo 的信息。有了这条信息，我们便可以忽略云端测试面板中"云端测试无法获取用户登录态信息"的提示了。

> **注意** 云函数 getUserInfo 还返回了 unionid 信息，这条信息仅在当前小游戏产品在微信开放平台（https://open.weixin.qq.com/）注册后才会返回。unionid 在当前程序中用不到，在测试模板中不提供也无关紧要。另外，在命名上我们看到，在小游戏开发中表达用户唯一身份标识信息的形式有多种：openid、unionid 和 OPENID。有一条命名规范需要注意，除了官方及第三方代码中已经生成的，以及官方文档中定义的不能修改的形式以外，在我们自己的代码中要统一以 openid 命名。可以将 openid 看作一个独立的词，appid、unionid 等在命名上也与之类似。

接下来修改 cloud_function_manager.js 文件，添加一个 querySelfHistoryDataByPage 方法，用于分页查询当前用户自己的历史游戏数据，如代码清单 5-8 所示。

代码清单 5-8　分页查询当前用户自己的历史游戏数据

```
1. // JS: src\managers\cloud_function_manager.js
2. ...
3.
4. /** 云资源管理者 */
5. class CloudFunctionManager {
6.   ...
7.
8.   /** 查询当前用户自己的历史游戏数据 */
9.   async querySelfHistoryDataByPage(pageIndex = 1, pageSize = 10) {
10.    let res = await wx.cloud.callFunction({
11.      name: "getUserInfo"
12.    }).catch(console.log)
13.
14.    if (res && res.errMsg === "cloud.callFunction:ok") {
15.      const _ = this.#db.command
16.        , { openid } = res.result
17.        , listRes = await this.readByPageViaAggregate(HISTORY, pageIndex,
           pageSize, {
18.          _openid: _.eq(openid)
19.        })
20.      return {
21.        errMsg: listRes?.errMsg === "readByPageViaAggregate:ok" ?
           "querySelfHistoryDataByPage: ok" : listRes?.errMsg
22.        , data: listRes.data
23.      }
24.    } else {
25.      return {
26.        errMsg: "openid not retrieved"
27.      }
28.    }
29.  }
30. }
31.
32. export default new CloudFunctionManager()
```

这个方法是怎么实现的？

- 第 10～12 行通过 wx.cloud.callFunction 接口调用新创建的云函数 getUserInfo，主要是为了取得用户的 openid。
- 第 17 行通过已经创建并测试通过的 readByPageViaAggregate 方法拉取记录，在拉取时添加有关 openid 的查询条件。

代码修改好了，接着在 game_index_page.js 文件中添加测试代码：

```
1. // JS: src\views\game_index_page.js
2. ...
3. import cloudFuncMgr from "../managers/cloud_function_manager.js" // 引入云资源管理者
4.
5. /** 游戏主页 */
6. class GameIndexPage extends Page {
```

```
7.    ...
8.
9.    /** 处理结束事务 */
10.   async end() {
11.     ...
12.     // 查询当前用户自己的历史游戏数据
13.     console.log("querySelfHistoryDataByPage", (await cloudFuncMgr.
          querySelfHistoryDataByPage()).data)
14.   }
15.
16.   ...
17. }
18.
19. export default GameIndexPage
```

其中第 13 行是测试代码。

重新编译测试，调试区的输出如下：

```
querySelfHistoryDataByPage {list: Array(9), total: 9}
```

测试结果是正常的。

在调试区测试云函数

截止到目前，我们已经了解了两种测试云函数的方式：云端测试和本地调试。还有一种测试方式，即在项目中测试，在调试区可查看云函数的测试情况。

在调试区的 Network 标签中选择 Cloud 分类，可以看到云函数调用，如图 5-9 所示。

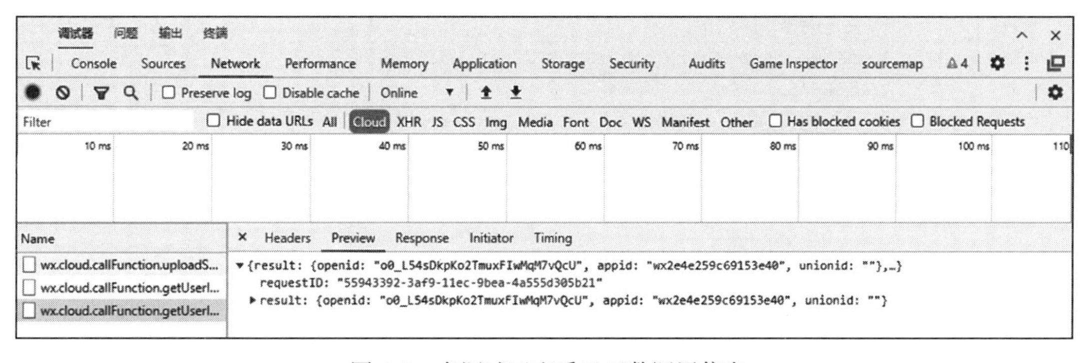

图 5-9　在调试区查看云函数调用信息

首次在云端测试云函数，如果不知道自己的 openid 信息，可以从这里获取。对于每个云函数调用，在调试区都可以看到请求信息及返回信息，就像调用普通的 URL 接口一样，这种方式有助于云函数测试。

使用原子操作，更新用户自己创建的数据

使用云函数操作云数据库，权限大；使用小游戏端的云数据库 API，不需要先创建云函

数，更加简单灵活。

对于用户自己创建的数据，在小游戏端不仅可以查询，还可以进行更新、删除等操作。接下来我们尝试在小游戏端将用户的最近一次得分加 1。修改 cloud_function_manager.js 文件，具体如代码清单 5-9 所示。

代码清单 5-9　使用云数据库的原子操作

```
1.  // JS: src\managers\cloud_function_manager.js
2.  ...
3.
4.  /** 云资源管理者 */
5.  class CloudFunctionManager {
6.    ...
7.
8.    /** 原子操作，将用户最近的一次得分加 1 */
9.    async increaseSelfLastScore() {
10.     const res = await wx.cloud.callFunction({
11.       name: "getUserInfo"
12.     }).catch(console.log)
13.
14.     if (!res || res.errMsg !== "cloud.callFunction:ok") {
15.       return {
16.         errMsg: "openid not retrieved"
17.       }
18.     }
19.
20.     const _ = this.#db.command
21.       , { openid } = res.result
22.       , docRes = await this.#db.collection(HISTORY)
23.         .where({
24.           _openid: _.eq(openid)
25.         })
26.         .orderBy("dateCreated", "desc")
27.                .limit(1)
28.         .get().catch(console.log)
29.
30.     if (docRes && docRes.errMsg === "collection.get:ok") {
31.       const doc = docRes.data[0]
32.         , updateRes = await this.#db.collection(HISTORY)
33.           .doc(doc._id)
34.           .update({
35.             data: {
36.               userScore: _.inc(1)
37.             }
38.           }).catch(console.log)
39.
40.       if (updateRes && updateRes.errMsg === "document.update:ok") {
41.         return {
42.           errMsg: "increaseSelfLastScore:ok"
```

```
43.          , docId: doc._id
44.          , updated: updateRes.stats.updated
45.        }
46.      }
47.    }
48.
49.    return {
50.      errMsg: "unknown error"
51.    }
52.  }
53.}
54.
55.export default new CloudFunctionManager()
```

这个文件有什么变化？

- 第 9 行是新增的 increaseSelfLastScore 方法。
- 第 22～28 行以 openid 作为查询条件，以更新时间倒序查询最近一条记录。
- 第 32～38 行通过 doc 方法定位记录，通过 update 方法更新记录。第 36 行中的 _.inc(1) 是递增操作，在原值的基础上加 1，此处的 inc 是一个原子操作。

什么是原子操作？当多个用户同时更新一个字段时，对数据库来说，这些字段可能都会成功更新，不会有后来者覆写前者的情况。原子操作在高并发系统中非常重要，假设有这样一个场景：某一时刻有用户 A、B 同时读取了同一个字段的值，然后分别加上 10、20，再写进数据库。如果这个写操作不是原子操作，那么这个字段的最终值会加上 20 或 10，而不是加 30。原子操作可以避免写操作中出现这个问题。

注意　在数据库操作符对象（db.command）上，常用的原子操作如下。

- inc：用于将字段自增 1。
- addToSet：向数组中添加一个或多个元素。
- mul：处理乘法请求，用于将字段自乘某个值。

如果这三个原子操作仍然无法解决需求，还可以考虑使用事务。云数据库有完善的事务处理能力，具体方法可以查看官方文档。

想要更新数据，除了 update，还可以使用 set 方法。那么，update 与 set 各有什么作用呢？

set 方法的用处在于更新一个对象中的某一个值。比如在下面的代码中，style 是一个 object 类型，这段代码只将 style 对象的 color 字段更新为 blue，而不是把 style 字段整个更新为 { color: “blue” }。

```
1. const _ = db.command
2. db.collection("todos").doc("todo").update({
3.   data: {
4.     style: {
5.       color: "blue"
6.     }
```

```
7.     }
8.  })
```

在 style 对象下，如果还有 color 以外的其他字段，不受影响。

如果需要将 style 对象整体更新为另一个对象，可以附加使用 set 方法，代码如下：

```
1. const _ = db.command
2. db.collection("todos").doc("todo").update({
3.   data: {
4.     style: _.set({
5.       color: "blue",
6.       size: "large"
7.     })
8.   }
9. })
```

在一般情况下，更改云数据库，使用 update 方法足矣。

使用原子操作的方法添加完了，接下来开始测试，修改游戏主页文件：

```
1. // JS: src\views\game_index_page.js
2. ...
3. import cloudFuncMgr from "../managers/cloud_function_manager.js" //引入云资源管理者
4.
5. /** 游戏主页 */
6. class GameIndexPage extends Page {
7.   ...
8.
9.   /** 处理结束事务 */
10.  async end() {
11.    ...
12.    //将用户最近的一次得分增加1
13.    console.log("increaseSelfLastScore", await cloudFuncMgr.increaseSelfLastScore())
14.  }
15.
16.  ...
17.}
18.
19.export default GameIndexPage
```

其中第 13 行是测试代码。

重新编译测试，调试区的输出如下：

```
increaseSelfLastScore {errMsg: "increaseSelfLastScore:ok", docId: "fa24ce1a617fe
  74703964d30626c5879", updated: 1}
```

测试结果是正常的。

拓展：关于数据库操作符和数据库聚合操作符

在我们编写过的实践代码中有这么一句：

```
_openid: _.eq(openid)
```

此处的 eq 相当于等于，“ _ ” 是 db.command 的别名，是我们自己定义的。其他与 eq 类似的比较查询指令如下。

- eq：等于。
- neq：不等于。
- lt：小于。
- lte：小于或等于。
- gt：大于。
- gte：大于或等于。
- in：字段值在给定数组中。
- nin：字段值不在给定数组中。

除了用指定的值更新字段外，云数据库 API 还提供了一系列的更新指令，用于执行更复杂的字段更新操作，具体如下。

- set：将字段设置为指定值。
- remove：删除字段。
- inc：原子自增字段值。
- mul：原子自乘字段值。
- push：如果字段值为数组，往数组尾部增加指定值。
- pop：如果字段值为数组，从数组尾部删除一个元素。
- shift：如果字段值为数组，从数组头部删除一个元素。
- unshift：如果字段值为数组，往数组头部增加指定值。

这里仅列出部分常用的查询 / 更新指令，更多内容可以访问官方文档 https://developers.weixin.qq.com/miniprogram/dev/wxcloud/reference-sdk-api/database/Command.html。

另外，在聚合操作指令对象（db.command.aggregate）上还有另一套比较、更新等的方法（如 $.sum、$.add 等方法），具体可查看官方文档 https://developers.weixin.qq.com/miniprogram/dev/wxcloud/reference-sdk-api/database/command/aggregate/AggregateCommand.html。

对于这些云数据库 API 及实用方法，需要先了解它们在官方文档的什么地方，大概有什么能力，在开发时如果有具体的方法名称或参数不清楚，查文档即可。

拓展：使用云文件 ID

在“云开发控制台”→“存储”标签下，可以将资源文件上传到云存储中，这时会得到一个云文件 ID，如图 5-10 所示。

cloud://dev-df2a97.6465-dev-df2a97-1257768123/audios/bj2.mp3 即云文件 ID。

项目代码中的音频对象（InnerAudioContext）及图像对象（Image）的 src 属性都接受云文件 ID 作为地址。

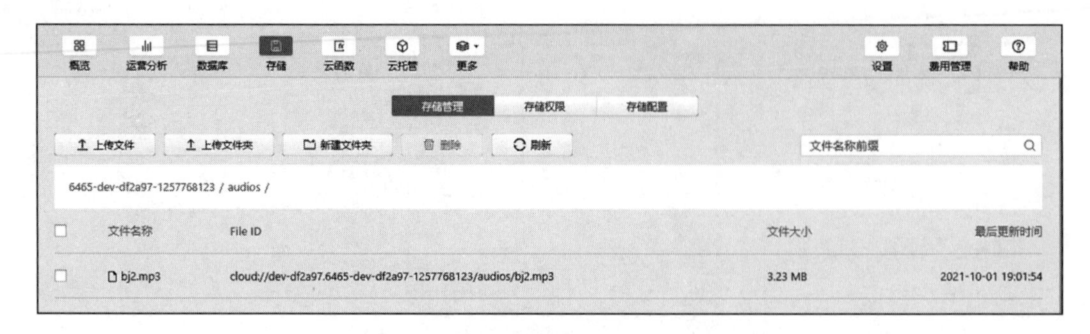

图 5-10　查看文件的云存储 ID

本课小结

本课源码见 disc/ 第 5 章 /5.3。

这节课我们主要学习了如何在小游戏端使用当前的用户身份更新自己创建的数据，还了解了原子操作。至此，云开发部分的内容就已经讲解完毕。

这一章我们没有详细介绍云开发的所有能力，仅介绍了常用的云函数编写及调试技巧，如何分别在云函数端与小游戏端操作云数据库，以及如何进行原子操作等。通过对这些主要云开发能力的实践，以及了解其基本的使用方法和权限控制机制，以后在需要使用其他云开发能力，甚至面对全新的云开发能力时，通过查阅文档，相信你也能快速掌握。

接下来我们进入后端编程阶段，分别用 Node.js 和 Go 实现同样的后端程序，为小游戏端提供数据互动支持。

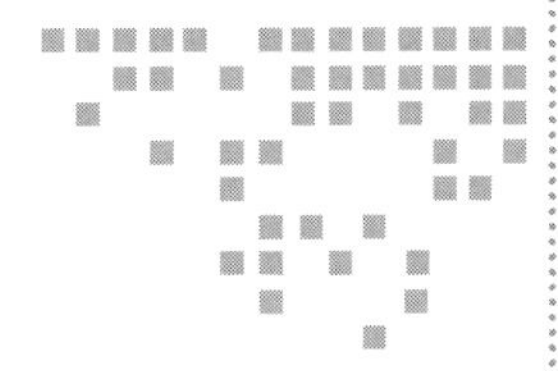

第 6 章 Chapter 6

后端：用 Node.js 实现接口及处理客服消息

《微信小游戏开发：前端篇》的所有内容以及本书前 5 章的实战，都可以在本机（一台电脑）上完成，不需要花一分钱。这一章我们进入后端代码实战阶段，即使用一台服务器为小游戏前端提供数据互动接口。

这里可能有读者会问，我们需要购买服务器吗？答案是不需要。选择策略是这样的。

- 只有当产品——非单机的且需要后端数据支持的产品——真正需要上线时，才需要外网服务器。届时可以选用云服务器，并且可以选择按需计量支付，对个人开发者来说负担较小。
- 小微团队在研发阶段可以使用本地局域网内的电脑代替外网服务器。
- 对于个人开发者而言，在学习阶段一台笔记本电脑足矣，既能编写小游戏前端代码，又能通过免费的内网穿透工具将本机变成一台服务器，不需要花费额外的费用。关于内网穿透工具的使用，稍后在本章第 16 课的“使用内网穿透工具 frp”中会有详细介绍。

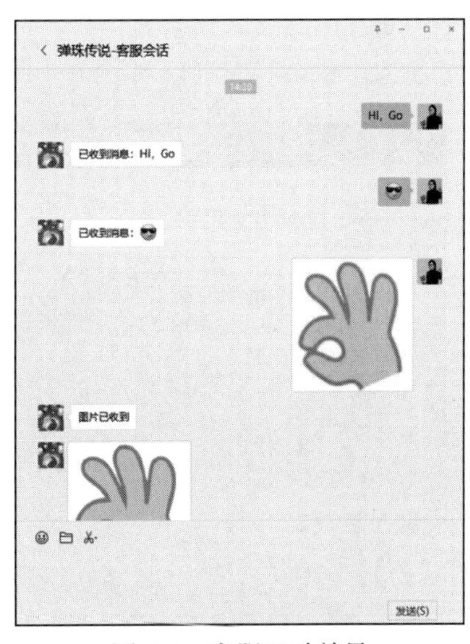

图 6-1　客服互动效果

这一章及下一章分别使用 Node.js 和 Go 语言实现一套后端接口，供小游戏端使用。在实现接口之前，我们会创建 MySQL 数据库，并将玩家的得分数据存储到其中。完成这两章的练习后，在服务器端可以与用户进行客服会话（如图 6-1 所示），还可以实现一个 Web 后台管理框架，这个框架包含一个简洁的登录面板（如图 6-2 所示）。

图 6-2　登录面板

登录后，历史记录页面如图 6-3 所示。

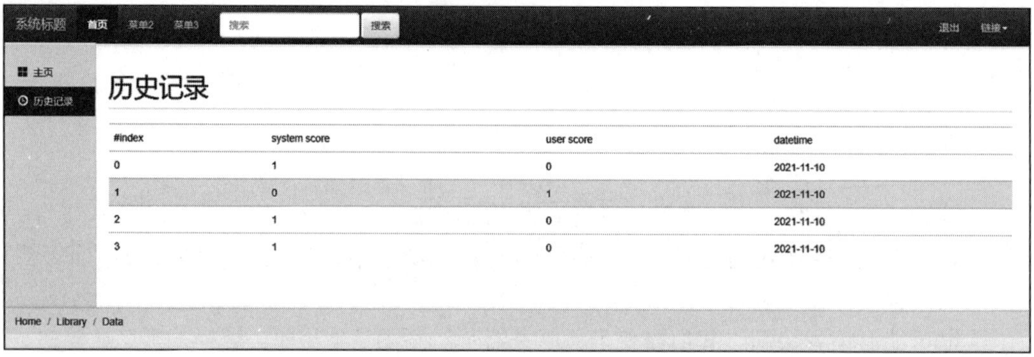

图 6-3　历史记录页面

后台功能可以分权限显示，如果你登录的是管理员账号，还会看到一个不一样的 UI（例如包括“删除”按钮），如图 6-4 所示。

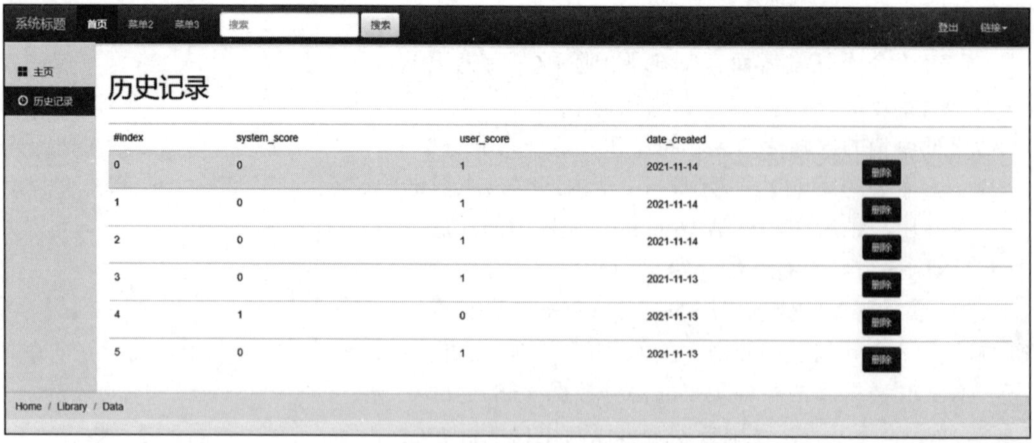

图 6-4　分角色权限渲染界面

上一章的练习结束后，源码文件总数是 79 个，完成本章及下一章的练习后，源码文件将增加到 194 个，总代码行数近 19 000 行，统计结果如图 6-5 所示。

```
$ cloc --exclude-dir=node_modules .
     262 text files.
     201 unique files.
     134 files ignored.

github.com/AlDanial/cloc v 1.90  T=2.71 s (71.6 files/s, 8673.9 lines/s)
-------------------------------------------------------------------------------
Language                     files          blank        comment           code
-------------------------------------------------------------------------------
JavaScript                     150           1524           1671           7990
CSS                              7           1072             53           6214
JSON                             9              0              0           3734
Go                              15             64             88            378
HTML                            10             34             45            354
SVG                              1              0              0            228
SQL                              1              3              4             21
Markdown                         1              9              0             16
-------------------------------------------------------------------------------
SUM:                           194           2706           1861          18935
-------------------------------------------------------------------------------
```

图 6-5　添加后端程序后的项目文件统计

这两章学习完以后，实战课程基本全部完成。我们用了不到 2 万行的代码完成了一个全栈小游戏项目的开发。

本章主要学习 MySQL 数据库的基本设置与操作、RESTful 接口的实现与调用，以及在服务器端处理客服消息。

第 13 课　准备 MySQL 数据库

如何在后端存储数据？可以使用数据库。MySQL 是使用最为广泛的关系型数据库之一，企业和个人均可使用，它可以满足大多数常规的业务开发需求。接下来我们先看一下如何安装与配置 MySQL 数据库。

安装 MySQL 数据库与数据库管理工具

我们可以在线购买一台 MySQL 云数据库，地址为 https://cloud.tencent.com/product/cdb。

使用云数据库的优势在于方便多人协作，在多台机器上同时访问。如果仅自己使用，可以通过链接 https://dev.mysql.com/downloads/mysql/ 下载 MySQL 社区版本。根据自己的操作系统，按提示选择对应的版本即可。

有了 MySQL 数据库，接下来还需要一个数据库管理工具。一般选择 MySQL Workbench，可以通过链接 https://www.mysql.com/products/workbench/ 下载。下载并安装后打开，在 MySQL Workbench 首页创建连接实例，如图 6-6 所示。

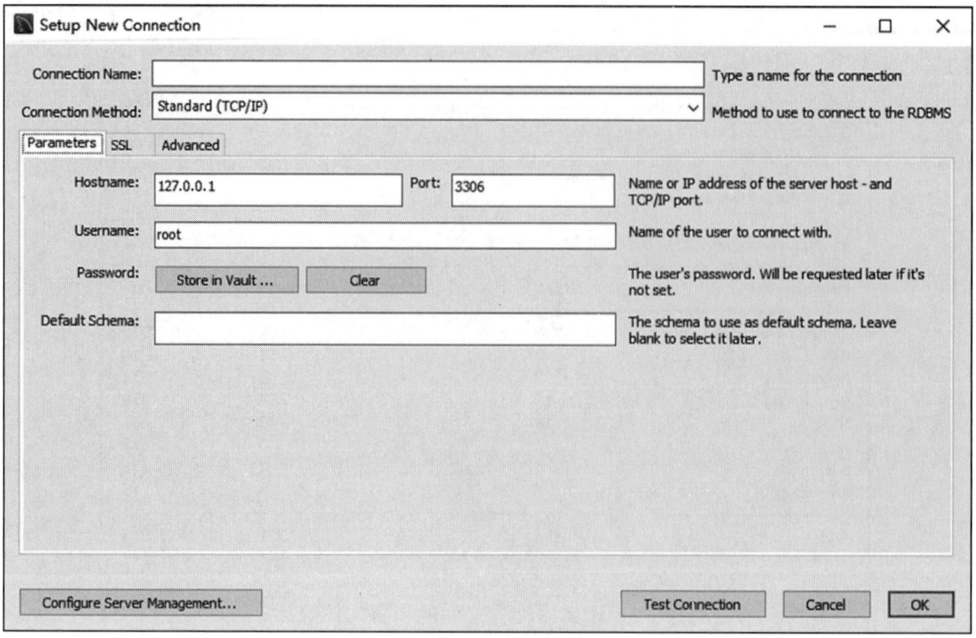

图 6-6　MySQL 数据库连接面板

MySQL 数据库默认端口（Port）是 3306，本机地址（Hostname）可以填写 127.0.0.1，用户名（Username）一般默认为 root，密码（Password）是我们安装 MySQL 数据库时设置的。配置完成后，即可连接本地 MySQL 数据库。

MySQL 数据库是我们在本地安装的一项服务，MySQL Workbench 是我们用于连接这个服务的工具软件。成功连接 MySQL 数据库后，MySQL Workbench 工具即与本地 MySQL 数据库之间创建了一个稳定的长连接，可以对数据库进行一系列的管理和操作，这个 MySQL Workbench 相当于微信开发者工具中的云开发控制台。

注意　MySQL Workbench 默认安装的是英文版本，如果想使用汉化版本，可以在本书源码 /software 目录下找到“MySqlWorkBench8.0 汉化”目录，里面的 README.md 文件中有汉化指引，该汉化包是针对 8.0 版本的。为避免版本不匹配，笔者在 software 目录下放置了 MySQL Workbench 8.0 的安装包，直接使用这个安装文件也可以。

创建数据库实例

打开一个数据库连接实例，在左侧 SCHEMAS（集合）面板的空白处右键单击，在弹出菜单中选择 Create Schema…，如图 6-7 所示。Schema 在这里是数据库对象的意思。

选择菜单后，打开数据库对象实例创建面板，如图 6-8 所示。

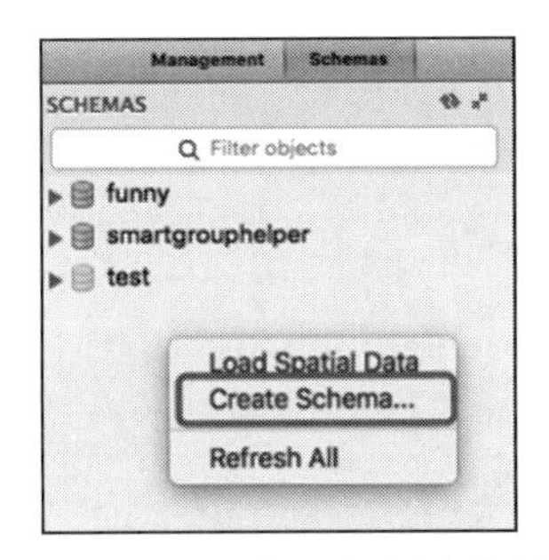

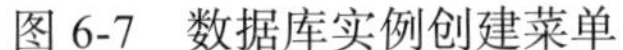

图 6-7　数据库实例创建菜单

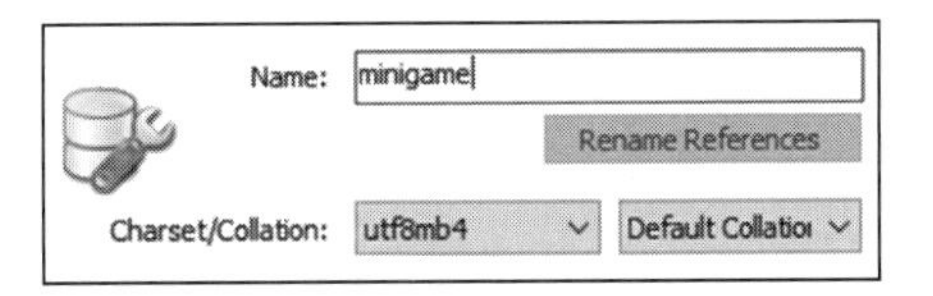

图 6-8　数据库实例创建面板

数据库名称（Name）输入 minigame，字符集（Charset）选择 utf8mb4，字符序（Collation）选择 Default Collation 或 utf8mb4_general_ci 均可。如果选择的是线上的云数据库，也可用 MySQL Workbench 工具进行远程连接，连接后创建对象实例的参数与之类似。

创建数据库对象实例时，默认生成的 MySQL 预览语句为

```
1.  -- SQL: server\mysql\init.sql
2.  CREATE SCHEMA `minigame` DEFAULT CHARACTER SET utf8mb4 COLLATE utf8mb4_general_ci;
```

在 MySQL Workbench 工具中，直接选择 File → New Query Tab，贴入上述 SQL 代码，单击工具栏中的雷电执行图标，也可以创建同样的数据库对象实例。那么这个 SQL 语句是什么意思呢？

CREATE SCHEMA 代表创建数据库对象集合。数据库对象集合可以简单理解为数据库对象实例，它包含表、视图、存储过程、索引等各种对象。CHARACTER SET 代表字符集，中文一般选择 utf8 字符集，而 utf8mb4 是 utf8 的超集，除汉字外，还可以存储颜表情、颜文字等特殊汉语符号。COLLATE 代表排序规则，如果字符集选择了 utf8mb4，则排序规则一般选择 utf8mb4_general_ci。

MySQL 语句是 MySQL 数据库的灵魂，MySQL Workbench 工具中所有的操作，其底层都是靠 MySQL 语句实现的，包括稍后我们在 MySQL Workbench 工具中进行的库表操作，也是通过 MySQL 语句完成的。

新创建的数据库对象实例是 wegame，记下这个名字，稍后我们在后端程序代码中会用到它。

创建数据表 history

打开 MySQL Workbench，在左侧 SCHEMAS 面板中依次选择 wegame→Tables，打开右键菜单，选择 Create Table...，如图 6-9 所示。

图 6-9　数据表创建菜单

在右边窗口中，打开数据表新建页面，在这里设置数据表名、字段，如图 6-10 所示。

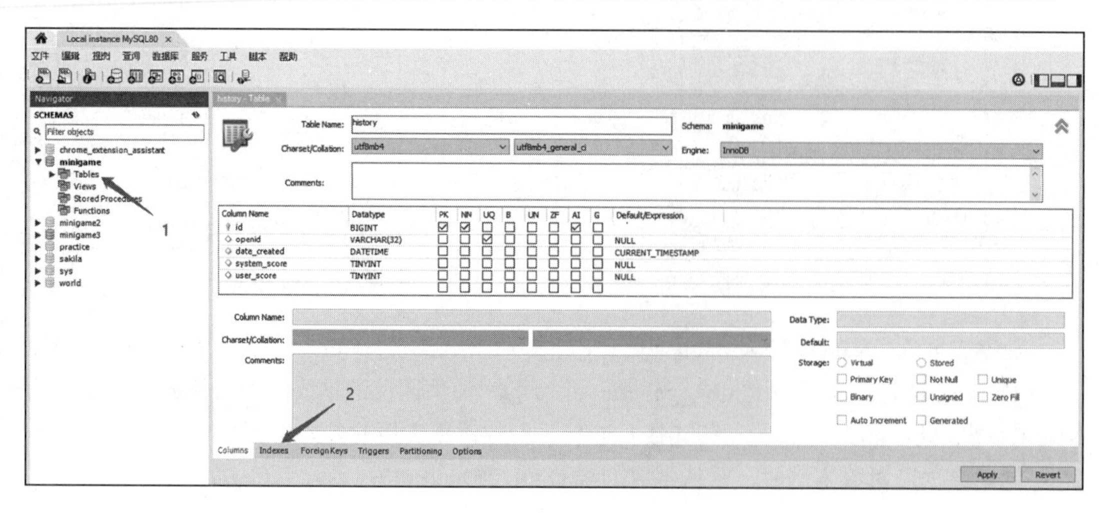

图 6-10　数据表新建页面

在中间字段区域，完成数据表字段的添加和设置。单击右栏底部的 Indexes 标签可以设置索引，如图 6-11 所示。

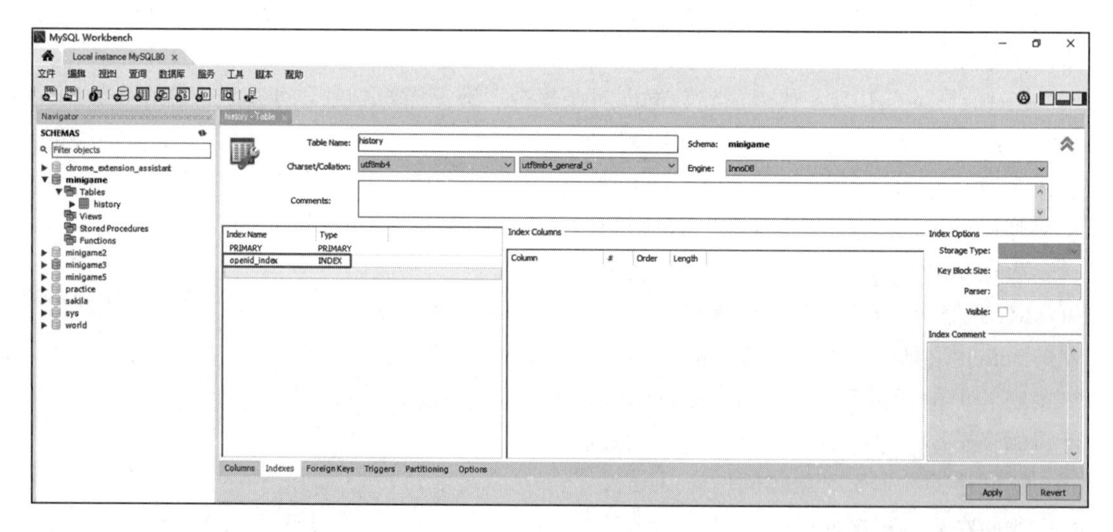

图 6-11　索引编辑页面

在索引区域，名为 PRIMARY 的主键索引是管理工具自动添加的，第二行索引名为 openid_index、类型为 INDEX，这是一个建立在字段 openid 上的普通索引。

完成后，单击 Apply（应用）按钮，预览创建表的 SQL 语言，代码如下：

```
1. -- SQL: server\mysql\init.sql
2. USE minigame;
3. CREATE TABLE `history` (
```

```
4.    `id` bigint NOT NULL AUTO_INCREMENT,
5.    `openid` varchar(32) COLLATE utf8mb4_general_ci DEFAULT NULL,
6.    `date_created` datetime DEFAULT CURRENT_TIMESTAMP,
7.    `system_score` tinyint DEFAULT NULL,
8.    `user_score` tinyint DEFAULT NULL,
9.    PRIMARY KEY (`id`),
10.   KEY `openid_index` (`openid`)
11.) ENGINE=InnoDB AUTO_INCREMENT=1 DEFAULT CHARSET=utf8mb4 COLLATE=utf8mb4_
      general_ci;
```

这段 SQL 代码有什么玄机呢？

- 第 1 行是注释，SQL 代码的注释以两个连字符开始。
- 第 2 行使用 USE 关键字选择数据库实例，不选择的话，接下来的 SQL 语句不知道在哪个数据库对象上执行。句尾是分号，在 SQL 语句中，分号是必需的，不能像在 JS 中那样省略。
- 第 3 行中的 CREATE TABLE 代表创建数据表，SQL 语法不区别大小写，但语法关键字一般都用大写表示。history 是待创建的表名，表名与字段名一般使用反引号（Tilde）键符括起来。
- 第 4～8 行一共声明了 5 个字段，每个字段一行，以逗号分隔。
- 第 4 行中的 id 是一个特殊的键名，是一个 bigint（长整型）类型。一般这个键名就是主键，主键字段用于标识一条记录的身份，主键一般是唯一的、数值类型的、递增的、不为空的。NOT NULL 代表非空，AUTO_INCREMENT 是自增标识，即在记录增加时不需要开发者指定，数值会自动累加。
- 第 5 行中的 openid 是一个 varchar(32) 类型，是一个字符串类型。MySQL 没有 string，所谓字符串类型，在 MySQL 数据库中对应于 varchar、char、text 等类型。DEFAULT NULL 代表该字段可以为空且默认为空，它与 NOT NULL 是相对的。
- 第 6 行中的 date_created 使用了一个新类型 datetime，这是一个时间类型。DEFAULT CURRENT_TIMESTAMP 代表其默认值是当前系统的时间戳；CURRENT_TIMESTAMP 是一个特殊的 SQL 变量，代表记录插入时的当前系统时间。
- 第 7 行中 system_score 字段的类型是 tinyint。tinyint 的字面意思是小整型，它与 id 所用的类型 bigint 是相对的。因为 id 的数字可能会自增到很大，所以它要用 bigint，但 system_score（包括第 8 行的 user_score）的数值不会很大，使用 tinyint 足矣。可以从字节长度对比 tinyint、bigint 这两个数值类型的存储能力：前者是 1 字节，只能存储 0～255 的整型数据；后者是 8 字节，可以存储从 -2^{63} 到 $2^{63}-1$ 的整型数据。
- 第 8 行中的 user_score 与 system_score 类型相同，只是字段名称不同。
- 第 9 行中的 PRIMARY KEY 用于指定主键。
- 第 10 行中的 KEY 用于创建普通索引，索引名称是 openid_index，建立在字段

openid 上，字段必须在上面数据表的字段列表中真实定义过。另外还有一种索引是唯一索引，其创建关键字是 UNIQUE KEY。因为我们这个 openid 字段会重复，所以不能使用唯一索引。创建普通索引的字段在插入时允许字段重复，而唯一索引则不允许。

- 第 11 行中的 ENGINE=InnoDB 代表选择使用数据存储引擎 InnoDB，另一个选择是 MyISAM。AUTO_INCREMENT 用于指定自增字段从哪个数字开始递增，默认从 1 开始，这个设置即使删除也没有任何影响。CHARSET 指定数据表的字符集，COLLATE 指定数据表的排序规则，这两项设置要与数据库的设置保持一致。

执行成功后，在 Output（输出）窗口可以看到带有绿色对钩的输出信息。在左侧导航栏中刷新数据库实例，可以看到 Tables 分类下面多了一个新的 Table：history。

前面通过面板设置完成的操作只是为了生成合乎语法的 SQL 语句，直接编写 SQL 或者复制上面生成的 SQL 源码，接着单击工具栏中的 Create a new SQL Tab... 打开一个新的 SQL 标签窗口（如图 6-12 所示），将 SQL 语句粘贴进去，然后单击雷电执行图标执行 SQL 语句，同样可以完成数据表的创建。

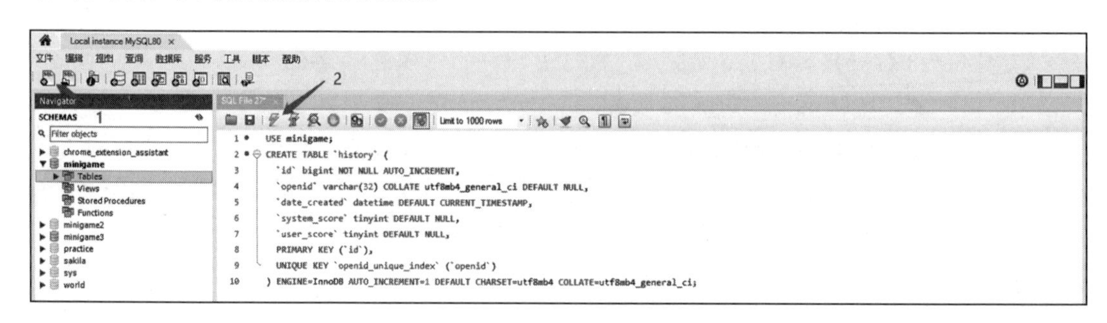

图 6-12　SQL 标签窗口

SQL 语句比较复杂，其语法与 JS 相差很大，手动编写还是有一定难度的。在基于界面操作创建了数据表之后，在数据表上打开右键菜单，依次选择 Send to SQL Editor→Create Statement，即可在新的 SQL 标签窗口中生成该表的创建语句，如图 6-13 所示。

管理工具可以帮助我们创建、配置数据表，也可以帮助我们学习 SQL 语法。刚学习编写 SQL 语句时，基于管理工具生成的 SQL 片段进行改写，更不容易出错。

拓展：了解常用的 MySQL 数据类型

在设计数据表时，根据需要为不同的字段选择合适的字段类型是十分重要且必要的。接下来我们简单了解一下 MySQL 数据库中的常用数据类型。

1. 数值类型

MySQL 支持所有标准的 SQL 数值数据类型，包括严格数值数据类型 INTEGER、INT、BIGINT 和 DECIMAL 等，以及近似数值数据类型 FLOAT、DOUBLE 等，具体如下。

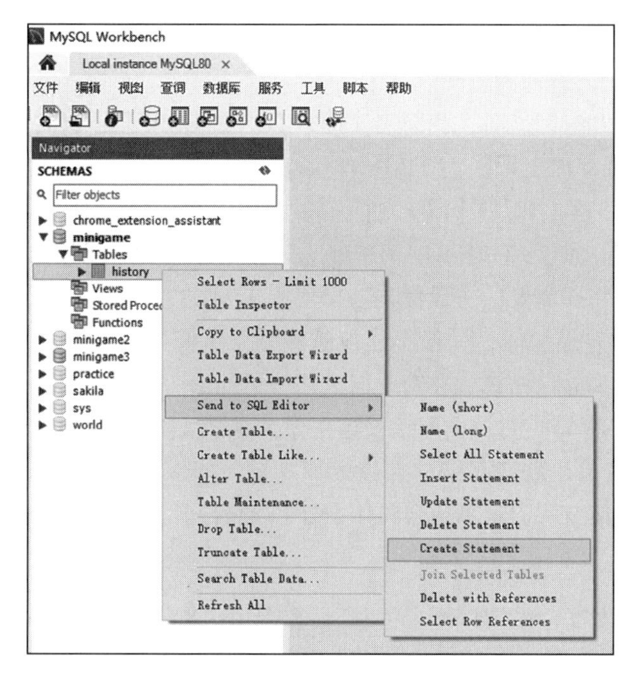

图6-13 从数据表生成创建语句

- TINYINT：1字节，用于存储小整数值。
- SMALLINT：2字节，用于存储稍大的整数值。
- MEDIUMINT：3字节，用于存储大整数值。
- INT或INTEGER：4字节，用于存储更大的整数值。
- BIGINT：8字节，存储极大整数值，一般id主键默认使用这个类型。
- FLOAT：4字节，单精度浮点数值，用于存储精度要求不高的小数。
- DOUBLE：8字节，双精度浮点数值，用于存储大精度的小数。
- DECIMAL：用于存储小数，字节大小是变化的，公式是DECIMAL(M,D)，如果M>D，字节数为M+2，否则为D+2。

对于项目开发中经常碰到的商品价格，以前有人用DECIMAL(10,2)保存，现在一般先将价格放大100倍，用INT保存，单位为分，在页面上显示时再将价格缩小到1/100。

2. 日期与时间类型

日期或时间类型包括DATE、TIME、YEAR、DATETIME和TIMESTAMP等，具体如下。

- DATE：3字节，格式为YYYY-MM-DD，用于存储日期值。
- TIME：3字节，格式为HH:MM:SS，用于存储时间值或持续时间。
- YEAR：1字节，格式为YYYY，用于存储年份值。
- DATETIME：8字节，格式为YYYY-MM-DD HH:MM:SS，用于存储混合的日期和时间值。

- TIMESTAMP：4 字节，格式为 YYYY-MM-DD HH:MM:SS，译为汉语是时间戳，用于存储混合的日期和时间值。

在存储混合日期和时间值时，我们应该选择 DATETIME 还是 TIMESTAMP 呢？

DATETIME 没有存储上限，而 TIMESTAMP 是自 1970-01-01 00:00:00 以来的毫秒数，只能存储北京时间 2038-1-19 11:14:07 之前的时间。但是，TIMESTAMP 只占用了 4 字节，存储空间利用率更高，而且 TIMESTAMP 在进行日期排序及时间对比等操作时效率更高。综上所述，如果没有特殊需要，一般优先选择使用 TIMESTAMP 类型。

有人使用字符串存储时间，一般不建议这样做。这样虽然简单，上手快，但存储空间利用率更低，且会丢失时区信息，在跨时区应用中可能会带来 bug。

还有人使用 INT 存储时间，也不建议这样做。虽然 TIMESTAMP 存储的是毫秒数，但它在格式上对开发人员、数据库维护人员更加友好。如果没有专门的 TIMESTAMP 类型，可以使用 INT；但既然有了，就不适合再用 INT 存储时间了。

3. 字符串类型

字符串类型十分丰富，有 CHAR、VARCHAR、BINARY、VARBINARY、BLOB、TEXT、ENUM 和 SET 等。因为字符串存储一般很占空间，所以 MySQL 定义了许多具有不同字节长度的字符串类型，以适用于不同的场景，具体如下。

- CHAR(n)：最大 255 字节，定长字符串。
- TINYTEXT：最大 255 字节，短文本字符串。
- TINYBLOB：最大 255 字节，不超过 255 个字符的二进制字符串。
- VARCHAR(n)：最大 65 535 字节，变长字符串。
- TEXT：最大 65 535 字节，长文本数据。
- BLOB：最大 65 535 字节，二进制形式的长文本数据。
- MEDIUMTEXT：最大 16 777 215 字节，中等长度文本数据。
- MEDIUMBLOB：最大 16 777 215 字节，二进制形式的中等长度文本数据。
- LONGTEXT：最大 4 294 967 295 字节，极大长度文本数据。
- LONGBLOB：最大 4 294 967 295 字节，二进制形式的极大长度文本数据。

这些类型基本分为普通文本类型和二进制文本类型两大类。其中 CHAR 和 VARCHAR 都是字符串类型，类型名称也相近，它们在使用上有什么区别吗？

CHAR 是定长字符串类型，VARCHAR 是变长字符串类型。举个例子，一个类型为 CHAR(10) 的字段，如果为此字段存入字符串 "abc"，那么会在该字符串后面追加 7 个空格，以将其长度填满；而如果该字段的类型是 VARCHAR(10)，存入字符串 "abc"，则不会无端填充空格。此外，当比较两个 CHAR 类型的数值时，如果它们长度不同，在比较之前还会自动在短值后面补上额外的空格，以使它们的长度一致。开发中除非特殊需要，优先使用 VARCHAR 类型，尽量少使用 CHAR 类型。

在我们创建 history 数据表时，有一个 openid 字段使用了 VARCHAR(32) 类型，事实上，这里使用 CHAR(32) 也是一样的，因为微信用户的 openid 是 32 个字符，长度不变。

本课小结

本课源码见 disc/ 第 6 章 /6.1。在 6.1/server/mysql 目录下有本课涉及的 SQL 代码文件。

这节课我们主要在本地安装了 MySQL 数据库软件及管理工具，创建了数据库实例和数据表，了解了常见的 MySQL 数据类型，下节课我们开始进行后端程序开发。

第 14 课　实现 history 的 3 个 RESTful API（Node.js 版本）

这节课我们使用 Node.js，基于通用的项目模板 node-koa2 实现小游戏端需要的 3 个接口。

启动模板项目

Koa 是一个基于 Node.js 的 Web 开发框架，它由原 Express 开发团队打造，架构更轻，设计更优雅，基于洋葱中间件的思想设计，方便开发者按需添加模块，快速实现项目需求。koa2 是 Koa 的最新版本，网站地址为 https://koa.bootcss.com/。

笔者基于 koa2 框架编写了一个 Node.js 项目模板，位于源码目录下的 project_template\node_koa2，将这个目录复制至 6.2/server/node，接下来的三课将在这个目录下编写 Node.js 代码。

完成复制后，第一步是安装项目依赖的模块，命令如下：

```
1. cd 6.2/server/node
2. npm i
```

完成安装后，就可以运行项目了：

```
npm run dev
```

注意　在使用 npm 指令之前，一定要确保已经在本地安装了 Node.js。Node.js 的下载链接为 https://nodejs.org/en/download/。

在终端如果看到“ Web 服务已在 3000 端口启动”这样的输出，说明项目已经成功启动。接下来打开浏览器，分别访问以下两个网址：

- http://localhost:3000/，这是一个后台主页地址；
- http://localhost:3000/api/，这是一个接口地址。

第一个地址的页面效果是这样的，如图 6-14 所示。这是后台管理站点的主页，有顶部导航、左栏导航和底部导航，其中顶部导航又分为顶部左边导航和顶部右边导航，这两种导航可以满足后面管理项目的布局需要。

图 6-14 主页空白页面

如果两个地址都能正常看到输出，说明模板项目已经准备好，可以在此基础上写代码了。

熟悉 node-koa2 项目模板结构

在写代码之前，我们有必要了解一下这个项目模板的基本结构，图 6-15 是项目模板的目录截图。

对这些目录和文件简单做个注解：

```
controllers/              //控制器目录
-  api/                   //接口控制器子目录
  • index.js              //接口控制器示例文件
-  index.js               //控制器示例文件
models/                   //模型目录
-  mysql/                 // MySQL 子目录
  • custom/               //自定义模拟模型的目录
  • db.js                 //数据库连接配置文件
  • index.js              //数据库模块的主文件
  • utils.js              //数据操作的工具方法文件
-  oracle/                //Oracle 子目录
-  index.js               //模型主文件
static/                   //静态资源目录
-  images/                //图片目录
-  js/                    // JS 文件目录
-  styles/                //样式文件目录
-  uploads/               //临时文件上传目录
utils/                    //工具方法目录
views/                    //视图目录
-  index.html             //主页
-  layout.html            //布局文件
-  left_menu.html         //左栏菜单文件
```

```
∨ controllers
  ∨ api
    JS index.js
  JS index.js
∨ models
  ∨ mysql
    > custom
    JS db.js
    JS index.js
    JS utils.js
  > oracle
  JS index.js
∨ static
  > bootstrap
  > datetimepicker
  > images
  > js
  > styles
  > uploads
> utils
∨ views
  <> index.html
  <> layout.html
  <> left_menu.html
.babelrc
.gitignore
JS main.js
JS middlewares.js
{} package-lock.json
{} package.json
README.md
JS routers.js
```

图 6-15 node-koa2 项目模板结构

```
.babelrc                    // babel 配置文件
main.js                     // 项目入口文件
middlewares.js              // 中间件设置文件
package.json                // Node.js 项目配置文件
routers.js                  // 路由设置文件
```

这是一个 MVC 形式的架构，它的主要作用在于帮助开发者快速开发后台接口项目及 Web 管理项目。这些文件主要是做什么用的？为什么要这样设置？下面分别来看一下。

1. controllers 是控制器目录

先看一下 controllers/index.js 文件的代码：

```
1. // JS: controllers\index.js
2. "use strict"
3. import model from "../models/index.js"
4.
5. export default {
6.   // 启动 Web 服务后，该 URL 能访问，证明启动成功
7.   "GET /": async (ctx, next) => {
8.     const title = " 主页 "
9.     ctx.render("index", { title, path: ctx.request.path })
10.   }
11. }
```

第 7 行设置了一个 URL 地址为“ / ”的控制器方法。ctx 是上下文环境请求、响应对象，使用它可以获取 HTTP 请求参数，以及向客户端作出响应。第 9 行中的 ctx.render 是 koa2 框架提供的方法，基于 HTML 模板渲染页面。它的第一个参数 index 是模板名称，它指向 views/index.html 文件。它的第二个参数是一个自定义对象，用于向页面中传入动态数据（稍后在 HTML 页面模板文件中我们会看到对 title、path 的使用）。

如果要添加新的控制器方法，怎么办呢？假设新添加的 URL 路径是“ /help”，可以这样扩展：

```
1. // JS: controllers\index.js
2. "use strict"
3. import model from "../models/index.js"
4.
5. export default {
6.   // 启动 Web 服务后，该 URL 能访问，证明启动成功
7.   "GET /": async (ctx, next) => {
8.     ...
9.   }
10.
11.   // 帮助页
12.   , "GET /help": async (ctx, next) => {
13.     const title = " 帮助页 "
14.     ctx.render("help", { title, path: ctx.request.path })
15.   }
16. }
```

第12～15行是新增的控制器方法，如果有客户端向“/help”这个URL地址发起请求，请求将被映射到这里。

这个映射机制是如何实现的呢？稍后在routers.js文件中可以看到。

2. models是模型目录

这个项目模板默认支持MySQL、Oracle这两种数据库，通常选择MySQL。下面来看一下models\index.js文件的代码：

```
1. // JS: models\index.js
2. import index from "./mysql/index.js"
3. // import index from "./oracle/index.js"
4. export default index
```

这个文件中没有实质代码，只是决定了使用什么类型的数据库。如果要使用Oracle数据库，则换用第3行代码。一个项目很少同时使用两个数据库，选定数据库之后也很少变化，所以这个地方直接写死就可以了。

那么，开发时我们如何定义新模型呢？举个例子，假设数据库中有一个book这样的数据表，我们使用的是MySQL数据库，只需在models\mysql\custom目录下创建一个book.js文件，内容如下：

```
1. "use strict"
2. import { unconnected as db } from "../db.js"
3. export default db.model({ table: "book", id: "id" })
```

该内容是根据同目录下的table.js.txt文件修改得来的，这里只修改了第3行中的table名字，如果表的主键是id，则id选项也不需要设置。只有主键名称不为id的时候，才需要在第3行显式设置。

这就是添加新模型的方法，是不是很简单？

这个项目模板在模型这一块是基于一个轻量的、只写的ORM类库sworm（https://github.com/featurist/sworm）实现的。它支持MSSQL、PostgreSQL、MySQL、Oracle DB和SQLite 3等多种类型的数据库，不能从模型反向到数据库同步数据表和字段，因此我们在创建模型时，不用定义字段（像上面的book.js），写一个表名就可以了。

模型上用于操作数据库的方法是通用的，它们被定义在models\mysql\utils.js文件中，稍后我们在实现具体的历史游戏数据互动接口时，会看到它们的具体使用方法。

在mysql和oracle目录下都有一个db.js文件，以models、mysql、db.js文件为例，内容如下：

```
1. // JS: models\mysql\db.js
2. const sworm = require("sworm")
3.
4. const config = {
5.   driver: "mysql",
```

```
6.    config: {
7.      user: "root",
8.      password: "liyi",
9.      host: "localhost",
10.     port: 3306,
11.     database: "minigame",
12.     pool: true
13.   }
14. }
15. ...
```

数据库的账号配置都在这个文件中，在安装完 MySQL 数据库后，使用项目模板前，一定要记得修改这里的账号。user 是用户名，本地一般为 root ；password 是密码；host 是数据库地址，本机可以写 localhost 或 127.0.0.1，局域网内的机器就写局域网 IP；port 是端口，默认是 3306。

如果使用的是腾讯云的云数据库，端口不是 3306，要记得修改。此外，云数据库一般默认是禁止外网连接时，如果想在本机远程访问，必须先开启外部访问权限，具体开启方法在腾讯云官方文档和云加社区中都有，读者可自行检索。

3. static 是一个静态资源目录

这个目录下的文件以 /static 作为 URL 的基地址，可以被静态访问。该目录下又可以分多个子目录，例如 images 是图片目录，styles 是样式目录，fonts 是字体文件目录等，以使静态资源的放置更加清晰。

4. utils 是工具方法目录

这里放一些与项目业务逻辑无关、在多个 Web 项目中通用的工具方法代码。

5. views 是视图目录

这个目录存放了 HTML 模板引擎在渲染页面时需要用到的 HTML 模板文件。只有 HTML 页面在渲染时才需要模板文件，接口不需要。

layout.html 是布局文件，它基本上是一个完整的 HTML 页面。left_menu.html 是左栏菜单导航文件，它是被 layout.html 嵌套引入的，将它单独放置，是为了方便扩展左栏菜单。layout.html 和 left_menu.html 共同实现了一个后台管理的页面布局。

index.html 文件的内容十分简单：

```
1. {{extend "./layout.html"}}
2. {{block "content"}}
3. <!-- 内容置于此处 -->
4. {{/block}}
```

默认主页没有任何实质内容，如果有内容，可以在第 3 行添加。

添加新页面时，怎么创建新的模板文件呢？应当于 views 目录下添加。这个目录支持嵌套，可以创建子目录，在子目录下创建模板文件。在模板文件被使用时，渲染引擎能否找到正确的模板文件，取决于传递给 ctx.render 方法的第一个字符串参数。

6. “.babelrc”是 babel-node 需要的配置文件

没有这个文件，就使用不了 ES 模块规范的语法。这个配置文件及其依赖的模块已经在项目模板中配置好了，只要执行 npm i 就可以使用了，这是使用项目模板的好处。

7. main.js 是项目的主文件

这也是入口文件，它的代码很简单，如代码清单 6-1 所示。

代码清单 6-1　koa2 项目主文件

```
1. // JS: main.js
2. "use strict"
3. import "./utils/format.js"
4. import Koa from "koa"
5. import setMiddlewares from "./middlewares.js"
6. import setRouters from "./routers.js"
7.
8. // 创建 Web 实例
9. const app = new Koa()
10.
11. // 设置中间件
12. setMiddlewares(app)
13.
14. // 设置并启用路由
15. setRouters(app)
16.
17. // 使用端口 3000
18. const port = 3000
19. app.listen(port)
20. console.log('web 服务已在 ${port} 端口启动 ')
```

这个文件主要做了三件事：第 12 行设置中间件，第 15 行设置路由，第 19 行开启 Web 服务。这个文件是不需要修改的。

8. middlewares.js 是设置中间件的文件

所有的中间件都是在这个文件中设置的，具体如代码清单 6-2 所示。

代码清单 6-2　中间件文件

```
1. // JS: middlewares.js
2. "use strict"
3. import render from "koa-art-template"
4. import htmlMinifier from "html-minifier"
5. import path from "path"
6. import serve from "koa-static-server"
7. import Koabody from "koa-body"
8. import session from "koa-session"
9. import cors from "koa2-cors"
```

```
10.
11. /** 设置一般中间件 */
12. export default function setMiddlewares(app) {
13.   // 设置跨域设置
14.   app.use(cors({
15.     origin: "*",
16.     maxAge: 5,
17.     credentials: true,
18.     allowMethods: ["GET", "PUT", "POST", "PATCH", "DELETE", "HEAD", "OPTIONS"],
19.     allowHeaders: ["Content-Type", "Authorization", "Accept"],
20.     exposeHeaders: ["MINI-Authorization"] // 设置允许的自定义头信息字段
21.   }))
22.
23.   // 解析 POST 请求
24.   app.use(Koabody({
25.     multipart: true, // 支持文件上传
26.     strict: false, // 严格模式启用后不会解析 GET、HEAD、DELETE 请求
27.     formidable: {
28.       uploadDir: path.join(__dirname, "static/uploads"), // 设置文件上传目录
29.       keepExtensions: true,    // 保留文件的后缀
30.       maxFieldsSize: 2 * 1024 * 1024, // 文件上传大小
31.       onFileBegin: (name, file) => { // 文件上传前的设置
32.         console.log(`name: ${name}`)
33.       }
34.     }
35.   }))
36.
37.   // 设置静态目录
38.   app.use(serve({ rootDir: "static", rootPath: "/static" }))
39.
40.   // 设置 HTML 模板引擎
41.   render(app, {
42.     root: path.join(__dirname, "./views"),
43.     minimize: true,
44.     htmlMinifier: htmlMinifier,
45.     htmlMinifierOptions: {
46.       collapseWhitespace: true,
47.       minifyCSS: true,
48.       minifyJS: true,
49.       // 运行时自动合并：rules.map(rule => rule.test)
50.       ignoreCustomFragments: []
51.     },
52.     escape: true,
53.     extname: ".html",
54.     debug: process.env.NODE_ENV !== "production",
55.     imports: {
56.       // 注册的过滤器方法，在 HTML 模板中使用
57.       dateFormat: (dateStr, formatStr) => new Date(dateStr).format(formatStr)
58.     },
59.   })
60.
```

```
61.   //设置Session
62.   const CONFIG = {
63.     key: "koasass",
64.     maxAge: 86400000,
65.     autoCommit: true,
66.     overwrite: true,
67.     httpOnly: true,
68.     signed: true,
69.     rolling: false,
70.     renew: false,
71.   }
72.   app.keys = ["Uwoe72s#8"] //加密密钥
73.   app.use(session(CONFIG, app))
74. }
```

koa2 框架的魅力主要在于中间件的设计，所有功能的扩展都可以通过添加一个中间件完成。这里我们默认设置了以下 5 个常用的中间件模块。

- koa2-cors：见第 14～21 行，用于解决跨域问题和设置自定义页面头字段。
- koa-body：见第 24～35 行，用于解析 POST 请求的参数及配置文件上传的临时目录。
- koa-static-server：见第 38 行，用于实现静态目录。
- koa-art-template ：见第 41～59 行，这是 Koa 支持的一个轻量级的、超快的模板引擎。Koa 支持很多模板引擎，选择它的一个原因是它的语法与小程序的 WXML 绑定语法很像，可以减轻记忆负担。第 42 行指定了模板文件目录为项目根目录下的“./views”目录。第 57 行的 dateFormat 是自定义实现的一个过滤器方法，用于在前端 HTML 页面中格式化时间。这个模板引擎允许开发者定义过滤器方法，给了开发者极大灵活性。
- koa-session：见第 62～73 行，用于支持 Session。

如果这些中间件不能满足需要，开发者可以直接修改这个 middlewares.js 文件，添加新的中间件模块。关于 Koa 框架支持哪些中间件，可以查看 https://www.npmjs.com/package/koa-middlewares。

9. package.json 是 Node.js 项目的配置文件

在这个文件内，项目依赖的 koa、babel 等模块已经配置好了，使用 npm i 指令安装后就可以使用。

在这个文件中有两个小脚本值得讲一下：

```
1. "scripts": {
2.   "build": "babel src --watch --out-dir dist",
3.   "dev": "cross-env DEBUG=sworm && nodemon --exec babel-node main.js"
4. },
```

build 脚本用于使用 Babel 编译代码，编译后代码可以在低端宿主环境（例如不支持 ES6 语法的老旧浏览器）中运行。

dev脚本在开发时使用，cross-env模块能帮助我们跨平台设置和使用环境变量。nodemon是热加载模块，当我们修改代码时，无须手动重启，项目会自动刷新。使用nodemon时，我们需要使用--exec babel-node参数，实现上项目运行是通过babel-node完成的。

10. routers.js是设置路由的文件

routers.js文件主要负责完成路由的基本设置，如代码清单6-3所示。

代码清单6-3　路由文件

```
1. // JS: routers.js
2. "use strict"
3. import fs from "fs"
4. import Router from "@koa/router"
5. import path from "path"
6.
7. // api 地址前缀，不以斜杠结尾
8. const apiServicePre = ""
9.
10. /** 给一个文件里的控制器方法添加路由映射 */
11. function addRouterMapToControllerMethodOfFile(router, mapping, collectionId, pre) {
12.   let path
13.   // 除了 index.js 文件外，以文件名作为集合 ID (Collection ID)
14.   // 以集合 ID 作为单个控制器的路径前缀
15.   collectionId = collectionId.replace("index", "")
16.   const prefix = apiServicePre + pre + (collectionId === "" ? "" : `/${collectionId}`)
17.   for (let url in mapping) {
18.     if (url.startsWith("GET ")) {
19.       path = prefix + url.substring(4)
20.       router.get(path, mapping[url])
21.     } else if (url.startsWith("HEAD ")) {
22.       // HEAD 方法与 GET 方法一样，都是向服务器发出指定资源的请求
23.       // 但是，服务器在响应 HEAD 请求时不会回传资源的内容部分
24.       // 我们可以在不传输全部内容的情况下获取服务器的响应头信息
25.       // HEAD 方法常被用于客户端查看服务器的性能
26.       path = prefix + url.substring(5)
27.       router.head(path, mapping[url])
28.     } else if (url.startsWith("POST ")) {
29.       path = prefix + url.substring(5)
30.       router.post(path, mapping[url])
31.     } else if (url.startsWith("PUT ")) {
32.       path = prefix + url.substring(4)
33.       router.put(path, mapping[url])
34.     } else if (url.startsWith("PATCH ")) {
35.       // PATCH 方法出现得较晚，PATCH 请求与 PUT 请求类似，同样用于资源的更新
36.       // 二者有两点不同：
37.       // 1) PATCH 一般用于资源的部分更新，而 PUT 一般用于资源的整体更新
38.       // 2) 当资源不存在时，PATCH 会创建一个新的资源，而 PUT 只会对已有资源进行更新
39.       path = prefix + url.substring(6)
40.       router.patch(path, mapping[url])
```

```
41.     } else if (url.startsWith("DELETE ")) {
42.       path = prefix + url.substring(7)
43.       router.del(path, mapping[url])
44.     } else if (url.startsWith("OPTIONS ")) {
45.       path = prefix + url.substring(8)
46.       router.options(path, mapping[url])
47.     } else if (url.startsWith("ALL ")) {
48.       path = prefix + url.substring(4)
49.       router.all(path, mapping[url])
50.     } else {
51.       console.log(`invalid URL: ${url}`)
52.     }
53.     console.log(`已监听路径：${path}`)
54.   }
55. }
56.
57. /** 添加目录下的控制器 */
58. function addControllersInDir(router, dir, pre = "") {
59.   const files = fs.readdirSync(__dirname + "/" + dir, { withFileTypes: true })
60.     .map(dirent => dirent.name)
61.   files.forEach(fileOrDirName => {
62.     console.log("开始处理控制器文件或目录", `${dir}/${fileOrDirName}`)
63.     if (fileOrDirName.endsWith(".js")) {
64.       const extension = path.extname(fileOrDirName)
65.         , pureFileName = path.basename(fileOrDirName, extension)
66.         , mapping = require(__dirname + "/" + dir + "/" + fileOrDirName)
67.       addRouterMapToControllerMethodOfFile(router, mapping.default,
          pureFileName, pre)
68.     } else {
69.       console.log("开始处理子目录", fileOrDirName)
70.       addControllersInDir(router, `${dir}/${fileOrDirName}`, `${pre}/
          ${fileOrDirName}`)
71.     }
72.   })
73. }
74.
75. /** 为控制器添加前后中间件 */
76. function setMiddlewaresForControllers(app, dir, beforeMiddleware, afterMiddleware) {
77.   const controllersDir = dir || "controllers"
78.   const router = new Router()
79.
80.   // 下面这行代码只能放在添加 addControllers 的代码前面
81.   if (beforeMiddleware) router.use(beforeMiddleware)
82.   addControllersInDir(router, controllersDir)
83.   if (afterMiddleware) router.use(afterMiddleware)
84.
85.   app.use(router.routes())
86.   app.use(router.allowedMethods())
87. }
88.
89. export default function setRouters(app) {
90.   // 设置 Web 路由
```

```
91.   setMiddlewaresForControllers(app, "controllers",
92.     async (ctx, next) => {
93.         // ...
94.       await next()
95.     }, async (ctx, next) => {
96.         // ...
97.       await next()
98.     })
99. }
```

这个文件实现了什么？

- 第 89 行中被导出的 setRouters 方法是主方法，它负责调用 setMiddlewaresForControllers 方法。为什么不直接调用，还要中转一下？这是为了方便开发者在第 93 行、第 96 行添加自定义代码。第 93 行可以添加在接到客户端的页面请求后、在控制器处理之前需要执行的代码，第 96 行可以添加控制器处理了页面请求后用于做善后处理的代码。
- 第 76～87 行实现了 setMiddlewaresForControllers 方法，这个方法不需要修改，它主要使用 @koa/router 模块，实现了路由的基本设置。
- 第 58～73 行的 addControllersInDir 方法有一个递归调用，它可以遍历一个控制器目录下的所有 JS 文件，然后调用 addRouterMapToControllerMethodOfFile 方法，将 URL 地址和控制器方法映射起来，一个 URL 地址对应一个具体的控制器方法。
- 第 11～55 行的 addRouterMapToControllerMethodOfFile 方法实现了对一个控制器文件的分析和处理，它会根据不同的预定义请求方法，使用不同的方法监听请求。例如，“GET /”代表监听 URL“/”的 HTTP GET 请求，而“POST /login”则代表监听 URL“/login”的 HTTP POST 请求。

routers.js 文件实现了对控制器文件的自动解析。解析只会在项目启动时发生一次，并不会在每次接收到 HTTP 请求时都发生，不会影响程序性能。

项目模板的基本结构介绍完了，接下来我们看一个常见的经典问题：如果想在项目中新增一个展示图书（book）信息的页面，应该如何扩展？

主要分如下 5 步完成。

第一步，创建数据表。假设选用的是 MySQL 数据库，在 MySQL 数据库中添加新的数据表 book，并定义好表中的字段。

第二步，创建模型。在 models/mysql/custom 目录下，复制一份 table.js.txt 文件并将其重命名为 book.js，然后将文件中的 table 修改为 book。

第三步，创建控制器方法。在 controllers 目录下创建一个 books.js 文件，代码如下：

```
1. // JS: controllers\books.js
2. "use strict"
3. import model from "../models/index.js"
4.
```

```
5. export default {
6.   "GET /": async (ctx, next) => {
7.     const title = "图书"
8.     ctx.render("books/index", { title, path: ctx.request.path })
9.   }
10.}
```

其中，第6~9行是映射的控制器方法。books是资源集合ID，第6行定义的映射，URL访问地址是/books/。第8行的books/index是不带后缀的HTML模块文件相对地址。如果有动态数据需要渲染，应该在第8行代码前使用model将数据查出来，然后传入模板文件内。关于model如何使用，稍后会有介绍。

第四步，创建视图文件。在views目录下创建books目录，于此目录下再创建一个index.html文件，可参照其他模板文件及Art Template语法（https://aui.github.io/art-template/zh-cn/docs/index.html）实现HTML页面。

第五步，完成与测试。如果使用的是开发模式，不用重启项目即可在本地地址 http://localhost:3000/books/上访问新页面。

是不是很简单？扩展新页面是流程化的，要添加什么、修改什么都很清晰，这也是使用项目模板的好处。

拓展：了解RESTful API设计规范

REST是表现层状态传递（REpresentational State Transfer）的英文缩写，RESTful API也称为REST API，是遵循REST架构规范的应用接口。在REST架构中：

- 每一个URI（Uniform Resource Identifier，统一资源标志符）代表一种资源；
- 接口处在客户端和服务器之间，是一种传递URI资源的表现层；
- 客户端通过多个不同的HTTP请求方法（如GET、POST、DELETE等）对服务器上的资源进行操作，实现所谓的“表现层状态传递”。

什么叫表现层状态传递？每个程序都有表现层，支撑表现层呈现的是UI和数据，UI由软件本身提供，数据则是通过RESTful API传递过来的。这样一来，即使运行在不同宿主环境中的终端，也可以表现出相同的外观和行为，实现这种效果的架构哲学便是“表现层状态传递”。而RESTful API就是实现“表现层状态传递”的一种接口设计规范。

JSON是RESTful API开发中最常用的数据格式，理论上我们还可以使用CSV、XML等其他格式，但在2013年以后已经很少有开发者使用它们了。如图6-16所示，在2012年底，JSON已经取代XML成为最为流行的数据交互格式。

在RESTful API设计中，我们始终要明确以下3个概念。

- 集合（Collection）：代表一类资源，从数量上看是复数，如students、teachers、books、histories等，集合名称在URL中一般是一套接口的路径前缀。
- 资源（Resource）：代表一类资源中的一个资源，是单数，如student、teacher、

book、history 等。

- ❑ 动作（Action）：代表对资源的操作，如 create、retrieve、update、delete 等。在 RESTful API 的路径中是不体现 CRUD 的，动作是体现在 HTTP 的请求动作中的。关于请求动作，稍后本课有详细拓展说明。REST 以有限的 HTTP 请求动作规范了资源的操作方式。

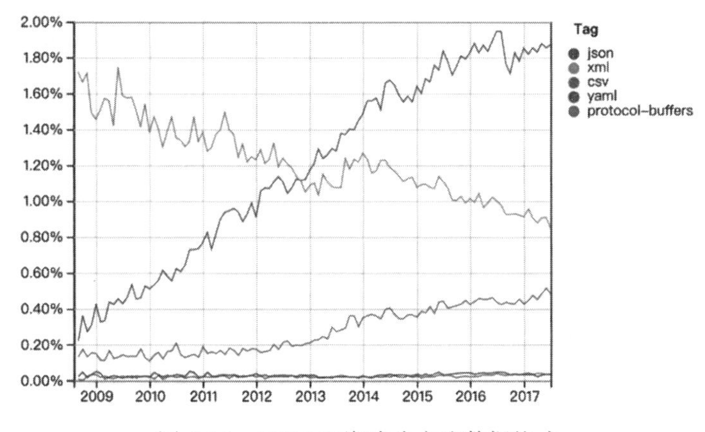

图 6-16 JSON 逐渐成为主流数据格式

接下来举例说明如何进行 RESTful API 设计。假设我们要设计一套图书资源 API，可以按如下形式设计。

- ❑ GET /books：返回所有图书对象。
- ❑ POST /books：创建一个图书对象。
- ❑ PUT /books/{book_id}：book_id 由花括号括起来，代表参数，它是一个资源 ID。
- ❑ DELETE /books/{book_id}：删除由 book_id 标识的图书对象。

通过这 4 个接口可完成常规的增、删、改、查等操作。在 URL 路径中，如果一个标识符由两个单词组成，则用下划线隔开，例如 book_id。有人在这里会用连字符，例如 book-id，这看起来更标准，但含有连字符的标识符在 JS 中不是合法的，它会给我们的参数传递和接收带来不必要的麻烦，因此为了方便，路径分隔符统一使用下划线。也有人会考虑在路径标识符中使用驼峰命名法，例如 bookId，这也不妥，因为 URL 是不区分大小写的，无论大驼峰还是小驼峰都不适合在 URL 路径中使用。

接下来我们扩展接口，假设每本书都有读者评论，评论接口怎么设计呢？具体如下。

- ❑ GET /books/{book_id}/reviews：返回由 book_id 标识的图书对象的所有评论。
- ❑ POST /books/{book_id}/reviews：为 book_id 标识的图书对象创建一条评论。
- ❑ PUT /books/{book_id}/reviews/{review-id}：修改由 book_id 标识的图书对象中由 review-id 标识的评论内容。
- ❑ DELETE /books/{book_id}/reviews：删除由 book_id 标识的图书对象中由 review-id

标识的评论。

从这些接口地址中我们可以看出：

- ❑ 对资源的操作是由 HTTP 的请求动作标识的，例如在 DELETE /books/{book_id} 中，删除动作是由 DELETE 标识的；
- ❑ 一个集合下是由资源 ID 标识的资源对象，例如在 PUT /books/{book_id} 中，book_id 标识了一个资源对象；
- ❑ 一个资源对象下又可以是一个集合，例如在 GET /books/{book_id}/reviews 中，reviews 是一个集合。

实现 history 的 3 个接口（Node.js 版本）

了解了 RESTful API 设计规范，接下来我们开始实战，在 node-koa2 项目模板的基础上实现 history 的以下 3 个接口。

- ❑ GET /api/histories：查询历史游戏记录。
- ❑ POST /api/histories：添加新的游戏对局记录。
- ❑ DELETE /api/histories/{history_id}：依据 history_id 删除一条历史记录。

主要分以下 4 步完成。

第一步，准备项目，将项目模板复制至 server/node 这个位置，执行模块安装指令 npm i，让项目模板可以运行起来，这一步已经实现了。

第二步，创建数据表，history 已经在 MySQL 中创建了，这一步前面也完成了。

第三步，创建模型，在 models/mysql/custom 目录下复制一份 table.js.txt 文件并重命名为 history.js，修改表名后，代码如下：

```
1. "use strict"
2. import { unconnected as db } from "../db.js"
3. export default db.model({ table: "history" })
```

第四步，创建控制器，在 controllers/api 目录下创建 histories.js 文件，内容如代码清单 6-4 所示。

代码清单 6-4　历史模型的控制器文件

```
1. // JS: controllers\api\histories.js
2. "use strict"
3. import model from "../../models/index.js"
4.
5. export default {
6.   /**
7.    * GET /histories: 查询个人的历史记录
8.    * @param {*} ctx
9.    * @param {*} next
10.   * @returns {obejct} {"errMsg":"ok","data":[{}]}
```

```
11.     */
12.    "GET ": async (ctx, next) => {
13.      const { openid } = ctx.request.query
14.        , res = { errMsg: "ok" }
15.        , db = await model.connect()
16.      res.data = await model.execute(db, "select * from history where openid=@
         openid order by date_created desc limit 10", { openid })
17.      ctx.status = 200
18.      ctx.body = res
19.    },
20.
21.    /**
22.     * POST /histories：新增一条历史记录
23.     * @returns {*} {"errMsg":"ok","data":newid}
24.     */
25.    "POST ": async (ctx, next) => {
26.      const { openid, user_score, system_score } = ctx.request.body
27.        , activity = model.history({ openid, user_score, system_score })
28.      await activity.save() // 即使成功返回也是 undefined
29.      const res = { errMsg: activity.identity() > 0 ? "ok" : "", data:
         activity.identity() }
30.      ctx.status = 200
31.      ctx.body = res
32.    },
33.
34.    /**
35.     * DELETE /histories/{history_id}：依据 history_id 删除一条记录
36.     * @param {*} ctx
37.     * @param {*} next
38.     * @returns {object} {"errMsg":"ok"}
39.     */
40.    "DELETE /:history_id": async (ctx, next) => {
41.      let { history_id: id } = ctx.params
42.      const { openid } = ctx.request.query
43.        , db = await model.connect()
44.      id = parseInt(id)
45.      /**
46.       * 返回的数据示例
47.       * {affectedRows: 1
48.          changedRows: 0
49.          fieldCount: 0
50.          insertId: 0
51.          message: ""}
52.       */
53.      // 只用一个 id 就足够了，这里演示两个查询的使用
54.      const res = await model.execute(db, "delete from history where id=@id &&
         openid=@openid limit 1", { id, openid })
55.      ctx.status = 200
56.      ctx.body = {
57.        errMsg: res.affectedRows > 0 ? "ok" : "err"
```

```
58.       , data: res.affectedRows
59.     }
60.   }
61. }
```

这个控制器文件实现了 3 个接口。

1）第 12～19 行实现了 history 的第一个接口：记录拉取接口。这是一个处理 GET 请求的接口。

- 第 13 行通过析构语法从 ctx.request.query 对象上获取了 openid 参数，这是一个 QueryString 参数，在 URL 地址中处于问号后面。
- 第 15 行通过 model.connect 方法取到了数据库连接对象的引用，所有关于数据库的增删改查操作都是直接或间接通过它完成的。
- 第 16 行通过 model.execute 方法执行了一条 SQL 语句（第二个参数），第一个参数是 db 引用，第三个参数是参数对象。这行代码是这个接口的核心。在这条 SQL 语句中，select 代表查询，星号（*）代表查询所有字段；from 代表从哪个表查询，history 是表名；where 用于构建查询条件，多个查询条件之间用 and 分隔，也可以用逻辑并操作符（&&）；openid 是我们在 history 表中定义的字段，@openid 是一个参数，它需要从 execute 方法的第三个参数对象中获取；order by 表示以某字段排序，desc 表示倒序；limit 用于限制查询的记录条数。select 查询语句是最基本的 SQL 语句。

2）第 25～32 行实现了 history 的第二个接口：创建新记录接口。这是一个处理 POST 请求的接口。所有 POST 请求，数据都是通过 body 传递的。

- 第 26 行通过析构语法从 ctx.request.body 对象中获取了准备添加的数据。在本课前面讲项目模板的中间件设置时提到了 koa-body 模块，这个模块的作用之一便是将 HTTP 请求中的数据解析到 ctx.request.body 对象上。
- 第 27 行有一个 model.history 方法，搜遍整个项目也找不到它是在什么地方明确定义的，为什么？因为它是由 models/mysql/index.js 中的代码自动创建的一个模型方法，作用是通过一个自定义对象返回一个模型对象。这个方法之所以会存在，与我们在 models/mysql/custom 目录中创建 history.js 有直接关系，history.js 看起来什么都没有干，其实不然，其真实作用便在此处。
- 第 28 行的 activity 是一个具体的模型实例，方法 activity.save 代表存库，这个方法是由第三方 sworm 模块提供的。
- 第 29 行的方法 activity.identity 会返回成功添加记录后的新主键。从这个接口的实现来看，POST 操作是非幂等的，多次调用会造成记录的重复添加，这里要注意避免这种情况。

3）第 40～60 行实现了 history 的第三个接口：删除指定记录的接口。

- 第 41 行通过 ctx.params 对象获取 history_id 参数，这是路径参数，因为接口地址 DELETE /:history_id 中有一个 :history_id 的声明才能这样获取。这个以冒号声明路径参数的语法是由 koa2 框架实现的机制。这里路径参数名称为什么不使用更标准的 history-id？事实上，也可以这样使用，只不过中间有连字符的标识符在 JS 中不是合法标识符，会让参数传递和接收代码看起来没那么优雅。
- 第 41 行的“history_id: id”代表重命名。因为下面要使用 id 这个更简短的名称，所以在析构赋值时将 history_id 重命名为 id。
- 第 44 行的 parseInt 是一个 JS 原生方法，用于将字符串转换为整型数值。所有路径参数或 QueryString 参数都是字符串类型的，如果要当作非字符串使用，必须先进行转换。
- 第 54 行又使用了一次 model.execute 方法，这个方法可以执行任何 SQL 语句，它是在 models/mysql/utils.js 中定义的。这一次通过第三个参数传递了两个 SQL 参数：id 和 openid。在 SQL 语言中通过 where 构建查询条件时，第二个参数使用逻辑并操作符（&&）将两个查询条件并到了一起。构建 SQL 语句有两种方法：一种是我们在代码中使用的这种，集中在一个对象中声明 SQL 参数，在 SQL 语句中用参数以 @ 开头的 SQL 变量进行标识；另一种方法是直接使用模板字符串进行参数拼接。除非有特殊需要，一般不要采取第二种方法，因为这种方法存在数据库被 SQL 注入攻击的潜在危险，并且 SQL 参数在拼接时还要考虑区分具体类型（例如如果字段不是整型，而是字符串，还要加引号）。第一种方法不需要考虑类型差异，无论是什么类型，都可以在参数前面加一个 @ 符号进行声明。
- 第 57 行是从结果对象上获取到的 affectedRows 属性，它代表执行的 SQL 语句影响了多少行记录。无论删除还是更新，这个属性同样有用。

好了，3 个接口的具体实现代码介绍完了，下面来总结一下。

- 从 HTTP 请求中获取参数数据共有 3 种方法：通过路径参数在 ctx.params 对象上获取，以及通过 QueryString 参数在 ctx.request.query 对象上获取，以及通过请求体在 ctx.request.body 对象上获取。
- 在数据库操作手段上有 2 种基本形式：如果是新增数据，先以数据创建一个模型实例（activity），再调用 activity.save 方法存库；对于删除和更新操作，统一通过 model.execute 方法执行一条 SQL 语句达成。

接口创建完以后，启动项目，在浏览器中访问 http://localhost:3000/api/histories。输出如下：

```
{"errMsg":"ok","data":[]}
```

因为此时数据库中还没有数据，所以 data 为空数组。进行到这一步，表明代码没有问题，接下来就是在小游戏端中调用这 3 个接口，看逻辑是否正常。

注意 在这三个接口的实现代码中有两个都用到了 SQL 语句。SQL 语法在不同数据库中的实现略有不同，MySQL 的 SQL 语句不能直接给 Oracle 使用，Oracle 的 SQL 语句也不能直接给 SQL Server（微软出品的商业数据库）使用。如果程序中同时使用了两种数据库（如 MySQL 和 Oracle），怎么解决这个矛盾呢？可以将 SQL 语句写在模型文件中。以本课为例，可以将与 history 相关的 SQL 代码分别写在 models/mysql/custom 与 models/oracle/custom 目录下，方法名相同，在 controllers/api/histories.js 文件中可以用相同的代码，调用两个数据库的模型方法。无论选用哪个数据库，histories.js 文件中的代码都不需要修改，这是将 model 与 controller 分离的好处。

拓展：学习 9 种 HTTP 请求方法

HTTP 请求方法也称作请求动作，不同的方法规定了不同的资源操作方式，服务端接收到 HTTP 请求后，会根据请求方法的不同做出不同的响应。HTTP/1.1 共定义了 9 种 HTTP 请求方法（最初定义了 8 种，后来又添加了第 9 种 PATCH），下面我们分别看一下。

（1）GET

GET 请求指定页面信息，并返回响应主体。一般来说，GET 方法只用于数据读取，而不用于会产生副作用的非幂等操作。有人认为 GET 是不安全的请求方法，因为它可以被网络蜘蛛任意访问。

（2）HEAD

HEAD 方法与 GET 方法一样，都是向服务器上的指定资源地址发出请求。但是服务器在响应 HEAD 请求时，不会回传资源的内容，而只响应主体。使用 HEAD，我们可以在不传输内容的情况下获取服务器的响应头信息，因此 HEAD 方法常用于查看服务器性能。

（3）POST

POST 请求会向指定资源地址提交数据，如表单提交、文件上传等，请求服务器进行处理，请求数据会被包含在请求体中。POST 方法是非幂等方法，因为这个请求可能会创建新的资源或修改现有资源。

（4）PUT

PUT 请求会向指定位置的资源上传最新内容。PUT 方法是幂等方法，通过该方法，客户端可以将指定资源地址的最新数据传送给服务器，以取代旧的资源内容。

POST 和 PUT 都可以更新资源，它们有什么区别呢？有人说，POST 表示创建资源，PUT 表示更新资源，但实际上两者都可以用来创建或更新资源。从技术上来说，两者没有区别。在 HTTP 规范中，POST 是非等幂的，而 PUT 是幂等的。举个例子，创建一个用户。由于网络或其他原因，使用 POST 多创建了几次，那么可能有多个用户被创建；而 PUT，无论提交多少次都只会创建一个用户，这是 PUT 的优势。

（5）DELETE

DELETE 用于请求服务器删除指定资源，DELETE 方法是幂等的。

（6）CONNECT

CONNECT 方法是 HTTP/1.1 预留给能够将连接改为管道方式的代理服务器使用的，通常用于 SSL 加密的服务器与非加密的 HTTP 代理服务器之间进行通信，在开发中使用不多。

（7）OPTIONS

OPTIONS 请求与 HEAD 类似，一般也用于客户端查看服务器的性能。这个方法会请求服务器返回该资源所支持的所有 HTTP 请求方法。JS 的 XMLHttpRequest 对象进行 CORS 跨域资源共享时，就是使用 OPTIONS 方法发送嗅探请求，以判断是否有对指定资源访问的权限。

（8）TRACE

TRACE 请求服务器回显其收到的请求信息，该方法主要用于 HTTP 请求的测试或诊断。

（9）PATCH

在 HTTP/1.1 标准制定之后，又陆续扩展了一些请求方法，其中使用较多的便是 PATCH 方法。PATCH 方法是在 2010 年的 RFC 5789（http://tools.ietf.org/html/rfc5789）标准中被定义的。

PATCH 请求与 PUT 请求类似，同样用于资源的更新，二者有以下两点不同：

- PATCH 一般用于资源的部分更新，而 PUT 用于资源的整体更新；
- 当资源不存在时，PATCH 会创建一个新的资源，而 PUT 只会对已经存在的资源进行更新。

以上这些请求方法，在我们设计和实现 RESTful API 时都可能用到，因此我们都需要了解。

本课小结

本课源码见 disc/ 第 6 章 /6.2。

这节课我们主要熟悉了一个基于 koa2 + sworm 实现的 Node.js 项目模板，学习了 RESTful API 设计规范，并完成了 history 的 3 个接口的设计和实现。下节课我们将在小游戏端调用这 3 个接口，验证其代码逻辑是否正确。

第 15 课　在小游戏端调用 Node.js 接口

上节课我们主要熟悉了一个通用的 Node.js 项目模板，并完成了 history 的 3 个接口的设计和实现，这节课开始在小游戏端调用这 3 个接口。

实现后台接口管理者模块，调用 history 的 3 个接口

在调用接口之前，第一件事是将后端程序启动起来，指令如下：

```
1. cd server/node
2. npm run dev
```

在后端程序启动后，我们会得到以下 3 个可以调用的接口。

- ❑ GET http://localhost:3000/api/histories：拉取 10 条历史游戏数据。
- ❑ POST http://localhost:3000/api/histories：创建一条历史游戏数据。
- ❑ DELETE http://localhost:3000/api/histories/{history_id}：删除一条历史游戏数据。

这 3 个接口的请求方法不同，只有第一个接口可以直接在浏览器中访问。接下来我们打开微信开发者工具，在 minigame\src\managers 目录下创建一个 backend_api_manager.js 文件，其内容如代码清单 6-5 所示。

代码清单 6-5　实现 MySQL 数据管理者

```
1. // JS: managers\backend_api_manager.js
2. import cloudFuncMgr from "../managers/cloud_function_manager.js"
3.
4. const API_BASE = "http://localhost:3000/api"
5.
6. /** 后端接口管理者 */
7. class BackendApiManager {
8.   /** 拉取最近的 10 条记录 */
9.   async retrieveTop10Histories() {
10.    const openid = (await cloudFuncMgr.getOpenid())?.data
11.    if (!openid) return {
12.      errMsg: "未取到 openid"
13.    }
14.
15.    const url = `${API_BASE}/histories?openid=${openid}`
16.      //异步接口转同步方式调用
17.      , res = await wx.request({ url })
18.    if (res.errMsg === "request:ok"
19.      && res.data.errMsg === "ok") {
20.      return {
21.        errMsg: "ok",
22.        data: res.data.data
23.      }
24.    } else {
25.      return {
26.        errMsg: "服务器端接口异常"
27.      }
28.    }
29.  }
30.
31.  /** 创建一条新的历史数据
32.   * @param {number} userScore 用户得分
33.   * @param {number} systemScore 系统得分
34.   */
35.  async createHistory(userScore, systemScore) {
36.    const openid = (await cloudFuncMgr.getOpenid())?.data
```

```
37.     if (!openid) return {
38.       errMsg: "未取到 openid"
39.     }
40.
41.     const url = `${API_BASE}/histories`
42.       , data = {
43.         openid,
44.         user_score: userScore,
45.         system_score: systemScore
46.       }
47.       , res = await wx.request({
48.         url,
49.         method: "POST",
50.         data
51.       })
52.     if (res.errMsg === "request:ok"
53.       && res.data.errMsg === "ok") {
54.       return {
55.         errMsg: res.data.data > 0 ? "ok" : "未生成新增 ID，创建失败",
56.         data: res.data.data
57.       }
58.     } else {
59.       return {
60.         errMsg: "服务器端接口异常"
61.       }
62.     }
63.   }
64.
65.   /** 删除最近的 10 条历史记录 */
66.   async deleteTop10Histories() {
67.     const openid = (await cloudFuncMgr.getOpenid())?.data
68.     if (!openid) return {
69.       errMsg: "未取到 openid"
70.     }
71.
72.     const res = await this.retrieveTop10Histories()
73.     if (res.errMsg === "ok") {
74.       const rows = res.data
75.       let n = 0
76.       for (let row of rows) {
77.         const historyId = row.id
78.           , url = `${API_BASE}/histories/${historyId}?openid=${openid}`
79.           , delRes = await wx.request({
80.             url,
81.             method: "DELETE"
82.           })
83.         if (delRes.errMsg === "request:ok"
84.           && delRes.data.errMsg === "ok"
85.           && delRes.data.data > 0) n++
86.       }
87.       console.log(`共尝试删除 ${rows.length} 条记录，成功删除了 ${n} 条`)
88.
```

```
89.        return {
90.          errMsg: n > 0 ? "ok" : "未删除"
91.          , data: n
92.        }
93.      }
94.    }
95. }
96.
97. export default new BackendApiManager()
```

这个拥有近100行代码的文件做了什么？

- 第2行引入了云资源管理者。引入它干什么？稍后要用它获取当前用户的openid。
- 第4行定义了接口地址常量，这是本地测试地址，上线时需要将这个地址修改为服务器地址。
- 第9～29行实现了第一个方法retrieveTop10Histories，用于从数据库中拉取最近的10条历史记录。
- 第10行调用云资源管理者实例的getOpenid方法获取到当前用户的openid。这个getOpenid方法目前还不存在，稍后我们会创建它。
- 第17行通过接口wx.request向后端程序发出HTTP请求，每个HTTP请求默认使用的是GET方式，所以不需要额外指定。注意一下第22行的res.data.data，这里有两层data访问，这是因为小游戏接口有一层包装，res.data.data才是我们的后端程序接口返回的数据。
- 第35～63行实现了保存记录的方法createHistory，它的实现方法与上一个方法类似，两者的不同点在于网络的请求方式。第49行的createHistory通过method选项指定了请求方式为POST。第50行通过data传递了请求体数据，这个数据在后端是先由koa-body模块解析，然后从ctx.request.body上获取的。
- 第56行，在正常情况下，data是一个新增的记录ID，应该是大于0的，在这里它并没有使用historyId或其他名称表示，仍然用的是data。对于调用接口的自定义方法的返回对象，我们仿照小游戏接口，主要包括两个属性：errMsg和data。当errMsg为"ok"时，代表方法正常返回了，否则表示可能存在的错误信息。无论是什么方法，都返回这两项内容，保持相同的数据结构可以降低开发者调用接口的心智负担。
- 第66～95行实现了第三个方法deleteTop10Histories，用于删除最近的10条记录。我们可以一次性删除最近的10条记录，SQL语句也有这样的写法，但这里为了验证我们在后端已经写好的删除单条记录的接口，先通过retrieveTop10Histories方法取得了至多10条记录，然后在for循环中循环删除这些记录。接口的调用方式与前面两个方法是类似的，区别在于网络请求的请求方法不同，deleteTop10Histories方法通过method选项指定的请求方法是DELETE。

这个新模块创建完了。

扩展新方法 getOpenid，注意保持新旧代码的兼容性

接下来我们拓展云资源管理者模块，添加获取当前用户 openid 的 getOpenid 方法，并修改 cloud_function_manager.js 文件，具体如代码清单 6-6 所示。

代码清单 6-6　创建云资源管理者

```
1. // JS: src\managers\cloud_function_manager.js
2. ...
3.
4. /** 云资源管理者 */
5. class CloudFunctionManager {
6.   constructor() {
7.     wx.cloud.init({
8.       env: "dev-df2a97"
9.     })
10.     ...
11.   }
12.
13.   ...
14.   /** 当前用户的 openid */
15.   #openid
16.
17.   ...
18.
19.   /** 拉取当前用户的 openid */
20.   async getOpenid() {
21.     if (this.#openid) return {
22.       errMsg: "cloud.callFunction:ok"
23.       , data: this.#openid
24.       , result: { openid: this.#openid } //兼容代码
25.     }
26.
27.     const res = await wx.cloud.callFunction({
28.       name: "getUserInfo"
29.     }).catch(console.log)
30.
31.     if (res && res.errMsg === "cloud.callFunction:ok") {
32.       const { openid } = res.result
33.       this.#openid = openid
34.       return {
35.         errMsg: "ok"
36.         , data: openid
37.         , result: { openid: this.#openid } //兼容代码
38.       }
39.     } else {
40.       return {
```

```
41.         errMsg: res.errMsg
42.       }
43.     }
44.   }
45. }
46.
47. export default new CloudFunctionManager()
```

第20～44行是新增的getOpenid方法，它用于获取当前用户的openid。当前用户的openid是稳定不变的，为了避免重复拉取，我们在第15行声明了一个私有变量，第一次拉取后就将用户的openid存储在这里（第33行），以后拉取直接返回它就可以了（见第21～25行）。第24行与第37行的result是为了与旧代码兼容而特意设置的，一般情况下我们只设置data。

可以看到，getOpenid并不是直接返回openid，而是返回一个对象（包括errMsg、data等），这可与旧代码兼容，同时保持接口调用的一致性。我们调用云函数getUserInfo（通过wx.cloud.callFunction调用）返回对象的数据结构与调用自定义方法getOpenid返回的对象保持一致时，就可以将这两个方法相互替换。进行到这里，是不是有一种似曾相识的感觉？在设计模式的代理模式、策略模式、装饰模式中，都隐藏着这种替换思想。思想是相通的，面向对象的软件设计思想是无处不在的。

为什么getOpenid方法要在CloudFunctionManager类中扩展？有两个原因：

- CloudFunctionManager是云资源管理者，该方法是通过云函数获取用户信息的，理应在这里添加。
- 云函数在调用之前需要先初始化云环境（第7～9行），添加在这里，可以避免再次考虑云环境初始化。

在CloudFunctionManager类中，还有其他方法是直接通过wx.cloud.callFunction获取用户的openid的，现在有了getOpenid方法，这些代码也可以简化，如代码清单6-7所示。

代码清单6-7　调用getOpenid方法

```
1. // JS: src\managers\cloud_function_manager.js
2. ...
3.
4. /** 云资源管理者 */
5. class CloudFunctionManager {
6.   ...
7.
8.   /** 查询用户自己的历史游戏数据 */
9.   async querySelfHistoryDataByPage(pageIndex = 1, pageSize = 10) {
10.     // let res = await wx.cloud.callFunction({
11.     //   name: "getUserInfo"
12.     // }).catch(console.log)
13.     const res = await this.getOpenid()
14.
```

```
15.     if (res && res.errMsg === "cloud.callFunction:ok") {
16.       ...
17.     } else {
18.       ...
19.     }
20.   }
21.
22.   /** 原子操作，将用户自己最近的分数递增 1 */
23.   async increaseSelfLastScore() {
24.     // const res = await wx.cloud.callFunction({
25.     //   name: "getUserInfo"
26.     // }).catch(console.log)
27.     const res = await this.getOpenid()
28.
29.     ...
30.   }
31.
32.   /** 拉取当前用户的 openid */
33.   async getOpenid() {
34.     ...
35.   }
36. }
37.
38. export default new CloudFunctionManager()
```

第 13～27 行是新增的代码，第 10～12 行、第 24～26 行是被替换的代码。其他代码不需要修改。在第 13～27 行，我们没有必要关心 openid 是缓存的还是直接通过云函数拉取的，直接按照同一种方式使用就可以了。

在 open_data_manager.js 文件中，原来因为我们不知道如何动态获取当前用户的 openid，所以信息是写死的，如代码清单 6-8 所示。

代码清单 6-8　使用 openid 信息的旧代码

```
1. // JS: src\managers\open_data_manager.js
2. ...
3.
4. /** 开放数据域管理者 */
5. class OpenDataManager {
6.   ...
7.
8.   /** 间接调用 setUserCloudStorage，存储用户得分 */
9.   async updateUserScore(userScore) {
10.     ...
11.     return this.request(UPDATE, {
12.       openid: "o0_L54sDkpKo2TmuxFIwMqM7vQcU"
13.       ...
14.     })
15.   }
```

```
16.
17.   ...
18. }
19.
20. export default new OpenDataManager()
```

第12行在updateUserScore方法中，使用了写死的openid信息。现在有了云资源管理者的getOpenid方法，可以对其进行动态获取改写，如代码清单6-9所示。

代码清单 6-9　主动调用 getOpenid 方法

```
1.  // JS: src\managers\open_data_manager.js
2.  import cloudFuncMgr from "../managers/cloud_function_manager.js"
3.  ...
4.
5.  /** 开放数据域管理者 */
6.  class OpenDataManager {
7.    ...
8.
9.    /** 间接调用 setUserCloudStorage，存储用户得分 */
10.   async updateUserScore(userScore) {
11.     ...
12.     return this.request(UPDATE, {
13.       // openid: "o0_L54sDkpKo2TmuxFIwMqM7vQcU"
14.       openid: (await cloudFuncMgr.getOpenid())?.data ?? "o0_L54sDkpKo2TmuxFIwMqM7vQcU"
15.       ...
16.     })
17.   }
18.
19.   ...
20. }
21.
22. export default new OpenDataManager()
```

第2行引入了云资源管理者实例，第14行是新增的代码。一般情况下都可以获取到真实的openid，如果获取不到，使用写死的信息，程序也不会因为异常而停止运行。

新增代码都处理完了。

小游戏与小程序接口不一定一致

接下来看消费代码。打开game_index_page.js文件，开始测试与history有关的3个接口，如代码清单6-10所示。

代码清单 6-10　测试历史存取接口

```
1.  // JS: src\views\game_index_page.js
2.  ...
3.  import backApiMgr from "../managers/backend_api_manager.js" // 引入后端接口管理者
```

```
4.
5. /** 游戏主页 */
6. class GameIndexPage extends Page {
7.   ...
8.
9.   /** 处理结束事务 */
10.  async end() {
11.    ...
12.
13.    // 后端接口测试
14.    console.log("createHistory", await backApiMgr.createHistory(userBoard.
         score, systemBoard.score)) // 新增
15.    console.log("retrieveTop10Histories", (await backApiMgr.retrieveTop10Histories()).
         data) // 拉取
16.    console.log("deleteTop10Histories", await backApiMgr.deleteTop10Histories())
         // 删除
17.  }
18.
19.  ...
20. }
21.
22. export default GameIndexPage
```

第14～16行是对新增的3个方法的调试代码，这3个方法分别调用了后端新增的3个接口。

保存代码，重新编译测试，如果不出意外的话，我们会在调试区看到一个错误，内容如下：

```
createHistory {errMsg: "服务器端接口异常"}
```

这条打印信息是我们自己输出的，颜色是黑色的，说明服务器端程序是正常运行的。如果真是服务器端接口异常，一般颜色是红色的，内容大致为 ERR_CONNECTION_REFUSED（拒绝连接错误）。

那真实原因是什么呢？为什么会这样？

查看调试器的 Network 面板，POST 请求已经得到服务器端接口的正常返回，如图6-17所示，似乎也不是服务器端接口的问题。

真实原因在于，小游戏中的 wx.request 接口不支持 Promise 风格的调用。在小程序中这个接口是支持 Promise 风格调用的，但在小游戏中却是不支持的（至少在基础库 2.19.2 版本中是不支持的），这种情况极为少见。解决方法很简单，使用工具方法 promisify 转化一下就可以了，如代码清单6-11所示。

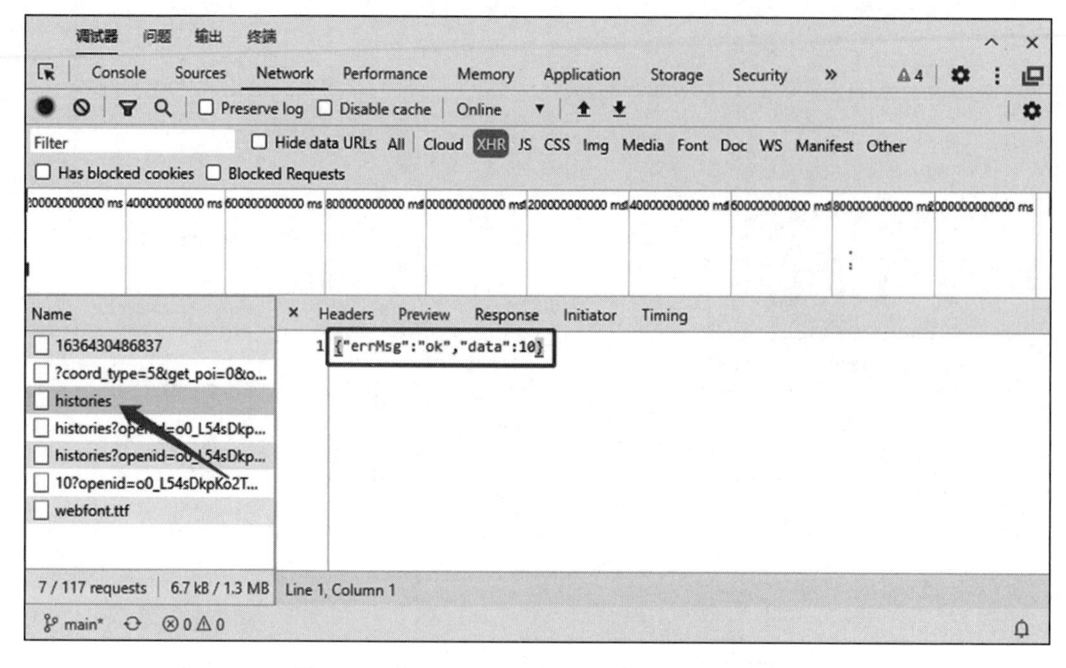

图 6-17　在 Network 面板中查看接口调用情况

代码清单 6-11　使用 promisify 工具方法

```
1.  // JS: managers\backend_api_manager.js
2.  ...
3.  import { promisify } from "../utils.js"
4.  ...
5.
6.  /** 后端接口管理者 */
7.  class BackendApiManager {
8.    /** 拉取最近的 10 条记录 */
9.    async retrieveTop10Histories() {
10.     ...
11.     const ...
12.       , res = await promisify(wx.request)({ url })
13.     ...
14.   }
15.
16.   /** 创建一条新的历史数据
17.    * @param {number} userScore 用户得分
18.    * @param {number} systemScore 系统得分
19.    */
20.   async createHistory(userScore, systemScore) {
21.     ...
22.     const ...
23.       , res = await promisify(wx.request)({
24.         ...
```

```
25.       })
26.     ...
27.   }
28.
29.   /** 删除最近的 10 条历史记录 */
30.   async deleteTop10Histories() {
31.     ...
32.     if (res.errMsg === "ok") {
33.       ...
34.       for (let row of rows) {
35.         const ...
36.           , delRes = await promisify(wx.request)({
37.             ...
38.           })
39.         ...
40.       }
41.       ...
42.     }
43.   }
44. }
45.
46. export default new BackendApiManager()
```

第 3 行引入工具方法 promisify，分别在第 12、23、36 行将异步接口转化为同步接口，以使其支持 Promise 风格调用。

再次保存代码，重新编译测试，输出如下：

```
1. // 新增
2. createHistory {errMsg: "ok", data: 8}
3. // 拉取
4. retrieveTop10Histories (8) [{…}, {…}, {…}, {…}, {…}, {…}, {…}, {…}]
5. // 删除
6. 共尝试删除 8 条记录，成功删除了 8 条 // 这是我们在代码中打印的
7. deleteTop10Histories {errMsg: "ok", data: 8}
```

从输出结果可以看出，3 个接口已经正常工作了。

国内的 IT 研发团队一般是有职业分工的，后端工程师只写后端代码，前端工程师只写前端代码，两个职业角色各司其职。涉及前后端接口数据交互的时候，一般流程是这样的。

1）定义接口。前端工程师和后端工程师约定好接口地址、请求方法、参数及返回内容的数据结构。原则上应该用书面的形式约定，但实际上基本都是口头约定。

2）联调测试。前端工程师、后端工程师分别实现自己的代码，待接口完成，前端代码也准备就绪，双方进入联调环节。

所谓联调，就是前端调用后端接口，验证接口在各种传参的情况下是否都能正常工作。理论上，只要接口定义清晰，接口调用是不会有任何问题的，但实际上，这个环节涉及的中间步骤较多，再加上前端、后端有时是不同工程师开发的，团队还可能存在沟通不顺畅、

信息不对称的情况，导致一个本来很简单的联调工作可能演变成一项很复杂的任务。一般项目经理在进行任务排期时，都会将联调作为一项专门的重要任务，工期由一名全栈工程师的 0.5 天拉长到两名以上前后端工程师的 1～2 天。

注意 接口调试还可能出现一种数据库连接错误。在测试前要确保代码中使用的数据库连接账号已经修改，具体说明参见第 14 课中关于 models/mysql/db.js 文件的说明。

使用外观模式实现统一的存储服务管理者

回顾一下，我们目前已经有了以下 4 种存储数据的方式：

- 在 data_service.js 文件中，通过 LocalStorage 或 FileSystemManager 实现的本地存储；
- 在 cloud_function_manager.js 文件中，通过云开发技术接口或自定义的云函数实现的云数据库存储；
- 在 open_data_manager.js 文件中，通过开发数据域的接口实现的排行榜数据存储；
- 在 cloud_function_manager.js 文件中，在 MySQL 数据库中存储。

这 4 个存储模块实现的存取方法不尽相同，存储历史游戏数据的方法在多个模块中都实现了。有些数据，像开放数据域的排行榜数据，只能存储在开放数据域中；而有些数据，像全局异常信息，属于非重要信息，可以存储在用户本地。综合考虑这几个方面的原因，接下来我们实现一个存储服务管理者模块，由它统一负责调用所有有关存储的接口。在 managers 目录下创建文件 storage_service_facade.js，其内容如代码清单 6-12 所示。

代码清单 6-12　创建存储服务管理者模块

```
1. // JS: managers\storage_service_facade.js
2. import dataService from "data_service.js" // 引入本地数据服务模块单例
3. import { HISTORY_ERROR } from "data_service.js"
4. import backApiMgr from "backend_api_manager.js" // 引入后端接口管理者
5. import cloudFuncMgr from "cloud_function_manager.js" // 引入云资源管理者
6. import openDataMgr from "open_data_manager.js" // 引入开放数据管理者
7.
8. /** 存储服务管理者 */
9. class StorageServiceFacade {
10.   /** 由本地数据存储模块记录全局错误 */
11.   async writeError(err) {
12.     return await dataService.write(err)
13.   }
14.
15.   /** 从本地数据存储模块中读取所有错误信息 */
16.   async readErrors() {
17.     return dataService.read(HISTORY_ERROR)
18.   }
19.
20.   /** 后端接口管理者和云资源管理者，同时在 MySQL 数据库和云数据库中存储历史游戏数据 */
21.   async createHistory(userScore, systemScore) {
```

```
22.     await backApiMgr.createHistory(userScore, systemScore)
23.     await cloudFuncMgr.writeHistoryData(userScore, systemScore)
24.   }
25.
26.   /** 由云资源管理者负责将用户自己最近的分数递增 1 */
27.   async increaseSelfLastScoreInCloud() {
28.     await cloudFuncMgr.increaseSelfLastScore()
29.   }
30.
31.   /** 由开放数据域管理者更新开放数据域中当前用户的分数
32.    * 以及在云数据库中存储当前用户的最新得分
33.    */
34.   async updateUserScore(userScore) {
35.     openDataMgr.updateUserScore(userScore)
36.     await cloudFuncMgr.uploadScore(userScore)
37.   }
38.
39.   /** 删除 MySQL 数据库中当前用户的最近 10 条历史记录 */
40.   async deleteTop10Histories() {
41.     await backApiMgr.deleteTop10Histories()
42.   }
43. }
44.
45. export default new StorageServiceFacade()
```

这个文件具体做了什么？

- 第 2～6 行引入了 4 个模块实例，这 4 个模块都是已经实现并使用过的。第 3 行导入的常量 HISTORY_ERROR 还在，还没有导出，稍后我们会修改 data_service.js 文件将其导出。
- 第 9～43 行，StorageServiceFacade 类中的这 6 个方法都是对已有模块的调用，有的调用了一个模块的方法，有的调用了两个模块的方法。

接下来看一下 data_service.js 文件的修改：

```
1. // JS: src\managers\data_service.js
2. import { promisify } from "../utils.js"
3.
4. // const LOCAL_DATA_NAME = "historyGameData"
5. export const LOCAL_DATA_NAME = "historyGameData"
6.     , HISTORY_FILEPATH = "historyFilePath"      // 本地存储文件名
7.     , HISTORY_ERROR = "historyError"            // 错误集合名称
8. ...
```

只在第 5 行声明常量的关键字 const 之前，添加了一个 export。第 5～7 行中的这 3 个常量属于一般导出，不会影响默认（default）导出，该模块的原导入代码仍然有效。

最后看一下消费代码有哪些变化。game_index_page.js 文件中的内容如代码清单 6-13 所示。

代码清单 6-13 在游戏主页中消费存储服务模块

```
1. // JS: src\views\game_index_page.js
2. ...
3. import storageServiceMgr from "../managers/storage_service_facade.js"
4.
5. /** 游戏主页 */
6. class GameIndexPage extends Page {
7.   ...
8.
9.   /** 处理结束事务 */
10.  async end() {
11.    ...
12.
13.    // 统一使用存储服务管理者的方法
14.    storageServiceMgr.updateUserScore(userBoard.score) // 更新用户得分
       // 记录历史游戏数据
15.    storageServiceMgr.createHistory(userBoard.score, systemBoard.score)
       // 增加云数据库中用户自己的最新分数
16.    storageServiceMgr.increaseSelfLastScoreInCloud()
       // 尝试删除当前用户在 MySQL 数据库中的 10 条新记录
17.    storageServiceMgr.deleteTop10Histories()
18.
19.    // 更新用户分数
20.    // openDataMgr.updateUserScore(userBoard.score)  // 替换
21.
22.    // 通过云函数存储用户分数
23.    // cloudFuncMgr.uploadScore(userBoard.score)     // 替换
24.
25.    // 小游戏端直接操作云数据库
26.    // await cloudFuncMgr.writeHistoryData(userBoard.score,
       // systemBoard.score)                           // 替换
27.    ...
28.    // 将用户自己最近的分数递增 1
29.    // console.log("increaseSelfLastScore", await cloudFuncMgr.increaseSelfLastScore())
       // 替换
30.
31.    // 后端接口测试，替换带副作用的操作方法
32.    // console.log("createHistory", await backApiMgr.createHistory(
       // userBoard.score, systemBoard.score))         // 替换
33.    ...
34.    // console.log("deleteTop10Histories",
       // await backApiMgr.deleteTop10Histories())     // 替换
35.  }
36.
37.  ...
38. }
39.
40. export default GameIndexPage
```

第 3 行引入了新建的存储服务管理者的模块实例，storageServiceMgr 是我们自定义的

实例名。第 14～17 行是新增的 4 个方法的调用代码。第 20～34 行是被替换掉的 6 个旧方法。由于在存储服务管理者中存在一个方法中转调用两个方法的情况，所以在这里，原来的 6 个方法被 4 个新方法替代了。

新旧消费代码实现的功能及输出是一样的。本质上，在存储服务管理者中，我们没有新增代码，只是将调用请求转交给了另一个对象。

既然新旧代码的运行效果是一样的，为什么还要创建 StorageServiceFacade？

为了演示外观模式（Facade Pattern）的用法。**外观模式是一种结构型设计模式，它能为程序库、框架或其他复杂类对外提供一套简单的访问接口。**

原来我们有 4 个涉及存储功能的模块（BackendApiManager、CloudFunctionManager、DataServiceViaFileSystemManager3 和 OpenDataManager），这些模块功能各异，在使用上有些复杂；现在，我们在 StorageServiceFacade 中为部分有副作用的操作方法声明了外观方法，因此可以如 game_index_page.js 文件中的示例那样，直接调用 StorageServiceFacade 中的外观方法，不必再关心内部是怎么实现的以及具体数据存储到了哪里。

如果愿意，我们可以对所有旧存储模块中的方法（不限于“存”的操作方法，还包括所有“读”的操作方法）都在 StorageServiceFacade 中声明外观方法。这就是外观模式的作用。

本课小结

本课源码见 disc/ 第 6 章 /6.3。前端小游戏项目位于子目录 minigame 中，后端 Node.js 项目位于子目录 server/node 下，以后各课同此处理。

这节课我们成功调用了后端程序中 history 的 3 个接口，还练习使用了设计模式里的外观模式。下节课我们在后端 Node.js 项目中实现对客服消息的接收。

第 16 课　在服务器端接收和处理客服消息（Node.js 版本）

在第 6 课中，我们开启过客服会话窗口，开启以后，默认情况下商家可以通过网页端客服（https://mpkf.weixin.qq.com/）或移动端微信小程序（客服小助手）与用户互动。在小游戏管理后台，在“开发”→“开发管理”→“开发设置”→“消息推送”页面中，还可以启用并设置由服务器端程序接收和处理用户消息。

使用内网穿透工具 frp

在小游戏管理后台设置的后端程序地址必须是一个可以被公网微信服务器访问到的外网地址，但是在我们开发后端代码时，如果每写一个功能都要上传到服务器才能进行测试，这样又很麻烦。

怎么解决这个问题？有一个在开发中普通使用的工具 frp，它可以解决内网程序及时被外网发现和使用的需求。

frp 是一个使用 Go 语言编写的开源、高性能、跨平台的内网穿透工具，同时支持 TCP、UDP、HTTP、HTTPS 等多种网络协议。接下来我们看一下如何使用这个工具，一共分为以下 7 步。

1）下载 frp 软件；

2）配置并启动客户端程序 frpc；

3）在服务器上下载并解压 frp 软件；

4）配置并启动服务器端程序 frps；

5）配置内网穿透域名；

6）将启动脚本写入启动项；

7）配置 Nginx。

1. 下载 frp 软件

frp 这套工具包括服务器端和客户端两个软件，服务器端软件在服务器上运行，客户端在本地开发机上运行。首先，通过链接 https://github.com/fatedier/frp/releases 下载最新版本，笔者下载的是 0.38.0 版本，该版本在本书源代码目录 /software 子目录下也放置了一份，读者可以直接取用。

下面简单介绍一下如何选择安装包。该软件的下载页面提供了许多跨平台的安装包，如图 6-18 所示。

这里主要列举了针对 4 个操作系统的安装文件，文件名被下划线分隔为四部分：第一部分是软件名，第二部分是版本号，第三部分是适用的系统，第四部分是适用的 CPU 架构。对于 macOS 系统，选择 darwin 安装包；对于 FreeBSD 系统，选择 freebsd 安装包，另外，32 位系统选择 386，64 位系统选择 amd64；对于 Ubuntu 等 Linux 系统，选择 Linux 安装包，一般情况下 Linux 环境都可以安装 amd64 架构的安装包；对于 Windows 操作系统，例如 Windows 10，可以选择最后一个 amd64 架构的安装包。

这个命名规则基本上对于所有开源软件都是通用的。

frp_0.38.0_darwin_amd64.tar.gz
frp_0.38.0_darwin_arm64.tar.gz
frp_0.38.0_freebsd_386.tar.gz
frp_0.38.0_freebsd_amd64.tar.gz
frp_0.38.0_linux_386.tar.gz
frp_0.38.0_linux_amd64.tar.gz
frp_0.38.0_linux_arm.tar.gz
frp_0.38.0_linux_arm64.tar.gz
frp_0.38.0_linux_mips.tar.gz
frp_0.38.0_linux_mips64.tar.gz
frp_0.38.0_linux_mips64le.tar.gz
frp_0.38.0_linux_mipsle.tar.gz
frp_0.38.0_windows_386.zip
frp_0.38.0_windows_amd64.zip

图 6-18 frp 跨平台软件包列表

2. 配置并启动客户端程序 frpc

假设开发机是 Windows 10 系统，服务器是 Ubuntu 系统。在本地解压 frp_0.38.0_windows_amd64.zip，解压后，在目录下有两组程序：

- frps.exe 和 frps.ini，服务器端程序；
- frpc.exe 和 frpc.ini，客户端程序。

文件名后缀带 s 的，是服务器端程序；文件名后缀带 c 的，是客户端程序。frp 是使用 Go 语言编写的跨平台工具软件，每个平台的发行包都只有一个二进制文件，ini 文件是程序运行时需要的配置文件。

在本地开发机（Windows 10）中，我们只需要运行 frpc.exe 即可，第一组程序可以不管。修改 frpc.ini 文件，内容如下：

```
1. [common]
2. server_addr = 192.144.150.64
3. server_port = 7000
4.
5. [web]
6. type = http
7. local_port = 3000
8. custom_domains = frp.yishulun.com
```

这个配置文件中共有两组配置。在 common 这组中：server_addr 代表服务器 IP，这里要填写我们自己的真实服务器的 IP 地址；server_port 是我们准备留给该内网穿越工具专用的端口，这个端口一定要在服务器上的安全策略中放行，在使用云服务器时尤其要注意这一点。

在第二组中：type 代表穿越类型，这里选择 http；local_port 是本地开发机程序的端口，我们的后端 Node.js 项目是在 3000 端口启动的，所以这里填写 3000；custom_domains 是自定义域名，这里必须填写真实有效的已经备案过的域名。

完成配置后，即可在本地启动了：

```
./frpc.exe -c frpc.ini
```

注意 exe 是 Windows 二进制程序的后缀，上面的指令示例仅适用于 Windows 系统。如果读者的电脑系统是 macOS，就应当下载 frp_0.38.0_darwin_amd64.tar.gz（这个压缩包在课程源代码 /software 目录下也能找到）。解压后，会有一个 frpc，这是客户端程序，其启动指令为 ./frpc -c frpc.ini，与 Windows 启动指令的区别仅仅是少了文件名后缀。

穿透工具需要服务器端、客户端两个程序通力协作才可以发挥作用，它是怎么工作的呢？

当用户访问域名（如 frp.yishulun.com）时，域名解析服务器将网络请求解析到我们的服务器（192.144.150.64）上，接着服务器端的 frps 向客户端的 frpc 转发该请求，在本地程序处理完该请求后，再由 frpc 回传给 frps，最后由服务器返回给用户。这是内网穿透工具的工作原理。

我们现在只是启动了本地客户端的 frpc 程序，还不能完成穿透。

3. 在服务器上下载并解压 frp 软件

接下来我们需要启动服务器端的 frps。使用 sftp 指令将本地下载的安装包（如 frp_0.38.0_linux_amd64.tar.gz）上传至 Ubuntu 服务器，或者在服务器上直接使用 wget 指令下载，命令如下：

```
1. cd /tmp
2. wget https://github.com/fatedier/frp/releases/download/v0.38.0/frp_0.38.0_
   linux_arm64.tar.gz
```

tmp 是 Linux 服务器的临时目录。

注意　ssh 指令使用 22 端口远程登录服务器，使用示例如下：

```
ssh root@192.144.150.64
```

root 是用户名，对于 Ubuntu 云服务器，用户名可能更多是 ubuntu，在使用时需要根据具体情况修改。@ 符号后面是服务器的 IP 地址。回车后，终端会提示输入密码，密码正确即可打开互动通道。

另外一个十分有用的简便指令是 sftp，它用于将本机上的文件或压缩包上传到服务器上，使用示例如下：

```
sftp root@192.144.150.64
```

回车后，会打开一条上传、下载通道，示例如下：

```
1. #从服务器上下载 Nginx 配置文件
2. sftp > get /etc/nginx/nginx.conf ~/
3. #上传本地压缩包到服务器的 /tmp 目录下
4. sftp > put ~/Download/frp_0.38.0_linux_arm64.tar.gz /tmp
```

下载后，使用 ssh 指令进行远端登录。先使用 tar 指令进行解压，再用 mv 指令将解压后的目录移至工作目录（/work/frp）下：

```
1. #解压
2. tar -zxvf frp_0.38.0_linux_amd64.tar.gz
3. #移动
4. mv frp_0.38.0_linux_amd64 /work/frp/
```

这是 bash 脚本，井号（#）表示注释。

4. 配置并启动服务器端程序 frps

Ubuntu 默认没有 UI 桌面，所有操作都是通过 Linux 指令完成的，编辑文件一般用 vi 或 vim 指令完成。接下来我们开始配置和启动服务器端的 frps 程序。首先执行命令

```
1. cd /work/frp/frp_0.38.0_linux_amd64
2. vim frps.ini
```

进入 vim 编辑界面，然后输入字母 i（代表 insert）并按下回车键将以下内容粘贴进去，再输入“wq”（代表 write & quit）并按下回车键保存退出。要粘贴的内容如下：

```
1. [common]
2. bind_port = 7000
3. vhost_http_port = 9000
```

bind_port 代表穿透工具的通信端口，该端口必须与客户端配置文件 frpc.ini 中的 server_port 保持一致；vhost_http_port 是当启动类型为 HTTP 或 HTTPS 时需要添加的配置字段，它是 Web 站点的外部访问端口。

配置完成后，执行以下指令启动：

```
./frps -c frps.ini  > /dev/null 2>&1 &
```

该启动指令与客户端略有不同，frps.ini 后面的指令部分的作用是设置启动 frps 程序不影响对当前终端窗口的使用。使用这条指令后，我们仍然可以继续在当前窗口中操作服务器。

5. 配置内网穿透域名

服务器端的 frps 启动后，我们需要进行域名解析配置。以腾讯云为例，在网址 https://console.dnspod.cn/dns/list 中选择域名（yishulun.com），添加一条 A 类型的记录，如图 6-19 所示。

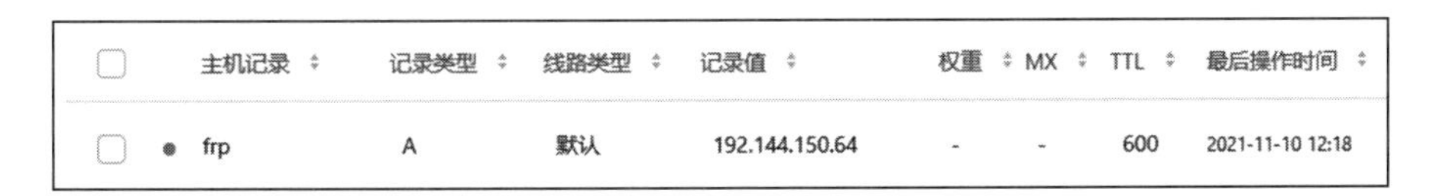

主机记录
记录类型
线路类型
记录值
权重
MX
TTL
最后操作时间
frp
A
默认
192.144.150.64
-
-
600
2021-11-10 12:18

图 6-19　添加 A 类型域名解析

配置域名解析是为了将域名指向 IP，这个工作是由域名解析服务器完成的。本质上所有的网络请求都是通过 IP 进行的。

完成了域名配置，如果本地开发机的 Node.js 项目已经启动（启动指令：npm run dev），那么现在就可以访问 http://frp.yishulun.com:9000/ 了。它的页面效果与本地访问地址 http://localhost:3000/ 是一样的。

这里有一个问题，服务器不同于客户端，服务器重启了怎么办？服务器重启以后，所有手动启动的指令都会失效。虽然这种情况并不多见，但每发生一次就会给我们带来很大的麻烦。

6. 将启动脚本写入启动项

一般情况下，我们会将服务器端默认需要启动的程序都写到启动项里，这样即使服务器断电重启或因其他维护事项重启，服务器端程序都可以自动启动，不需要我们手动操作。

怎么写启动项呢？仍然是在当前的程序目录下，先使用 vim 指令创建一个启动脚本 start_frp.sh，命令如下：

```
1. #!/bin/sh
2. cd /work/frp/frp_0.38.0_linux_amd64
3. ./frps -c frps.ini > /dev/null 2>&1 &
```

完成启动脚本后，再执行以下指令：

```
1. cd /etc/init.d
2. sudo ln -s /work/frp/frp_0.38.0_linux_amd64/start_frp.sh start_frp
3. sudo chmod 755 start_frp
```

目录 /etc/init.d 是 Linux 系统的启动脚本目录。第 2 行的 ln 指令用于创建文件链接，参数 -s 代表创建的是软链接，仅指向，不复制内容，s 参数后面第一个路径是源文件地址，第二个路径是目标文件地址，是要被创建的软指令名称 start_frp。第 3 行使用 chmod 指令修改 start_frp 的执行权限，让它在启动时有权限执行。Linux 指令的参数都是以连字符“-”开头的，而在 Windows 默认的 cmd 终端中，指令都是以斜杠“/”开头的。

完成后，服务器每次重启都会自动执行 start_frp，从而自动启动穿透工具的服务器端程序 frps。

7. 配置 Nginx

完成启动项写入后，配置还没有结束。我们需要在域名 frp.yishulun.com 上使用 80 端口，但 80 端口不能只给这一个站点使用，一般需要使用 Nginx 进行端口转发。使用如下指令创建一个 Nginx 配置文件：

```
sudo vim /etc/nginx/conf.d/frp.yishulun.com.80.conf
```

Nginx 是一款自由、开源、高性能的 HTTP 服务器和反向代理服务器，在开发环境和生产环境中应用十分普通。默认情况下，在 Ubuntu 系统上，Nginx 安装在 /etc 目录下，子站配置文件都位于子目录 conf.d 下，如果读者的安装位置及配置文件位置不同，可以进行手动修改。

新增加的分站配置文件 frp.yishulun.com.80.conf 的内容如下：

```
1. server {
2.   listen 80;
3.   server_name frp.yishulun.com;
4.
5.   location /{
6.     proxy_pass http://localhost:9000;
7.     proxy_set_header X-Forwarded-For $remote_addr;
8.     proxy_set_header Host $http_host;
9.   }
10. }
```

这是一个子站点配置文件，具体说明如下。

- 第 1 行的 server 代表这是一个 Web 站点的配置。conf.d 目录下的子站配置文件，都是由主配置文件 nginx.conf 导入并使之生效的。
- 第 2 行的 listen 80 代表监听 80 端口。
- 第 3 行使用 server_name 设置了监听的域名。
- 第 5～9 行将域名 frp.yishulun.com 在 80 端口的请求转发给了服务器本地程序的 9000 端口，9000 正是我们在 frps.ini 配置文件中设置的 vhost_http_port。

Nginx 新增配置完成后，必须重启 Nginx，重启命令如下：

```
sudo nginx -s reload
```

七步配置终于全部完成。现在，由于有 Nginx 做端口转发，在本地开发机上打开以下 3 个网址看到的内容是一样的：

- http://frp.yishulun.com/
- http://frp.yishulun.com:9000/
- http://localhost:3000/

我们下载与配置 frp 就是为了达到这个效果。其中的第 3 个网址微信服务器访问不到；第 2 个网址，因为端口不是 80 或 443，不能作为消息推送的服务器地址；只有第 1 个网址是合规的，下面马上会使用它。

在小游戏后台启用与配置消息推送

接下来我们登录小游戏管理后台，打开“开发”→“开发管理”→“开发设置”页面，在消息推送区域开启并配置消息推送，如图 6-20 所示。

图 6-20　配置服务器端消息推荐

在 URL 字段填写“http://frp.yishulun.com/wechat/customer/chat”。接口 /wechat/customer/chat 目前尚不存在，稍后会实现它。Token 是自定义的 3~32 个字符，必须保密。EncodingAESKey 是加密密钥，只有在消息加密时才需要用到。加密方式选择“兼容模式”，这种模式便于开发、生产两用。数据格式选择 JSON。以前数据格式基本都是 XML，现在默认都是 JSON 格式。

填写完成后，提交。提交的过程就是微信服务器进行验证的过程，由于我们在本地项目中还没有实现接口（/wechat/customer/chat），所以此时提交是必定不会成功的，小游戏管理后台会给我们一个错误提示，先不用管它。

实现消息推送接口（Node.js 版本）

接下来我们创建消息推送接口，作为消息推送时填写的 URL 地址。

在 server\node\controllers 目录下，创建目录 wechat 及子文件 customer.js，文件内容如代码清单 6-14 所示。

代码清单 6-14　创建客服消息控制器

```
1. // JS: controllers\wechat\customer.js
2. "use strict"
3. // import model from "../../models/index.js"
4. const crypto = require("crypto")
5. const WechatAPI = require("co-wechat-api")
6.
7. const APP_ID = "wx2e4e259c69153e40"
8. const APP_SECRET = "479f3117c68e96e2f4a64a976c3bf88c"
9. //消息加密密钥与令牌
10.const ENCODING_AES_KEY = "yBHOfYMQr7P6u38hAayaAZ5BLLHEndaiRtRYLLfhWio"
11.const TOKEN = "minigame"
12.
13.const api = new WechatAPI(APP_ID, APP_SECRET)
14.
15.export default {
16.  /** 实现客服消息签名验证 */
17.  "GET /chat": async (ctx, next) => {
18.    //获取GET参数signature、timestamp、nonce、echostr
19.    const {
20.      signature
21.      , timestamp
22.      , nonce
23.      , echostr
24.    } = ctx.query
25.      //将token、timestamp、nonce三个参数进行字典序排序
26.      , array = [TOKEN, timestamp, nonce].sort()
27.      //将三个参数字符串拼接成一个字符串进行sha1加密
28.      , tempStr = array.join("")
29.      , hashCode = crypto.createHash("sha1") //创建加密类型
30.      , resultCode = hashCode.update(tempStr, "utf8").digest("hex")
31.
32.    //开发者获得加密后的字符串可与signature对比，标识该请求来源于微信
33.    if (resultCode === signature) {
34.      console.log("验证成功")
35.      ctx.body = echostr
36.    } else {
```

```
37.       console.log("验证失败")
38.       ctx.body = {
39.         errMsg: "验证失败"
40.       }
41.     }
42.   },
43.
44.   /** 接收并处理客服消息 */
45.   "POST /chat": async (ctx, next) => {
46.     const message = ctx.request.body
47.       , { MsgType: msgType,
48.         FromUserName: userOpenid } = message
49.
50.     switch (msgType) {
51.       case "text": {
52.         // text 消息内容示例:
53.         // { ToUserName: "gh_e6ce61e45151",
54.         //   FromUserName: "o0_L54sDkpKo2TmuxFIwMqM7vQcU",
55.         //   CreateTime: 1619604164,
56.         //   MsgType: "text",
57.         //   Content: "123",
58.         //   MsgId: 23187154282158600,
59.         //   Encrypt:"XGbMMO..." }
60.         api.sendText(userOpenid, `已收到消息: ${message.Content}`)
61.         break
62.       }
63.       case "image": {
64.         // image 消息示例:
65.         //  { ToUserName: "gh_e6ce61e45151",
66.         //   FromUserName: "o0_L54sDkpKo2TmuxFIwMqM7vQcU",
67.         //   CreateTime: 1619604727,
68.         //   MsgType: "image",
69.         //   PicUrl: "http://m..",
70.         //   MsgId: 23187166576365884,
71.         //   MediaId: "M-fHYwC9..",
72.         //   Encrypt:"r+pT.." }
73.         let mediaId = message.MediaId // 这是用户发来的图片
74.           , res = await api.uploadMedia("./static/images/ok.png", "image")
75.         if (res) mediaId = res.media_id // 这是我们上传的
76.         api.sendText(userOpenid, `图片已收到`)
77.         api.sendImage(userOpenid, mediaId)
78.         break
79.       }
80.       default:
81.         break
82.     }
83.     ctx.body = "success"
84.   }
85. }
```

这个文件做了什么？

- 第 4 行和第 5 行引入了两个模块——crypto 和 co-wechat-api，这两个模块已经添加到在项目模板的配置文件中。执行 npm i 指令会默认安装它们，不需要手动添加。
- 第 7 行和第 8 行定义了两个模块常量，APP_ID 是当前小游戏的 AppID，APP_SECRET 是当前小游戏的密钥。在小游戏管理后台依次选择“开发”→“开发管理”→“开发设置”→“开发者 ID”就可以找到这个密钥。
- 第 10 行和第 11 行的 ENCODING_AES_KEY 和 TOKEN 是我们在开启消息推送时配置的字段。
- 第 17～42 行实现了 GET /wechat/customer/chat 接口。这段代码主要就是为了解密微信服务器发来的 echostr 信息，然后再原样返回去。只有信息一致，配置验证才会通过。刚才我们还没有创建验证接口，所以单击“提交”按钮必然会失败。第 29 行用到了顶部引入的模块 crypto。关于具体是如何解密的，可以查看官方文档 https://developers.weixin.qq.com/miniprogram/dev/framework/server-ability/message-push.html。
- 第 45～84 行实现了 POST /wechat/customer/chat 接口，接口地址与上一个是相同的，但请求方法不同。微信服务器推送地址发送 GET 请求，用于鉴权验证；发送 POST 请求，用于消息转发。
- 第 46 行从 HTTP 请求中取出请求体数据，存为常量 message。message 是一个 JSON 对象，根据消息类型的不同，message 包括的字段是不同的，第 53～59 行是文本（text）消息的内容示例，第 65～72 行是图片（image）消息的内容示例。
- 第 60、76、77 行使用了两个模块方法：sendText 用于回复文本，sendImage 用于回复图片。发图片时，需要先将图片上传到微信服务器，获取到一个 mediaId，uploadMedia 方法可以帮助我们完成这件事（第 74 行）。
- 第 83 行，每一次成功互动后，返回的内容是一样的，即一个“success”文本。

在客户消息互动窗口中，目前只支持文本、图片这两种媒体互动类型。在上面代码注释中出现的消息格式只有 JSON 格式，因为我们在小游戏后台设置消息推送时选择的数据模式为 JSON。官方文档中有详细的消息格式说明。

文本消息格式的示例如下：

```
1. XML 格式：
2. <xml>
3.   <ToUserName><![CDATA[toUser]]></ToUserName>
4.   <FromUserName><![CDATA[fromUser]]></FromUserName>
5.   <CreateTime>1482048670</CreateTime>
6.   <MsgType><![CDATA[text]]></MsgType>
7.   <Content><![CDATA[this is a test]]></Content>
8.   <MsgId>1234567890123456</MsgId>
9. </xml>
10. JSON 格式：
```

```
11. {
12.   "ToUserName": "toUser",
13.   "FromUserName": "fromUser",
14.   "CreateTime": 1482048670,
15.   "MsgType": "text",
16.   "Content": "this is a test",
17.   "MsgId": 1234567890123456
18. }
```

图片消息格式的示例见代码清单 6-15。

代码清单 6-15　图片消息格式的示例

```
1. XML 格式：
2. <xml>
3.   <ToUserName><![CDATA[toUser]]></ToUserName>
4.   <FromUserName><![CDATA[fromUser]]></FromUserName>
5.   <CreateTime>1482048670</CreateTime>
6.   <MsgType><![CDATA[image]]></MsgType>
7.   <PicUrl><![CDATA[this is a url]]></PicUrl>
8.   <MediaId><![CDATA[media_id]]></MediaId>
9.   <MsgId>1234567890123456</MsgId>
10. </xml>
11. JSON 格式：
12. {
13.   "ToUserName": "toUser",
14.   "FromUserName": "fromUser",
15.   "CreateTime": 1482048670,
16.   "MsgType": "image",
17.   "PicUrl": "this is a url",
18.   "MediaId": "media_id",
19.   "MsgId": 1234567890123456
20. }
```

调用微信官方接口时需要注意两点：一是明确接口地址及参数要求，二是明确返回数据的具体格式。明确这两点，接口调用就基本不会有问题了。

接口完成了，在集成终端中切换到 Node.js 项目的根目录下，执行 npm run dev 指令，启动项目。在微信小游戏的消息推送配置中，填写的 URL 地址只有一个，但这个地址却用 GET、POST 两个请求方法完成了不同的事情（鉴权与转发），这是 RESTful 接口使用请求方法（GET 和 POST）代表动作的一个好例子。

回到小游戏管理后台，再次提交，这次成功了，效果如图 6-21 所示。

图 6-21　服务器配置完成

运行小游戏，单击“客服”按钮，打开客服会话窗口，运行效果如章首的图 6-1

所示。

用户发送文本或图片，服务器都可以自动回复。此外，还支持发送表情，微信表情是一个以“/:”开头的文本，例如“点赞”表情的文本是“/:strong”。通过修改代码在控制台打印消息，即可查看所有表情对应的文本。

拓展：如何使用Linux指令查杀、重启程序

回顾一下 frps 启动脚本：

```
./frps -c frps.ini > /dev/null 2>&1 &
```

先解释一下这条指令：

- 大于号（>）代表输出重定向，/dev/null 在类 Unix 系统中代表空设备，任何输出进入这个设备，就像进入无底黑洞。
- Linux 的标准输入、输出有三类：0 代表输入（Input），1 代表输出（Output），2 代表错误（Error）。指令 2>&1 的意思是将 2（错误）重定向到 1（输出），而输出此时又是空设备（/dev/null），所以这个 2>&1 代表忽略错误。
- 符号 & 表示绑定。指令末端是一个 & 符号，表示将整条指令放入后台工作，不占用当前终端窗口的进程。这是静默启动，该条指令执行后，我们马上可以进行别的指令操作。

如果不是静默启动，我们可以按 CTRL+C 组合键终止程序。在使用静默启动后，怎么终止程序呢？

终止 Linux 程序最常用的方法是杀掉进程 ID，指令 kill 可以完成杀进程的任务。但进程 ID 每次在程序执行后都会变化，并不是固定的，如何才能查出正确的进程 ID 呢？下面来看两个常用的方法。

1. 通过 ps 指令查找

针对 frps，有一个专杀脚本：

```
kill -9 `ps -ef | grep frps | grep -v grep | awk '{print $2}'`
```

可以将这条指令保存下来，命名为 kill_frp.sh。下面解释一下这条指令是如何工作的。

- kill 是 Linux 杀进程的指令，在 Windows 上对应 taskkill。
- 参数 -9 代表当前信号（SIGKILL）不能被捕获也不能被忽略。后面使用反引号（`）引住的脚本，会返回一个进程 ID（PID）。
- ps 是 process status 的缩写，用于列出当前系统中正在运行的进程。参数 -e 表示列出程序时，显示每个程序所用的环境变量，参数 -f 代表全格式。
- 竖杠（|）从形状上看像一根管子，它是 Linux 指令中的管道符号，用于将前一个指令的执行输出，用作后一个指令的输入参数。
- grep 指令用于查找文本中符合条件的子文本，这是一个十分有用的指令。grep frps

代表查找包括 frps 文本的结果，如果我们想查找 Nginx，将此次的 frps 换成 Nginx 就可以了。

指令执行到这一步，查找结果极有可能已经剩下了两项：

```
ubuntu    13738   9396   0 12:33 pts/0     00:00:00 ./frps -c ./frps.ini
ubuntu    13762   9396   0 12:33 pts/0     00:00:00 grep --color=auto frps
```

这仅是一个举例，具体执行结果因人而异，每次都不同。第二列是 PID（进程 ID）。

- 参数 -v 表示取反，-v grep 表示过滤掉包括 grep 文本的结果，这是一个使用普遍的选项。指令的返回结果往往是一个列表，其中还包括当前这条 grep 指令的结果，这条结果是我们为了查找程序而产生的，显然不是我们需要的，必须滤除。

指令执行到这一步，只剩下一行结果了：

```
ubuntu    13738   9396   0 12:33 pts/0     00:00:00 ./frps -c ./frps.ini
```

- awk 是一个处理文本的 Linux 编程语言，它后面的 {print $2} 是要执行的代码，print 代表打印，$2 代表取结果中第 2 列的内容。

反引号内的指令全部执行完，取到了一个进程 ID（13738），整条指令相当于执行了以下指令：

```
kill -9 13738
```

2. 通过 lsof 指令查找

网络软件都离不开端口，接下来我们看另一条查杀 frps 程序的指令，这条指令用到了 lsof 指令。

lsof 是 list open files 的缩写，它用于列出当前系统打开的文件。是不是感觉很奇怪？查进程怎么和打开文件有关系？

Linux 中所有内容都是以文件的形式进行保存和管理的，一切皆文件，普通文件是文件，目录是文件，硬件设备（键盘、监视器、硬盘、打印机）也是文件，就连套接字、网络通信等资源也都是文件，理解了这一点，lsof 指令叫这个名字就一点也不奇怪了。

查杀指令如下：

```
kill -9 `lsof -i:7000 | grep -m 1 frps | awk '{print $2}'`
```

大部分指令内容与上一条类似。我们的 frps 使用的是 7000 端口，如果它在运行，就可以通过这个端口查找它的进程 ID。参数 -m 1 frps 代表从结果列表中取含有“frps”的第一条，它与 -v 一样，也是经常用到的 grep 选项。

拓展：如何在 Windows 系统上运行 Linux 指令

这一节主要讲三部分内容：安装 Git Bash，熟悉常用的 Linux 指令，以及在 VS Code 中配置集成终端。

1. 安装 Git Bash

在 Windows 系统上，可以通过在运行窗口中输入并执行 cmd 指令打开命令提示符窗口，如图 6-22 所示。

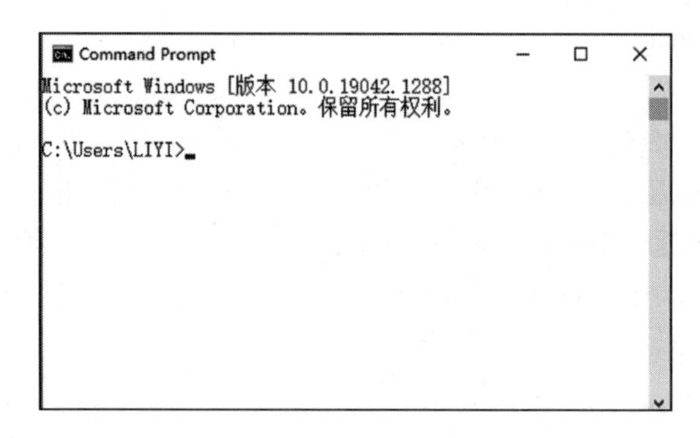

图 6-22 Windows 命令提示符窗口

这个窗口并不是我们在 Windows 系统上使用的终端环境。在上一节以及在本书的其他章，我们执行的所有终端指令都不是在这个窗口中运行的。

程序员最常使用的操作系统有三个，即 macOS、Windows 和 Linux，但指令作为程序员必备的开发、运维工具之一，却有两套：Linux 终端指令和 Windows 终端命令行。macOS 系统自带的 Terminal 天生支持运行 Linux 指令，可以归到 Linux 一类。

这两套指令在名称、参数、输出格式等方面都存在着显著差异。举个例子，ls 在 Linux 终端中代表“目录列举”，是 Linux 指令集中最常用的一个指令，但具有同样功能的指令在 Windows 终端中却叫 dir。再举个例子，上一节我们用到的程序终杀指令，在 Linux 中是 kill，在 Windows 中却是 taskkill。此外，两套指令体系在参数的使用上也不相同，Linux 使用连字符“-”开始一个参数，而 Windows 却用斜杠“/”。

功能一样，只是名称和使用方式不同，这本来没有优劣之分，但是 Linux 终端指令集使用更广泛，程序员没有必要为了完成相同的事情而记住两套功能相似的指令集。为了解决这个矛盾，有人在 Windows 系统上开发了终端环境模拟软件，使程序员在 Windows 系统上也能使用 Linux 指令，并且使用语法、习惯和 Linux 都是一样的。举个例子，ls 这个指令在 Linux 中代表“目录列举”，在 Windows 模拟终端中也可以使用，并且输出格式与在 Linux 中也是相似的。模拟终端接受了一个 ls 指令的输入，在底层做了 dir 指令做的事情，最后模仿 ls 指令进行了输出。

终端模拟软件不止一个，最常用、使用方式最简单的终端环境模拟软件是 Git-SCM，它不仅提供了模拟终端，还提供了开发者必备的 Git 工具。安装了这个软件，再加一个 VS Code，基本上所有前端编程的常规任务都可以完成了。

安装方法很简单，在页面 https://git-scm.com/download/win 上下载 Windows 安装包，按提示安装即可。它是跨平台的软件，也有 macOS、Linux 版本，但在这两个系统上没有必要安装它。

安装以后，在系统菜单栏会多出一个 Git Bash，打开后如图 6-23 所示。

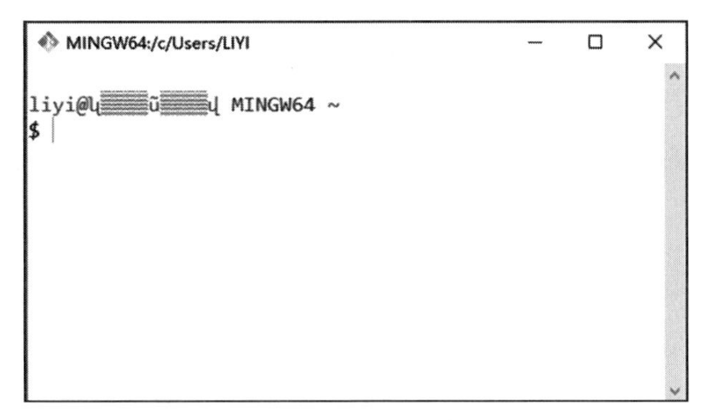

图 6-23　Git Bash 窗口

这是本书所用的终端环境，也推荐 Windows 读者在学习及开发中使用。Git Bash 除了可以在菜单中打开，也可以直接在 Windows 资源管理器中的目录空白处通过右键菜单“Git Bash Here”打开，打开后默认是当前的目录位置。

2. 熟悉常用的 Linux 指令

在 Windows 的 Git Bash 中使用指令时，没有盘符概念，它所使用的是类 Linux 路径。举个例子，C 盘在 Git Bash 中对应于 /c 目录，D 盘则对应于 /d 目录，C 盘下笔者的用户目录是 C:\Users\LIYI，在 Git Bash 中则是 /c/Users/LIYI。

要切换目录可以使用 cd 指令，例如，切换到当前用户主目录的命令如下：

```
1. cd /c/Users/LIYI
2. 或
3. cd ~
```

符号 ~ 代表当前用户的主目录。

要显示当前路径可以使用 pwd 指令：

```
1. $ pwd
2. /c/Users/LIYI
```

要列举目录可以使用 ls 指令：

```
$ ls
```

cd、pwd 和 ls 都是常用的 Linux 基本指令。

3. 在 VS Code 中配置集成终端

在安装了 Git Bash 之后，在 VS Code 的设置文件内会有一个关于集成终端默认提供者的设置，如下所示：

```
"terminal.integrated.shell.windows": "C:\\Program Files\\Git\\bin\\bash.exe"
```

这个地址便是我们安装 Git Bash 的本地地址。第一次使用集成终端时，VS Code 会提示我们从多个选项（例如 Windows CMD、Git Bash）中选择一个默认终端，选择后者即可，或者直接在配置文件中修改。

修改后，在 VS Code 中使用集成终端与在独立的 Git Bash 窗口中编写指令的效果是一样的，但前者在开发时不用来回切换窗口，效率更高。

本课小结

本课源码见 disc/ 第 6 章 /6.4。本课仅修改了后端 Node.js 代码，位于 server/node 目录下，前端代码没有修改。

这节课我们主要学习使用了内网穿透工具 frp，创建了消息推送接口，并在小游戏后台完成了消息推送配置，还学习了一些基本的 Linux 指令，下节课我们实现 Web 管理后台的登录功能。

这一章主要练习了 MySQL 操作、RESTful 接口的实现与调用以及在服务器端处理客服消息的方法，下一章开始实现一个 Web 管理后台框架，基于这个框架，读者可以开发更加复杂的后台功能。用 Go 语言将前面用 Node.js 已经实现的后端程序全部再实现一遍，便于使用 Go 语言的读者学习。

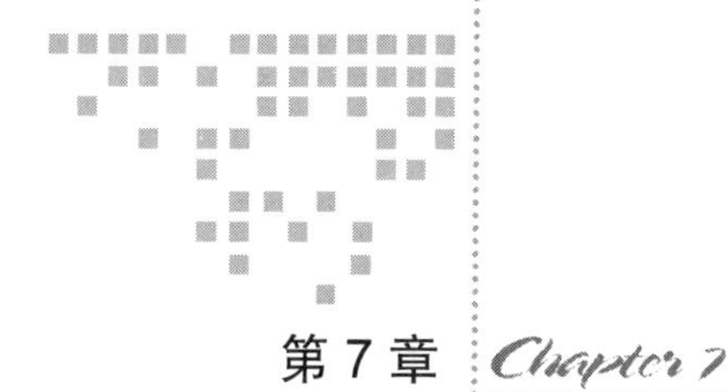

第 7 章 Chapter 7

后端：用 Node.js 和 Go 实现管理后台

上一章主要练习了 MySQL 操作、RESTful 接口的实现与调用，以及在服务器端处理客服消息，这一章实现一个 Web 管理后台框架，用 Go 语言将前面用 Node.js 实现的后端程序再实现一遍。

如果你对 Go 语言不熟悉，可以先学习一遍 Go 语言的基础语法。

第 17 课　实现导航与登录功能（Node.js 版本）

上节课我们主要实现了在服务器端接收和处理用户消息，这节课实现 Web 管理后台中的导航与登录功能。

开发 Web 项目有以下两种基本的架构方案。

1）使用 Vue、React 或 Angular 等渐进性、响应式 Web 开发框架，将整个 Web 站点作为一个整体应用（Application）开发。优点是无刷新，使用数据驱动视图的思想，基于数据绑定的方式，像开发传统 PC 软件那样开发 Web 程序；缺点是项目整体耦合紧密，不方便页面的零边际成本扩展。一般来说，前端交互性强的项目，适合使用这种方式开发。

2）使用 jQuery+Bootstrap 这样传统的页面架构形式开发，jQuery 负责 DOM 节点操作，Bootstrap 负责 CSS 样式美化。优点是，扩展新页面时带来的边际成本小，页面基本可以无限扩展，适合大数据、多页面的展示项目和后台项目；缺点是 DOM 节点操作烦琐，交互性差。

我们的项目模板使用的是第二种架构方案。针对“DOM 节点操作烦琐”这个缺点，我们不使用“Ajax 无刷新拉取数据，再操作 DOM 节点以更新页面”这样的渲染方式，而是使用服务器端模板渲染的方式，在服务器端从数据库查出数据后，由模板引擎以“数据+模板”的形式渲染成HTML页面，再返给客户端浏览器。

这样做的好处便是在增加新页面时边际成本不会递增。在第一种架构方案中，每添加一个新页面，都会多多少少对项目整体产生影响，并且页面越多影响越复杂。而在第二种方案中，每一个Web页面就是一个独立的个体，页面采用POST等请求方法向服务器提交数据；每一次页面请求，都相当于重新加载一次页面，页面地址就代表了页面资源的身份及状态。换言之，我们可以将第二种方案中的Web页面视为RESTful API中的一种特殊的以HTML标签呈现的数据。一般的RESTful API是以JSON格式呈现数据的，这种页面是使用HTML呈现的，本质上是一样的。

接下来我们看一下在基于第二种架构方案实现的项目模板中，如何实现后台管理程序中最常见的两个功能：登录与导航。我们将扩展出两个页面：一个页面负责登录，一个页面负责展示第15课在MySQL数据库中保存的历史数据。

先实现登录功能。

创建数据表account

实现登录功能，首先要有一个记录账号的数据表，在这张表中保存用户名（name）、密码（passwd）、角色权限（role）等信息。一般后台项目是分权限组织的，管理员权限最大，其他角色的权限根据需要减小。

使用与第13课创建history数据表相同的创建方式创建数据表account，SQL代码如下：

```
1. -- SQL: server\mysql\init.sql
2. ...
3.
4. --创建数据表account
5. use minigame;
6. CREATE TABLE `account` (
7.   `id` bigint NOT NULL AUTO_INCREMENT,
8.   `name` varchar(45) DEFAULT NULL,
9.   `passwd` varchar(45) DEFAULT NULL,
10.  `role` varchar(45) DEFAULT 'assistant' COMMENT 'assistant、administrator',
11.  PRIMARY KEY (`id`)
12.) ENGINE=InnoDB AUTO_INCREMENT=1 DEFAULT CHARSET=utf8mb4 COLLATE=utf8mb4_
    general_ci;
13.
14.INSERT INTO `minigame`.`account` (`name`, `passwd`, `role`) VALUES ('user1@
    qq.com', '123456', 'assistant');
15.INSERT INTO `minigame`.`account` (`name`, `passwd`, `role`) VALUES ('user2@
    qq.com', '123456', 'administrator');
```

这段代码做了什么？

- 第6～12行创建了数据表account。其中大部分语法已经在第13课介绍过，第10行的DEFAULT用于指定默认值。如果默认值是字符串，使用引号引起来；如果是数值，则不用引号。COMMENT 用于设置注释，方便团队中其他开发者或 DBA（数据库管理员）查看。

- 第 14 行和第 15 行是两行插入代码，用于添加两行数据，方便稍后进行功能测试。INSERT INTO 代表向表内插入，后面紧跟表名，表名后面的小括号里面是准备插入的字段。VALUES 用于指定准备向字段写入的数值，也用小括号括起来。VALUES 指定的数值与前面列举的字段，数目必须一致，顺序也必须一致。

拓展：互联网鉴权方式简介

登录，也叫鉴权，用于验证软件的使用者是否被授予权限。软件开发中常用的鉴权机制主要有 4 种：Authentication、Session-Cookie、Token 和 OAuth。

1. Authentication

Authentication 方式最简单，应用场景通常是在客户端浏览器中弹出一个登录窗口（如图 7-1 所示），由用户输入用户名和密码进行登录。这种方式使用基本的 base64 加密，账号很容易泄露。在十几年前还有人使用，现在已经很少看到了。

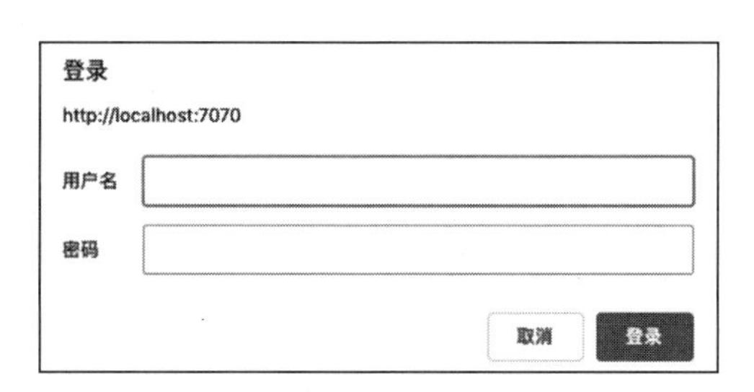

图 7-1　用户名和密码验证

这种方式反映了人们对信息私有化的需求，是在互联网刚出现不久产生的需求。

2. Session-Cookie

使用 Session-Cookie 机制时，Session 是在服务器端创建的，既可以存储在内存里，也可以持久存储到数据库里。而 Cookie 是存储在用户浏览器里的。一般 Cookie 只是一个 SessionId，这个 SessionId 一经创建，就会在后续会话中，在客户端每次向服务器发出的 HTTP 请求中，都出现在请求头中。服务器靠这个标识来区别客户端是哪一个，否则，如果没有这个标识，由于 Web 是无状态的，服务器根本不知道是谁在访问它。

这种方式以及登录过程中加密算法的使用，反映了在公开的互联网上网民对隐私、对信息保密性的重视。这个时期**单点登录**技术的出现，标志着互联网开始向分布式发展，开始出现海量级用户产品。

> **注意**　单点登录是一种统一认证和授权机制，在多个应用系统中，用户只需要登录一次就可以访问所有相互信任的应用。

3. Token

Token 是令牌的意思，这种验证方式是在 App 兴起以后发展起来的。因为在 App 里没有浏览器环境，没有 Cookie，客户端在完成账号权限验证以后，就把这个登录凭证也就是 Token 直接存储在了客户端，并且客户端在每次请求服务器的时候都把它带上。最常用的 Token 验证方案是 JWT（Json Web Token）。

Token 验证方式随着移动互联网的崛起而得到普及。

4. OAuth

OAuth 验证方式在今天非常普遍了。我们经常看到一些网站可以使用 QQ 或者微信登录，这种登录方式就是 OAuth 验证。还有在小程序 / 小游戏里面，通过当前微信账号使用微信一键登录，也是这种验证方式。

在这种方式中，一般我们先向鉴权服务器（例如微信服务器）发出请求，拿到了一个代码（Code）。这个代码代表的是用户的许可，要传送到后端，然后后端以这个代码加上开发者自己的 AppId 与 AppSecret，再请求鉴权服务器拿到一个 Access Token，这个 Access Token 才是真正的 Token。有了这个 Token，才可以把加密的用户信息解密出来，在后续的接口调用中带上这个 Token 才有接口调用权限。

这种方式代表了 QQ、微信、Facebook 等大平台的账号已经成为移动互联网的基础账号。

以上这 4 种鉴权方式反映了互联网的发展历程。随着需求的增加，不断产生新的鉴权方案，但并不是说越晚出的鉴权方案越优秀，事实上后三种方案一直是并存的，它们的应用场景不同。

实现登录

对于后台管理应用，由于它们没有大访问量，不需要支持分布式，使用简单的 Session-Cookie 机制即可满足鉴权需求。

我们的 Node.js 项目是基于 koa2 构建的，实现 Session 支持需要一个 koa-session 模块，不过这个模块已经在项目模板中添加了。如果是新项目，可以使用下面的指令手动添加：

```
npm install koa-session -S
```

接下来分 5 步实现登录功能：添加控制器、添加模型、添加钩子、添加视图和修改导航。

1. 添加控制器

在 controllers 目录下创建 accounts.js 文件。控制器名称要使用复数，数据表是 account，这里控制器名称便使用 accounts。文件内容如代码清单 7-1 所示。

代码清单 7-1　添加账号控制器

```
1. // JS: controllers\accounts.js
2. "use strict"
3. import model from "../models/index.js"
4.
5. // 无论是返回 JSON 文本还是 HTML 文本都一样，只是渲染不同
6.
7. export default {
8.   // 登录页面
9.   "GET /login": async (ctx, next) => {
10.    const title = " 登录 "
11.    ctx.render("accounts/login", { title })
12.  },
13.
14.  // 获取已登录用户对象
15.  "GET /logon": async (ctx, next) => {
16.    ctx.status = 200
17.    ctx.body = ctx.session.user
18.  },
19.
20.  // 接收登录的 POST 请求
21.  "POST /login": async (ctx, next) => {
22.    const { name, passwd } = ctx.request.body
23.      , db = await model.connect()
24.    // 如果密码有加密，在查询前先将 passwd 加密
25.    const res = await model.execute(db, "select * from account where name=@
       name && passwd=@passwd limit 1", { name, passwd })
26.    if (res.length > 0) {
27.      // role: assistant、administrator
28.      const u = res[0]
29.      ctx.session.user = { id: u.id, name: u.name, role: u.role }
30.      ctx.redirect("/", 302) // 登录后重定向到首页
31.    } else {
32.      ctx.render("login", { title: " 登录 ", errMsg: " 登录失败，请重试 " })
33.    }
34.  },
35.
36.  // 登出
37.  "GET /logout": async (ctx, next) => {
38.    ctx.session.user = null
39.    ctx.redirect("/accounts/login")
40.  },
41.}
```

这个文件做了什么？一共实现了4个控制器方法。

- 第9～12行的URL地址是GET /login。所有的HTML页面在展示时，请求方法都是GET。这个方法展示登录页面，用户在这个页面输入用户名和密码进行登录。accounts/login是HTML模板页面的路径，这个文件目前还不存在，稍后我们会创建它。

- 第15～18行是一个返回当前登录用户的接口，只有登录以后才能访问，当然也只有登录以后才能返回数据。
- 第21～34行处理的是POST请求，在用户输入账号信息并点击提交后，请求将被发送到这里。稍后我们可以在页面模板文件中看到Form表单的action指向这个接口地址。
- 第22行从请求体中取出用户填写的用户名和密码。在使用了koa-body模块后，无论是AJAX请求还是Form表单提交，请求体数据都会被解析到ctx.request.body上，这个模块方便了我们获取参数。
- 第23行连接MySQL数据库并获得连接的引用对象。在项目模板中已经默认启用了数据库连接池，并且对于已经连接上、可以直接使用的数据库连接对象，是直接返回的，所以在写控制器代码时，不需要考虑数据库连接的关闭问题，直接通过connect方法打开、使用就可以了。
- 第25行使用通用的execute方法执行一条SQL查询语句。因为参数（name和passwd）不是拼接传递的，也不需要考虑SQL注入的风险问题。
- 第29行，鉴权成功后，将用户对象保存在ctx.session.user，这相当于写入了一个名称为user的Session，在服务器内存及客户端Cookie中，都会有相应的内容被创建。此处我们之所以可以这样使用，是因为我们在middlewares.js文件中设置过koa-session模块。
- 第30行的redirect是服务器端页面跳转方法，从当前URL地址跳转到另一个地址。302是页面状态码。与302类似的状态码是301，二者都表示页面重定向，有什么区别呢？301表示旧地址的资源不可访问、被永久移除了，需要重定向到新网址，搜索引擎会抓取新网址的内容，同时将旧网址替换为新网址；而302表示旧地址的资源仍可访问，这个重定向只是临时从旧地址跳转到新地址，这时搜索引擎会抓取新网址内容，但不会替换旧网址。在开发中页面跳转一般使用302。
- 第32行是登录失败的分支，向页面传递了一个变量errMsg，稍后我们会在HTML页面模板文件中看到这个变量。
- 第37～40行是登出的逻辑，直接将ctx.session.user设置为null，就可以清除保存的Session。

控制器代码写完了。如果用户没有登录，如何禁止用户访问后台页面呢？这涉及钩子中间件的添加，稍后会介绍。

思考与练习7-1（面试题）：如何理解AJAX？如何自定义实现一个使用Promise封装的AJAX请求函数？（参考答案见本章章尾。）

---

2. 添加模型

在models/mysql/custom目录下添加一个account.js文件，代码如下：

```
1. // JS: models\mysql\custom\account.js
2. "use strict"
3. import { unconnected as db } from "../db.js"
4. export default db.model({ table: "account" })
```

该文件可以依照同目录下的table.js.txt文件修改，只需更改表名即可。在本课中即使不添加这个文件也不影响程序的运行，因为稍后在控制器方法中唯一使用的execute方法是模型无关的。但按流程添加是一个好习惯，它为我们带来实现更多功能的可能。

3. 添加钩子

在routers.js中，在方法setRouters内，在调用setMiddlewaresForControllers时，添加一个前置钩子，如代码清单7-2所示。

代码清单7-2　修改路由文件

```
1. // JS: routers.js
2. ...
3.
4. /** 为控制器添加前后中间件 */
5. function setMiddlewaresForControllers(app, dir, beforeMiddleware,
     afterMiddleware) {
6.   const controllersDir = dir || "controllers"
7.   const router = new Router()
8.
9.   // 这行代码只能放在添加addControllersInDir前面
10.   if (beforeMiddleware) router.use(beforeMiddleware)
11.   addControllersInDir(router, controllersDir)
12.   if (afterMiddleware) router.use(afterMiddleware)
13.
14.   app.use(router.routes())
15.   app.use(router.allowedMethods())
16. }
17.
18. export default function setRouters(app) {
19.   // 设置Web路由
20.   setMiddlewaresForControllers(app, "controllers",
21.     async (ctx, next) => {
22.       // 检查web用户是否登录
23.       if (ctx.request.path !== "/accounts/login" && !ctx.request.path.
          startsWith("/wechat") && !ctx.request.path.startsWith("/api")) {
24.         if (!ctx.session.user) {
25.           console.log("ctx.session.user", ctx.session.user)
26.           ctx.redirect("/accounts/login", 302)
27.           return
28.         }
29.       }
30.       await next()
31.     }, async (ctx, next) => {
32.       ...
```

```
33.     })
34. }
```

这个文件有什么变化？

第21～29行是新增的钩子代码。每接到一个请求，先检测URL基地址是不是/accounts/login，如果不是，再检查ctx.session.user是否存在，如果不存在，则强制跳转到登录页面，引导用户登录。整个Web后台只有登录页面/accounts/login是不需要鉴权的。

注意，ctx.request.path代表基地址，而ctx.request.url还包括QueryString，所以第23行的判断使用的是ctx.request.path。

这个钩子机制是怎么实现的呢？第10行，在控制器代码响应之前，都先由beforeMiddleware中间件检查了一遍。beforeMiddleware就像一个在控制器代码前面插入的钩子一样，所以此处添加的代码被称为钩子代码。事实上，如果需要，我们还可以在每个控制器代码执行的后面添加一段钩子代码，后置钩子一般用于全站性的数据统计。

注意，第23行不仅判断了登录链接，还判断了是否以/wechat和/api开头。在这种情况下，如果不排除这两个路径，客服消息接收和小游戏端调用history接口就不好用了。在实际开发中，为一个目录下的控制器单独添加前置中间件代码，可以减少if条件判断，会使代码更加清晰合理。简单情况下，直接加个if判断语句即可。

4. 添加视图

视图文件即模板文件，在views目录下，创建accounts目录并在该目录下创建一个login.html文件。视图文件的目录结构与控制器是对应的，我们有一个名为accounts的控制器，此处views目录便应该有一个accounts的视图目录。login.html文件是某一个控制器方法需要的模板文件，如果有其他控制器方法需要，还可以在此目录下添加更多的视图文件。

login.html文件的内容如代码清单7-3所示。

代码清单7-3　登录页面

```
1. <!-- HTML: views\accounts\login.html -->
2. <!DOCTYPE html>
3. <html>
4. <head>
5.   <title>{{title}}</title>
6.   <meta name="viewport" content="width=device-width, initial-scale=1.0">
7.   <script type="text/javascript" src="/static/js/jquery-1.8.3.min.js"
       charset="UTF-8"></script>
8.   <!-- 最新版本的 Bootstrap v3 核心 CSS 文件 -->
9.   <link rel="stylesheet" href="/static/bootstrap/css/bootstrap.min.css">
10.  <!-- 可选的 Bootstrap 主题文件（一般不用引入）-->
11.  <link rel="stylesheet" href="/static/bootstrap/css/bootstrap-theme.min.css">
12.  <!-- 最新版本的 Bootstrap 核心 JavaScript 文件 -->
13.  <script src="/static/bootstrap/js/bootstrap.min.js"></script>
14.  <!-- 日期选择控件 datetimepicker -->
15.  <script src="/static/datetimepicker/bootstrap-datetimepicker.js" charset=
```

```
    "UTF-8"></script>
16.  <script src="/static/datetimepicker/locales/bootstrap-datetimepicker.zh-CN.
     js" charset="UTF-8"></script>
17.  <link href="/static/datetimepicker/bootstrap-datetimepicker.css" rel=
     "stylesheet" media="screen">
18.  <!-- 引用图表脚本文件 -->
19.  <script src="/static/js/feather.min.js"></script>
20.  <script src="/static/js/Chart.min.js"></script>
21.  <!-- 引用了自定义的 JS-->
22.  <script src="/static/js/dashboard.js"></script>
23.  <!-- Custom styles for this template -->
24.  <link href="/static/styles/dashboard.css" rel="stylesheet">
25.  <style>
26.    .form-signin {
27.      max-width: 330px;
28.      padding: 15px;
29.      margin: 0 auto;
30.    }
31.  </style>
32.</head>
33.<body>
34.  <div class="container">
35.    <form class="form-signin" action="/accounts/login" method="post">
36.      <p class="text-danger">{{errMsg}}</p>
37.      <h2 class="form-signin-heading">登录面板</h2>
38.      <section>
39.        <label for="nameIpt" class="sr-only">邮箱</label>
40.        <input value="user1@qq.com" name="name" type="name" id="nameIpt"
           class="form-control" placeholder="用户名"
41.          autocomplete="username" required autofocus>
42.      </section>
43.      <br />
44.      <section>
45.        <label for="passwdIpt" class="sr-only">密码</label>
46.        <input value="123456" name="passwd" type="password" id="passwdIpt"
           class="form-control" placeholder="密码"
47.          autocomplete="passwdIpt" aria-describedby="password-constraints" required>
48.      </section>
49.      <div class="checkbox">
50.        <label>
51.          <input checked type="checkbox" value="remember">记住本次登录
52.        </label>
53.      </div>
54.      <br />
55.      <button class="btn btn-lg btn-primary btn-block" type="submit">登录</button>
56.    </form>
57.  </div> <!-- /container -->
58.  <script>
59.    // 页面加载完全后执行
60.    $(function () {
61.      $(".form-signin").on("submit", e => {
```

```
62.         if (form.checkValidity() === false) {
63.           event.preventDefault()
64.         }
65.         if (!/.{8,}/.test($("#passwdIpt").value)) {
66.           alert("密码至少8位")
67.           event.preventDefault()
68.         }
69.       })
70.     })
71.   </script>
72. </body>
73. </html>
```

这是一个完整的HTML文件，这个文件做了什么？

- 第5行的{{title}}代表将变量title渲染到这里，title是我们在控制器方法中向页面传递的变量之一。
- 第6～31行主要是通用的jQuery+Bootstrap文件头，可以直接复制使用。
- 第34～57行主要基于Bootstrap实现了一个登录表单框。这里使用的类样式container、text-danger等都是Bootstrap预定义好的。Bootstrap是一个HTML组件快速构建框架，在它的示例网站https://v3.bootcss.com/components/上有一套完备的常用组件。导航、标签页等组件可以直接在Web项目中使用，从而大大降低开发难度，提高原型项目的开发效率。
- 第35行，可以看到Form表单的action（提交地址）是/accounts/login，method（请求方法）是post，这里的post是大写还是小写对效果没有影响。
- 第40行、第46行，注意这里的name属性，name="name"和name="passwd"，表单中的数据参数是通过name属性传递到后台控制器方法中的，而不是通过id或其他属性传递的。大多数情况下，我们在客户端页面中是通过id操作DOM的。
- 第58～71行是内嵌于页面的JS代码，这里的JS代码与我们之前写过的所有JS代码在语法和使用规则上都是一样的，只是出现的地方不同。
- 第60行的美元符号$代表jQuery对象，jQuery类库中定义的所有工具方法都可以直接通过这个符号访问。$是在第7行，当我们引入jQuery类库时就已经定义了。给$传递一个匿名函数，代表在页面加载完成后执行这个函数，这是jQuery开发中的一种常规用法，主要目的在于保证代码中对DOM元素的访问都是有效的。
- 第61行的$(".form-signin")代表DOM查询，.form-signin是一个类样式，它是当前页面中Form组件的class属性中的一员（第35行）。jQuery的DOM查询支持所有的CSS选择器。
- 第62行的form.checkValidity用于检查HTML5组件的基本验证（如第47行内的required）是否通过。只有当所有表单组件符合预定义的要求时，这个方法才会返回true。

- 第 63 行的 event.preventDefault 是浏览器事件模型中一个很重要的方法，它表示终止事件关联的默认行为。什么是默认行为？例如单击表单内 type 为 submit 的按钮这个行为代表提交表单，这就是默认行为。这行代码的意思是，当 HTML5 组件基本验证未通过时，阻止表单提交。浏览器中的事件是按“代”触发的，event.preventDefault 可以阻止事件派发向下一代；而我们在主线程中自己实现的 EventDispatcher（见《微信小游戏开发：前端篇》第 26 课）无法阻止，也没有实现 preventDefault 方法。
- 第 65 行的 /.{8,}/ 是正则表达式，符号“.”匹配除换行符 \n 之外的任何单字符，花括号内的“8,”代表至少 8 个字符。正则表达式对象上的 test 方法用于测试文本是否满足正则要求。$("#passwdIpt") 表示使用 jQuery 查询第 46 行的 input 组件，#passwdIpt 是 id 选择器，它与第 61 行使用的 .form-signin 一样都是选择器，区别在于后者是类选择器。
- 第 66 行的 alert 将弹出浏览器内置的提示框，用于在发生错误时发出警示。HTML 页面中默认的 alert 弹窗比较丑陋，一般在前台页面中开发者都会自己实现一个，但后台应用无所谓。

现在视图也准备好了。

5. 修改导航

接下来修改导航，我们要在顶部导航栏上添加一个“退出”按钮。打开 views\layout.html 文件，其内容如代码清单 7-4 所示。

代码清单 7-4 布局文件

```
1. <!-- HTML: views\layout.html -->
2. <!DOCTYPE html>
3. <html>
4. <head>
5.   <title>{{title}}</title>
6.   <meta name="viewport" content="width=device-width, initial-scale=1.0">
7.   <script type="text/javascript" src="/static/js/jquery-1.8.3.min.js"
       charset= "UTF-8"></script>
8.   <!-- 最新版本的 Bootstrap v3 核心 CSS 文件 -->
9.   <link rel="stylesheet" href="/static/bootstrap/css/bootstrap.min.css">
10.  <!-- 可选的 Bootstrap 主题文件（一般不用引入）-->
11.  <link rel="stylesheet" href="/static/bootstrap/css/bootstrap-theme.min.css">
12.  <!-- 最新版本的 Bootstrap 核心 JavaScript 文件 -->
13.  <script src="/static/bootstrap/js/bootstrap.min.js"></script>
14.  <!-- 日期选择控件 datetimepicker -->
15.  <script src="/static/datetimepicker/bootstrap-datetimepicker.js" charset=
       "UTF-8"></script>
16.  <script src="/static/datetimepicker/locales/bootstrap-datetimepicker.zh-CN.
       js" charset="UTF-8"></script>
17.  <link href="/static/datetimepicker/bootstrap-datetimepicker.css" rel=
```

```
      "stylesheet" media="screen">
18.   <!-- 引用图表脚本文件 -->
19.   <script src="/static/js/feather.min.js"></script>
20.   <script src="/static/js/Chart.min.js"></script>
21.   <!-- 引用自定义的 JS-->
22.   <script src="/static/js/dashboard.js"></script>
23.   <!-- Custom styles for this template -->
24.   <link href="/static/styles/dashboard.css" rel="stylesheet">
25. </head>
26. <body>
27.   <nav class="navbar navbar-inverse" role="navigation">
28.     <div class="container-fluid">
29.       <div class="navbar-header">
30.         <a class="navbar-brand" href="#"> 系统标题 </a>
31.       </div>
32.       <div class="collapse navbar-collapse">
33.         <ul class="nav navbar-nav" id="mytab">
34.           <li class="active"><a href="/"> 首页 </a></li>
35.           <li><a href="#"> 菜单 2</a></li>
36.           <li><a href="#"> 菜单 3</a></li>
37.         </ul>
38.         <form class="navbar-form navbar-left" role="search">
39.           <div class="form-group">
40.             <input id="searchInput" type="text" class="form-control" placeholder="
                  搜索 ">
41.           </div>
42.           <button id="searchBtn" type="button" class="btn btn-default"> 搜索 </
                button>
43.         </form>
44.         <ul class="nav navbar-nav navbar-right">
45.           <!-- <li><a href="#"> 菜单 </a></li> -->
46.           <li><a href="/accounts/logout"> 退出 </a></li>
47.           <Li class="dropdown">
48.             <a id="rightMenu" href="#" class="dropdown-toggle" data-toggle=
                  "dropdown"> 链接 <span class="caret"></span></a>
49.             <ul class="dropdown-menu" role="menu">
50.               <li><a href="#">hello1</a></li>
51.               <li><a href="#">hello2</a></li>
52.               <li><a href="#">hello3</a></li>
53.               <li><a href="#">hello4</a></li>
54.             </ul>
55.           </Li>
56.         </ul>
57.       </div>
58.     </div>
59.   </nav>
60.   <script>
61.     $("#rightMenu").click(function (e) {
62.       e.preventDefault()
63.       $(this).tab("show")
```

```
64.     })
65.   </script>
66.   <div class="table-responsive">
67.     <div class="row">
68.       <div class="col-xs-3 col-sm-2 col-md-1 sidebar" style="min-width:130px">
69.         <!-- 左边栏导航 -->
70.         <ul class="nav nav-sidebar">
71.           {{include "./left_menu.html"}}
72.         </ul>
73.       </div>
74.       <div class="col-xs-9 col-sm-10 col-md-11 col-sm-offset-2 col-md-
          offset-1 col-xs-offset-3 main">
75.         <h1 class="page-header">{{title}}</h1>
76.         <!-- 右边栏主要内容区域 -->
77.         {{block "content"}}{{/block}}
78.         <p class="gap"></p>
79.         <p class="gap"></p>
80.       </div>
81.     </div>
82.   </div>
83.   <!-- 底部导航 -->
84.   <nav class="navbar navbar-default navbar-fixed-bottom" role="navigation">
85.     <ol class="breadcrumb">
86.       <li><a href="">Home</a></li>
87.       <li><a href="">Library</a></li>
88.       <li><a href="">Data</a></li>
89.     </ol>
90.   </nav>
91. </body>
92. </html>
```

这个文件做了什么？

- 这个文件与原来相比只有一处修改：将第 45 行代码注释掉，添加第 46 行，使用 a 标签添加了一个超链接，链接地址为 /accounts/logout（访问这个地址，即代表退出当前登录的账号）。在 Web 开发中，域名是可以省略的，URL 可以直接从基地址开始写。
- 这个 layout.html 文件与前面添加的 login.html 页面有许多内容是重复的，但不能将它们合为一个文件，因为 login.html 是登录前的页面布局，是没有侧边栏和顶部、底部导航的，而这些 layout.html 都有。
- 第 71 行通过 include 引入了另一个文件 left_menu.html，这是 art-template 的语法，相当于将 left_menu.html 文件的内容复制到此处。
- 第 77 行使用 block 定义了一个名为 content 的区块占位符，这也是 art-template 语法。在模板文件中，所有以两层花括号括住的地方都是 art-template 语法。区块是用于替换的，稍后在实现历史记录页面时会看到它的用法。关于 art-template 更详细的语法介绍可以查看 http://aui.github.io/art-template/zh-cn/docs/index.html。

所有代码都准备好了，接下来开始测试。在 VS Code 中，在 server/node 目录打开右键菜单，选择“在集成终端中打开”选项，如图 7-2 所示。

在集成终端中输入以下指令，启动 Node.js 项目：

```
npm run dev
```

在浏览器中访问 http://localhost:3000/ 便可以看到登录表单，如图 7-3 所示。

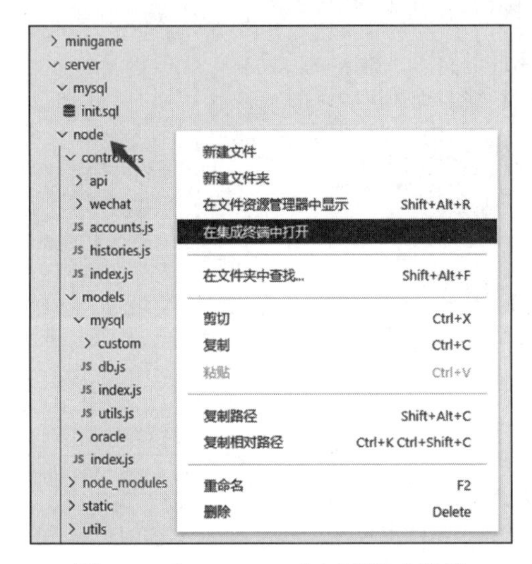

图 7-2 在 VS Code 中打开集成终端

图 7-3 登录表单

为了测试方便，账号已经默认填写好了。登录后即可进入后台主页，如图 7-4 所示。

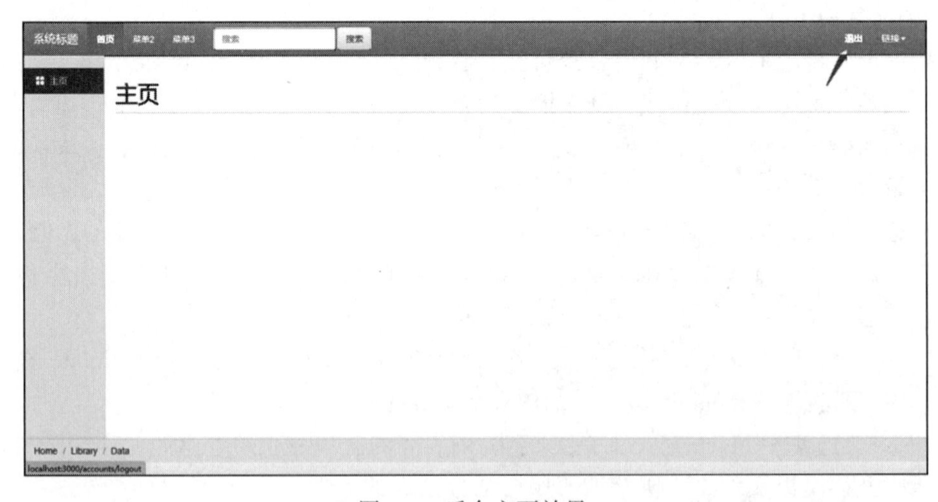

图 7-4 后台主页效果

单击右上角的“退出”按钮即可退出登录。退出后，无论再直接访问哪个页面都会强制跳转到登录页面，说明登录机制是正常的。

添加历史记录页面

登录是 Web 管理后台必备的功能之一，否则没有权限控制，谁都可以操作后台就乱套了。在实现了登录功能以后，接下来我们尝试添加一个新页面，在后台展示前面已经保存的历史记录。这个功能拓展也分为 5 步完成：添加控制器、添加模型、添加视图、添加过滤器方法和修改导航。

1. 添加控制器

在 controllers 目录下添加 histories.js 文件，内容如下：

```
1.  // JS: controllers\histories.js
2.  "use strict"
3.  import model from "../models/index.js"
4.
5.  export default {
6.    "GET ": async (ctx, next) => {
7.      const title = " 历史记录 "
8.        , db = await model.connect()
9.        , histories = await model.execute(db, "select * from history order by
             date_created desc limit 10")
10.     ctx.render("histories/index", { title, path: ctx.request.path, histories })
11.   }
12. }
```

这个文件做了什么？

它只有一个控制器方法，第 9 行从数据库中查出历史数据（histories），第 10 行将 histories 传递给页面。注意，同时传递的还有 path，它是当前页面的基地址，这个变量稍后在导航设置中会用到。

2. 添加模型

history 模型在第 14 课已经添加过了。

3. 添加视图

在 views 目录下，添加 histories\index.html 文件，其代码如代码清单 7-5 所示。

代码清单 7-5　添加历史视图页面

```
1.  <!-- HTML: views\histories\index.html -->
2.  {{extend "../layout.html"}}
3.  {{block "content"}}
4.  <table class="table table-hover">
5.    <tr>
6.      <td>#index</td>
```

```
7.      <td>system score</td>
8.      <td>user score</td>
9.      <td>datetime</td>
10.   </tr>
11.   {{each histories}}
12.   <tr>
13.     <td>{{$index}}</td>
14.     <td>{{$value.system_score}}</td>
15.     <td>{{$value.user_score}}</td>
16.     <td>{{$value.date_created | dateFormat "yyyy-MM-dd"}}</td>
17.   </tr>
18.   {{/each}}
19.</table>
20.{{/block}}
```

这个模块文件十分简洁，它做了什么？

- 第 2 行通过 extend 引入布局模板 layout.html，当前文件相当于用 layout.html 的外壳包裹了起来。
- 第 3～20 行使用 block 定义了区块占位符 content 的页面内容。我们在 layout.html 文件中定义的名为 content 的区块占位符便是在这里使用的。block 在布局文件中定义一个位置，方便页面向这个位置插入内容，这是 HTML 渲染引擎实现布局复用的常用手法。
- 第 11～18 行有一个 each 循环，用于循环从控制器方法中传递过来的 histories 数组。
- 第 13 行的 $index 是一个特殊的名称，它是 art-template 模板引擎的动态变量，代表当前循环中的索引，是从零开始计数的。
- 第 14～16 行的 $value 代表当前的循环项，是数组 histories 中的单个元素，可以从元素对象上访问 system_score、user_score、date_created 等字段。
- 第 16 行在 $value.date_created 后面有一条竖杠，竖杠后面还跟了一个 dateFormat，这是什么意思？竖杠相当于 Linux 指令集中的管道符号，它将前面脚本的输出用作后面脚本的输入。dateFormat 是一个自定义的过滤器方法，它后面的 "yyyy-MM-dd" 是它的参数。关于过滤器，稍后会详细介绍。

页面模板文件已经准备好了。在有布局文件（layout.html）的情况下，我们添加的模板文件只需要关注当前页面本身需要实现的 HTML 内容，其他的共用部分则不需要管。在这个视图文件（histories\index.html）中，主要使用 table 标签实现了一组历史数组的简单渲染。

4. 添加过滤器方法

为什么需要添加过滤器方法？

过滤器方法用于在显示数据前对其做一些预处理。因为每个页面的显示要求是不一样的，而数据是为所有权限用户的所有页面提供的，不宜直接修改数据，在这种情况下便需要添加过滤器方法。

另一个解决方法是在 HTML 页面中使用 JS 进行处理，但 JS 的执行效率并不能与服务器端的过滤器方法相比。虽然在服务器端，在 Node.js 项目中，过滤器方法也是用 JS 编写的。

上一步我们在视图文件中使用的 dateFormat 过滤器方法已经在 middlewares.js 文件中定义好了，如代码清单 7-6 所示。

代码清单 7-6　添加过滤器方法

```
1. // JS: middlewares.js
2. import render from "koa-art-template"
3. ...
4.
5. /** 设置一般中间件 */
6. export default function setMiddlewares(app) {
7.   ...
8.
9.   // 设置 HTML 模板引擎
10.  render(app, {
11.    root: path.join(__dirname, "./views"),
12.    ...
13.    imports: {
14.      // 注册的过滤器方法，在 HTML 模板中使用
15.      dateFormat: (dateStr, formatStr) => new Date(dateStr).format(formatStr)
16.    },
17.  })
18.
19.  ...
20. }
```

第 15 行是我们定义的 dateFormat 过滤器方法，它是在启用 koa-art-template 模块时就注册好的。如果愿意，我们可以在第 15 行下再添加新的过滤器方法。过滤器方法的第一个参数是通过管道符号“|”传递的，第二个及后面的参数需要我们手动传递。在定义过滤器方法时，像普通的工具方法那样定义即可。

第 15 行使用的 format 方法在默认的 Date 对象上是不存在的，这个方法是在 utils\format.js 文件中扩展的，在 main.js 文件的第一行便导入了。

5. 修改导航

打开 views\left_menu.html 文件，修改代码如下：

```
1. <!-- HTML: views\left_menu.html -->
2. <!-- 左边侧导航列表，在这里添加子菜单 -->
3. <li class="{{if path == '/'}}active{{/if}}">
4.   <a href="/">
5.     <span class="glyphicon glyphicon-th-large" aria-hidden="true"></span>
6.       主页
7.   </a>
8. </li>
```

```
9. <li class="{{if path == '/histories'}}active{{/if}}">
10.   <a href="/histories">
11.     <span class="glyphicon glyphicon-time" aria-hidden="true"></span>
12.      历史记录
13.   </a>
14. </li>
```

第3～8行是原来默认存在的旧代码，它在页面上实现的是“主页”菜单链接。第9～14行是我们复制、修改后的新菜单链接，主要修改了4个地方。

- 第9行中的if区块判断地址。这是art-template的if语法，具体用法可以查看http://aui.github.io/art-template/zh-cn/docs/syntax.html#%E6%9D%A1%E4%BB%B6。该if区块的意思是，如果当前页面是这个菜单路径，则应用active这个类样式，这是为了实现选中效果而设置的。
- 第10行是超链接地址。
- 第11行是图标。图标样式是由Bootstrap框架提供的，可以从页面https://getbootstrap.com/docs/3.3/components/#glyphicons-glyphs中选择心仪的图标替换。
- 第12行是菜单名称。

所有代码都写好了，接下来开始测试。如果你在实现上一节的登录功能时使用npm run dev指令启动过项目，则现在不需要做任何事情，在浏览器中直接访问后台地址就可以了。

dev指令中有热加载机制，在添加、修改代码后，项目会自动重新加载。这可以提升开发效率，是全栈开发工程师最喜欢的辅助功能之一。

新页面的运行效果如图7-5所示。

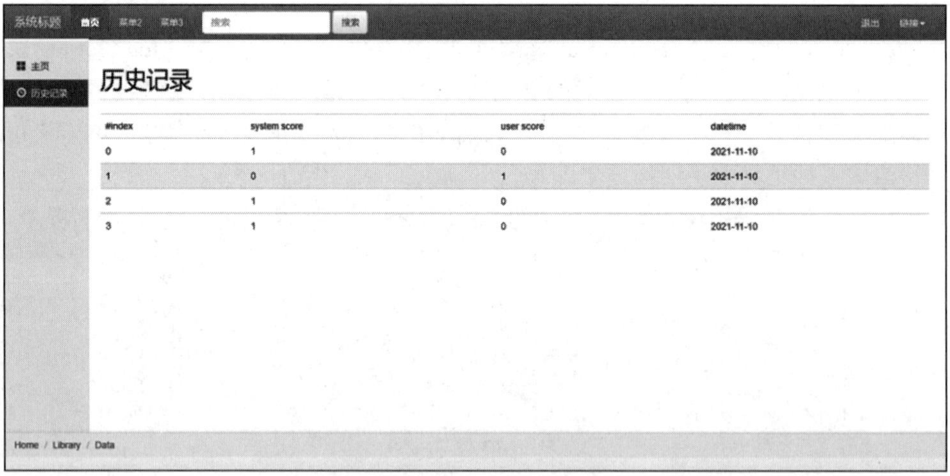

图7-5　历史记录页面

左侧“历史记录”菜单有选中效果。右侧表格渲染了历史数据，当鼠标滑上表格时，还有鼠标滑过效果，这是Bootstrap框架提供的功能。

至此，历史记录页面添加完成。

个人开发者使用小微商户实现支付

支付在产品中是非常重要的一环，个人开发者没有企业资质，不能使用企业微信支付，但可以申请并使用小微商户支付。小微商户支付渠道正当，有官方支持，用户体验与企业微信支付无异，并且钱款是直接自动打给个人银行账户的，是个人开发者在微信生态中使用支付能力的首选。

接下来分 9 步演示如何在目前的小游戏项目中使用小微商户支付。

1. 注册小微商户

小微商户支付是微信支付的第三方服务商向开发者提供的支付能力。企业在通过微信认证、开通企业微信支付后，向微信官方提出申请，通过审核便能成为微信商户。图 7-6 所示是微信支付、小微商户与微信商户之间的关系。

个人开发者可以注册小微商户账号，使用的微信支付能力是通过中间的微信商户间接得到的。

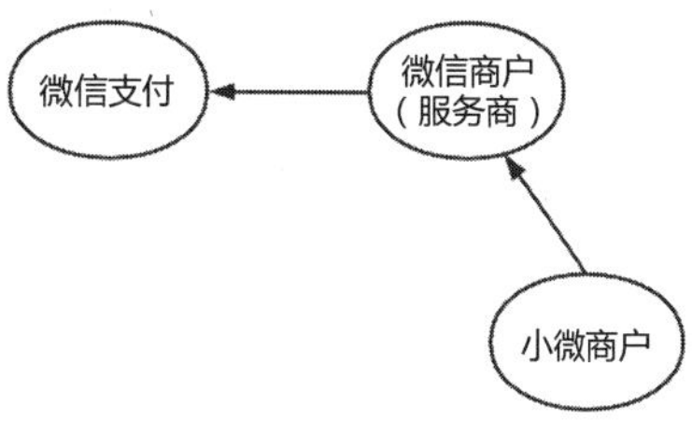

图 7-6　微信支付、小微商户与微信商户之间的关系

网上提供小微商户的服务商有许多，基本都是收费的，费用从 100 到 300 不等。笔者在试用几家以后，发现迅虎的价格实惠（笔者开通时价格是 98 元），并且开通便捷，服务稳定，优先推荐选择这一家。

打开迅虎支付首页 https://pay.xunhuweb.com/，单击“商户注册”按钮，按照页面提示填写个人身份证信息及个人银行卡信息并提交。接下来是管理员在线审核，再然后是渠道自动审核，渠道审核通过以后，你就可以扫码签约了。整个过程大约 15 分钟就可以完成。通过账号审核后，在后台的“支付通道”标签页添加“微信官方电商 H5 支付”通道。

注册开户费用是一次性的，账号可以永久使用，没有年审费用。服务商在提供支付服务时，会收费一定额度的手续费用，例如“微信官方电商 H5 支付”渠道的费率是 1%（不包括微信官方费率 0.38～0.6%），这是第三方服务商的利益。用户付的钱款可以直接结算到个人银行卡，服务商不作截留。在使用时，要求开发者遵纪守法，所有微信官方明令禁止的业务（例如 1 元购、高额返利、多级分销、P2P、金融等），开发者都不允许碰，否则小微商户账号可能会被禁停。

登录迅虎后台 https://admin.xunhuweb.com/，在“个人信息”→“账号设置”→“支付设置”页面可以设置自动提现，并查看 API 信息，包括商户 ID 和 API 密钥等信息，这些信息稍后在代码中会用到。

2. 安装模块

接下来我们需要在后端 Node.js 项目中实现支付接口，将会用到几个新的模块。使用如下指令安装：

```
npm i md5 axios request short-uuid -save
```

md5是加密模块，在拼接支付参数时会用到；axios是一个基于Promise的HTTP模块，用它发起AJAX请求，调用方便；request是Node.js的原生网络包，优点是支持控制更多细节；short-uuid是用于生成随机字符串的。

注意　读者若直接使用随书源码第7章\7.1\server\node目录下的示例，则由于模块已经安装好，无须重复安装。

3. 实现支付接口

在server/node目录下创建libs子目录，将随书源码同目录下的small_micro_pay.js文件复制至此处。small_micro_pay.js文件的内容如代码清单7-7所示。

代码清单7-7　小微支付模块

```
1. // JS: server\node\libs\small_micro_pay.js
2. import md5 from "md5"
3. import request from "request"
4.
5. // 小微商户的商户ID、API密钥
6. // 该消息在小微商户后台中查看
7. let WEPAY_MCHID = ""
8. let WEPAY_SECRET = ""
9.
10. /** 检查必需的系统变量 */
11. function checkSysVars() {
12.   if (!WEPAY_MCHID) {
13.     // 这两个是环境变量
14.     WEPAY_MCHID = process.env.WEPAY_MCHID
15.     WEPAY_SECRET = process.env.WEPAY_SECRET
16.   }
17. }
18.
19. /** 生成随机数 */
20. function getRandomNumber(minNum = 1000000000, maxNum = 99999999999999) {
21.   return parseInt(Math.random() * (maxNum - minNum + 1) + minNum, 10)
22. }
23.
24. /** 生成sign签名 */
25. function getSign(obj) {
26.   checkSysVars()
27.   if (!obj.mchid) obj.mchid = WEPAY_MCHID
28.
29.   const params = []
30.     , keys = Object.keys(obj).sort()
31.
32.   keys.forEach(e => obj[e] && params.push(`${e}=${obj[e]}`))
```

```
33.   params.push(`key=${WEPAY_SECRET}`)
34.
35.   return md5(params.join("&")).toUpperCase()
36. }
37.
38. /** 生成支付参数 */
39. function getOrderParams(trade) {
40.   let nonce_str = getRandomNumber() // 随机数
41.     , goods_detail = ""
42.     , attach = ""
43.     , paramsObject = {
44.       WEPAY_MCHID,
45.       total_fee: trade.total_fee,
46.       out_trade_no: trade.out_trade_no,
47.       body: trade.body,
48.       goods_detail,
49.       attach,
50.       notify_url: trade.notify_url,
51.       nonce_str
52.     }
53.   paramsObject.sign = getSign(paramsObject)
54.   return paramsObject
55. }
56.
57. /** 发起退款 */
58. async function refund(order_id) {
59.   const order = {
60.     WEPAY_MCHID,
61.     order_id,
62.     nonce_str: getRandomNumber(),
63.     refund_desc: "no",
64.     notify_url: "http://frp.yishulun.com/api/pay/notify",
65.   }
66.   order.sign = getSign(order)
67.   // 以 JSON 方式提交
68.   return new Promise((resolve, reject) => {
69.     request({
70.       url: "https://admin.xunhuweb.com/pay/refund",
71.       method: "POST",
72.       headers: {
73.         "Content-Type": "application/json; charset=utf-8"
74.       },
75.       body: JSON.stringify(order),
76.     }, function (err, res, body) {
77.       if (err) reject(err)
78.       else resolve(body)
79.     })
80.   })
81. }
82.
83. export default {
84.   getOrderParams,
```

```
85.   refund,
86.   getSign,
87.   getRandomNumber
88. }
```

这是一个专门为小微商户支付编写的模块。在第 7 行、第 8 行中，读者要填写自己的商户 ID 和 API 密钥，如果暂时申请不到，或只为临时学习测试，可以使用笔者的配置：

```
1. let WEPAY_MCHID = "9c97b8fce69e421ca3b6a4df72754ba2"
2. let WEPAY_SECRET = "ff28f46c445243aea7c5438febc7a3a9"
```

接下来我们开始实现后端的支付接口。在 server\node\controllers\api 目录下创建 pay_order.js 文件，这是一个控制器，具体如代码清单 7-8 所示。

代码清单 7-8　创建支付控制器

```
1. // JS: server\node\controllers\api\pay_order.js
2. "use strict"
3. import model from "../../models/index.js"
4. import wepay from "../../libs/small_micro_pay.js"
5. import short from "short-uuid"
6. import axios from "axios"
7.
8. export default {
9.   // 小微商户支付测试接口
10.   "POST /small_micro_pay": async (ctx, next) => {
11.     let { openid, total_fee } = ctx.request.body
12.     total_fee = parseInt(total_fee)
13.     let outTradeNo = `${new Date().getFullYear()}${short().new()}`
14.       , order_body = "小微商户支付测试"
15.       , trade = {
16.         out_trade_no: outTradeNo,     // 开发者支付订单 ID
17.         total_fee,                    // 以分为单位，货币的最小金额
18.         body: order_body,             // 最长 127 字节
19.         notify_url: `http://frp.yishulun.com/api/pay_order/small_micro_pay/
          pay_success_notify`,          // 支付成功的通知回调地址
20.         type: "wechat",
21.         goods_detail: "商品详情",
22.         attach: "",
23.         nonce_str: wepay.getRandomNumber()
24.       }
25.     trade.sign = wepay.getSign(trade)
26.     let payOrderRes = await axios.post("https://admin.xunhuweb.com/pay/
        payment", trade)
27.     const { code_url: qrcode_url } = payOrderRes.data
28.     const qrCodeimageUrl = `https://api.qrserver.com/v1/create-qr-code/?size=
        220x220&margin=20&data=${encodeURI(qrcode_url)}`
29.     ctx.status = 200
30.     ctx.body = { errMsg: "ok", data: qrCodeimageUrl }
31.   }
32. }
```

这里实现的是一个 POST /small_micro_pay 接口。

- 第 11 行将通过客户端获取两个参数，openid 和 total_fee，前者是用户的唯一标识，后者是准备让用户支付的总费用，单位为分。
- 第 13 行基于 short-uuid 模块生成一个支付订单号，该订单号必须是唯一的，稍后将发给微信商户。
- 第 15～24 行中的 trade 是一个字面量，几乎包括了所有支付参数。第 19 行中的 notify_url 是支付成功后的回调地址，是微信商户回调的网址，用于通知订单的支付结果。
- 第 25 行调用了 small_micro_pay 模块的 getSign 方法，这是 small_micro_pay.js 文件的主要用途。
- 第 26 行中的 AJAX 请求地址是写死的，来自迅虎网站的官方文档 https://pay.xunhuweb.com/document。

如果选用其他服务商，这里的接口地址需要修改，相应的调用方式和参数也需要参照官方的文档说明编写。

- 第 28 行取到的 qrcode_url 是一个微信二维码地址，这里使用了一个第三方 QR code API 的在线服务 https://goqr.me/api/ 将二维码地址转为了二维码图片。
- 第 30 行，客户端代码取到的是一个二维码图片的网址。

后端支付接口已经准备好了。

4. 在小游戏端调用支付接口

接下来打开前端小游戏项目，在 minigame/src/managers 目录下的 cloud_function_manager.js 文件内添加一个方法，如代码清单 7-9 所示。

代码清单 7-9　调用后端支付接口

```
1. // JS: managers\backend_api_manager.js
2. ...
3.
4. /** 后端接口管理者 */
5. class BackendApiManager {
6.   ...
7.   /** 请求购买 VIP 的支付二维码 */
8.   async getVipPayQrcode() {
9.     const openid = (await cloudFuncMgr.getOpenid())?.data
10.    if (!openid) return {
11.      errMsg: "未取到 openid"
12.    }
13.
14.    const data = { openid, total_fee: 99 }
15.      , url = `${API_BASE}/pay_order/small_micro_pay`
16.      , res = await promisify(wx.request)({
17.      url,
18.      method: "POST",
```

```
19.       data
20.     })
21.
22.     if (res.errMsg === "request:ok") {
23.       return res.data
24.     } else {
25.       return {
26.         errMsg: res.errMsg
27.       }
28.     }
29.   }
30. }
31.
32. export default new BackendApiManager()
```

BackendApiManager 是调用后端接口的模块，新的调用后端接口的方法理应添加在该文件内。第 8～29 行的 getVipPayQrcode 是新增的方法。该方法让用户支付 99 分钱购买产品的 VIP 会员资格。

打开 src\views 目录下的 game_top_layer.js 文件，在 init 方法内添加一个“购买 VIP”的按钮，如代码清单 7-10 所示。

代码清单 7-10　创建“购买 VIP”按钮

```
1. // JS: src\views\game_top_layer.js
2. ...
3. import backApiMgr from "../managers/backend_api_manager.js"
4.
5. class GameTopLayer extends Box {
6.   init(options) {
7.     if (!!this.initialized) return; this.initialized = true
8.     ...
9.
10.     //使用小微商户支付
11.     const payBtn = new SimpleTextButton()
12.     payBtn.init({
13.       label: "购买VIP"
14.       , x: GameGlobal.CANVAS_WIDTH - 80
15.       , y: 290
16.       , onTap: async () => {
17.         let res = await backApiMgr.getVipPayQrcode()
18.         if (res && res.errMsg === "ok") {
19.           const qrcodeUrl = res.data
20.           res = await wx.showModal({
21.             content: "将待支付二维码保存至本地，使用微信扫描；或使用另一部手机直接扫码支付。",
22.           })
23.           if (res && res.confirm) {
24.             wx.previewImage({
25.               urls: [qrcodeUrl],
```

```
26.               })
27.             }
28.           }
29.         }
30.     })
31.     this.addElement(payBtn)
32.   }
33. }
34.
35. export default new GameTopLayer()
```

该文件做了什么？

- 第 3 行引入了后台接口管理者模块。
- 第 11～31 行初始化一个自定义按钮，并且在该按钮被单击时调用 getVipPayQrcode 方法，从后端获取到一个二维码支付的图片地址。
- 第 24 行使用微信接口 wx.previewImage 预览图片。现在微信图片预览策略有所调整，图片可以保存、转发，但是不能直接作为二维码图片长按识别，所以第 20 行在预览图片之前有一个模态弹窗提示。如果不使用弹窗提示，也可以将提示文字与二维码图片合成一张图片，合成后再调用 wx.previewImage 接口预览。

启动后端 Node.js 项目，在 PC 微信客户端中预览项目，按钮效果如图 7-7 所示。

模态弹窗效果如图 7-8 所示。

图 7-7 “购买 VIP”按钮效果

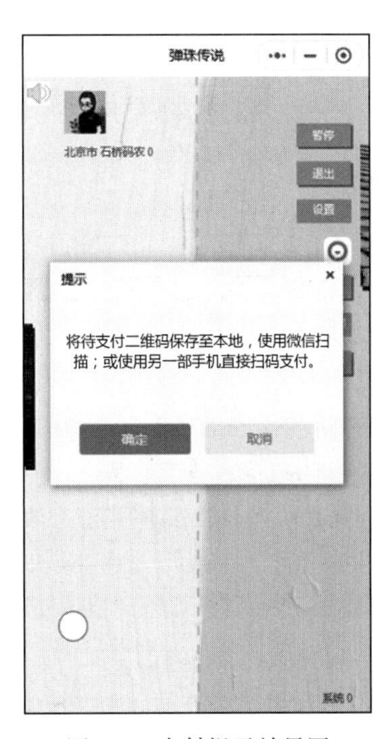

图 7-8 支付提示效果图

单击“确定”按钮后将看到一个二维码，可以直接用另一部手机扫码支付，或保存到本地，使用微信扫一扫支付。

5. 创建数据表与数据模型

支付虽然成功了，但是还没有达到我们的最终需求。每个用户只需要购买一次 VIP 会员，无须重复购买。为了实现这个目的，我们需要在数据库中建一张表，将用户的支付信息存下来。

打开 MySQL Workbench 管理工具，执行如下 SQL 脚本语句：

```
1. -- SQL: server\mysql\init.sql
2. ...
3.
4. --创建支付订单表
5. CREATE TABLE `pay_order` (
6.   `id` bigint NOT NULL AUTO_INCREMENT,
7.   `openid` varchar(32) COLLATE utf8mb4_general_ci NOT NULL,
8.   `total_fee` int DEFAULT NULL,
9.   `order_body` varchar(128) COLLATE utf8mb4_general_ci DEFAULT NULL,
10.  `out_trade_no` varchar(45) COLLATE utf8mb4_general_ci DEFAULT NULL,
11.  `order_id` varchar(45) COLLATE utf8mb4_general_ci DEFAULT NULL,
12.  `nonce_str` varchar(45) COLLATE utf8mb4_general_ci DEFAULT NULL,
13.  `qrcode_url` varchar(2083) COLLATE utf8mb4_general_ci DEFAULT NULL,
14.  `state` tinyint DEFAULT '0',
15.  PRIMARY KEY (`id`)
16.) ENGINE=InnoDB DEFAULT CHARSET=utf8mb4 COLLATE=utf8mb4_general_ci;
```

在这段代码中：

- 第 7 行的 openid 是微信用户的唯一标识，由微信提供。
- 第 8 行的 total_fee 是总费用，单位为分。
- 第 9 行的 order_body 是商品描述，将出现在微信支付页面中的商品标题处。
- 第 10 行的 out_trade_no 是由开发者定义的支付订单 ID。
- 第 11 行的 order_id 是由微信商户返回的支付订单 ID。
- 第 12 行的 nonce_str 是随机字符串，主要用于辅助数据查询，在业务上无实际意义。
- 第 13 行的 qrcode_url 是二维码地址，是微信扫一扫扫到的真实内容。
- 第 14 行的 state 是订单状态，默认为 0，代表未支付；收到微信商户关于支付成功的回调后，我们需要将此值修改为 1，代表已支付。

数据表创建完了，接下来在 Node.js 项目中创建数据模型（Model）。在 server\node\models\mysql\custom 目录下创建 pay_order.js 文件，内容如下：

```
1. // JS: server\node\models\mysql\custom\pay_order.js
2. "use strict"
3. import { unconnected as db } from "../db.js"
4. export default db.model({ table: "pay_order" })
```

数据表和数据模型已经准备好了。

6. 修改支付接口，写库

接下来我们开始修改后端支付接口，如代码清单 7-11 所示。

代码清单 7-11 在支付接口中写库

```
1.  // JS: server\node\controllers\api\pay_order.js
2.  ...
3.
4.  export default {
5.    // 小微商户支付测试接口
6.    "POST /small_micro_pay": async (ctx, next) => {
7.      ...
8.      let payOrderRes = await axios.post("https://admin.xunhuweb.com/pay/
          payment", trade)
9.      // 写库
10.     const { out_trade_no, order_id, nonce_str, code_url: qrcode_url } =
          payOrderRes.data
11.       , activity = model.pay_order({ openid, total_fee, order_body, out_
            trade_no, order_id, nonce_str, qrcode_url })
12.     await activity.save() // 即使成功返回，结果也是 undefined
13.     if (activity.identity() > 0) {
14.       const qrCodeimageUrl = `https://api.qrserver.com/v1/create-qr-code/?siz
            e=220x220&margin=20&data=${encodeURI(qrcode_url)}`
15.       ctx.status = 200
16.       ctx.body = { errMsg: "ok", data: qrCodeimageUrl }
17.     } else {
18.       ctx.status = 200
19.       ctx.body = { errMsg: " 生成支付订单未成功 " }
20.     }
21.     // const { code_url: qrcode_url } = payOrderRes.data
22.     // const qrCodeimageUrl = `https://api.qrserver.com/v1/create-qr-code/?s
            ize=220x220&margin=20&data=${encodeURI(qrcode_url)}`
23.     // ctx.status = 200
24.     // ctx.body = { errMsg: "ok", data: qrCodeimageUrl }
25.   },
26.
27.   // 小微商户支付的成功回调地址
28.   "POST /small_micro_pay/pay_success_notify": async (ctx, next) => {
29.     let r = "fail"
30.     const { out_trade_no, return_code } = ctx.request.body
31.     if (return_code === "SUCCESS") {
32.       // 用户支付成功，服务商通过更新订单状态
33.       const db = await model.connect()
34.         , res = await model.execute(db, "update pay_order set state = 1 where
              out_trade_no=@out_trade_no limit 1", { out_trade_no })
35.       if (res.affectedRows > 0) {
36.         console.log(` 小微商户订单 ${out_trade_no} 已支付成功 `)
37.         r = "success"
```

```
38.       }
39.     }
40.
41.     ctx.status = 200
42.     ctx.body = r
43.   }
44. }
```

在该文件中：

- 第 21～24 行是旧代码，第 10～20 行是替换的新代码。
- 第 10 行从服务器端接口返回的数据中取出我们需要的信息，第 11 行构建 pay_order 实体。
- 第 12 行写库。如果写库成功，activity.identity() 会大于 0。
- 第 14～16 行，在写库成功后，再将二维码图片返回给小游戏端。
- 第 28～43 行是新增的回调地址，第三方服务商在接收到微信发送的支付结果以后，会将支付结果主动提交到这个地址。
- 第 30 行从回调数据中取出 out_trade_no 和 return_code，前者是我们生成的支付订单 ID，后者是支付状态。return_code 为 SUCCESS 代表用户支付成功。
- 第 34 行使用 out_trade_no 作为查询条件，更新用户的支付订单，将 state 设置为 1。

第 10 行在调用服务商的 /pay/payment 接口时，获取到的 payOrderRes.data 的数据结构如下：

```
1. {
2.   "mchid": "xxx",
3.   "return_code": "SUCCESS",
4.   "nonce_str": "P4Iq9oms6a5BZM6UjREQlgNaSalbGTgI",
5.   "sign": "8C1902F63F263BB41D2FB3AD6A38AC93",
6.   "order_id": "d7202b72e10d4601a0e5a5ffc010ab62",
7.   "out_trade_no": "2021aFFKHadfpVQhRLeRztrUVF",
8.   "total_fee": 99,
9.   "code_url": "weixin://wxpay/bizpayurl?pr=dhUg6rMzz"
10. }
```

这里的关键是字段名称不能写错，我们可以照这个示例编写代码。

现在写库操作、回调接口都已经准备好了。

7. 实现支付订单查询接口

接下来，为了能在前端小游戏中查询当前用户是否已经购买过 VIP 会员，我们还需要在后端编写一个查询接口。仍然修改 pay_order.js 文件，代码如下：

```
1. // JS: server\node\controllers\api\pay_order.js
2. ...
3. export default {
4.   ...
```

```
5.    // 查询是否已有成功支付的订单
6.    "GET /small_micro_pay/:openid": async (ctx, next) => {
7.      const { openid } = ctx.params
8.      const db = await model.connect()
9.        , res = await model.execute(db, "select * from pay_order where state=1
            && openid=@openid limit 1", { openid })
10.     if (res.length > 0) {
11.       ctx.status = 200
12.       ctx.body = { errMsg: "ok", data: true }
13.     } else {
14.       ctx.status = 200
15.       ctx.body = { errMsg: "ok", data: false }
16.     }
17.   }
18. }
```

第6～17行的GET /small_micro_pay/:openid是新增的GET查询接口，因为上一节在写库时，我们将用户的openid信息写入了支付订单记录内，所以在这里可以通过openid查询用户是否已经成功支付过。

8. 启动frp

给第三方服务商使用的回调地址在内网是不能访问的，因此我们需要启动frp工具，具体启动方法见第16课。启动后，在浏览器中访问http://frp.yishulun.com/api/进行验证，如果能访问，证明服务没问题。

9. 在前端小游戏中实现支付查询

万事俱备，只欠东风，最后是前端小游戏中的消费代码编写。打开minigame/src/managers/backend_api_manager.js文件，添加hasPayForVip查询方法，如代码清单7-12所示。

代码清单7-12 调用已购买查询接口

```
1. // JS: managers\backend_api_manager.js
2. ...
3.
4. /** 后端接口管理者 */
5. class BackendApiManager {
6.   ...
7.
8.   // 查询是否为VIP会员，已经购买过
9.   async hasPayForVip() {
10.    const openid = (await cloudFuncMgr.getOpenid())?.data
11.    if (!openid) return {
12.      errMsg: "未取到openid"
13.    }
14.
15.    const url = `${API_BASE}/pay_order/small_micro_pay/${openid}`
```

```
16.       , res = await promisify(wx.request)({
17.       url,
18.       method: "GET"
19.     })
20.
21.     if (res.errMsg === "request:ok") {
22.       return res.data
23.     } else {
24.       return {
25.         errMsg: res.errMsg,
26.         data: false
27.       }
28.     }
29.   }
30. }
31.
32. export default new BackendApiManager()
```

第9～29行的hasPayForVip是新增的查询方法。

最后，改造minigame/src/views/game_top_layer.js文件，如代码清单7-13所示。

代码清单 7-13　修改游戏顶级 UI 层

```
1. // JS: src\views\game_top_layer.js
2. ...
3.
4. /** 游戏顶级 UI 层 */
5. class GameTopLayer extends Box {
6.   init(options) {
7.     ...
8.
9.     //使用小微商户支付
10.     const payBtn = new SimpleTextButton()
11.     payBtn.init({
12.       ...
13.       , onTap: async () => {
14.         let checkRes = await backApiMgr.hasPayForVip()
15.         if (checkRes && checkRes.data) {
16.           wx.showModal({
17.             content: "已经购买过了。"
18.           })
19.           return
20.         }
21.         let res = await backApiMgr.getVipPayQrcode()
22.         ...
23.       }
24.     })
25.     this.addElement(payBtn)
26.   }
27. }
28.
29. export default new GameTopLayer()
```

第 14～21 行是新增的代码。如果查询到接口返回 true，则给用户一个提示。这里的逻辑处理相对粗糙，在有了数据以后，我们其实可以在产品体验上做更多人性化的设计，例如给 VIP 用户免广告，以及在小游戏启动的时候就调用 backApiMgr.hasPayForVip 方法查询当前用户是不是 VIP，只对没有购买过 VIP 服务的用户显示“购买 VIP”按钮等。

最后查看运行效果，确认 frp 和 Node.js 同时都在运行。第一次购买后，再次单击按钮，将看到图 7-9 所示的提示。

至此，关于小微商户的使用已经介绍完了。通过小微商户，个人开发者也能使用微信支付能力，这为独立开发者打造多样的产品功能提供了更多可能性。

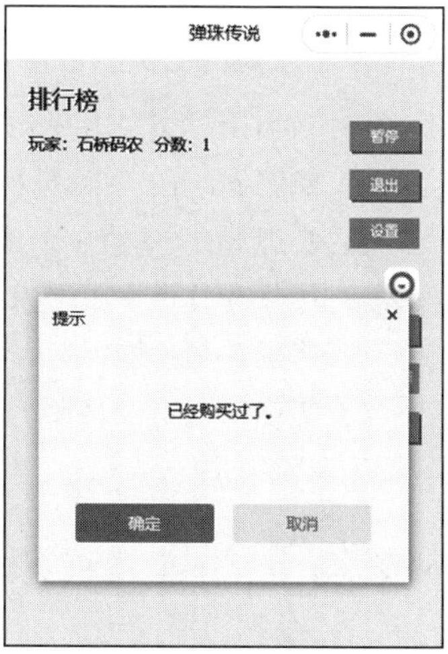

图 7-9　已购买提示

本课小结

本课源码见 disc/ 第 7 章 /7.1。

最后总结一下，这节课我们主要完成了登录功能，并添加了一个历史记录页面，理解了在 Web 管理后台中登录权限是如何控制的，导航是如何设置的。

我们使用了一个基于 koa2+sworm 实现的 Node.js 项目模板，现在这个模板如何使用，相信读者朋友已经清楚了吧。下面我们一起总结一下以下三个问题。

第一个问题，如何保存数据？

仿照 views/accounts/login.html 视图文件创建自己的视图文件，实现表单；接着在 controllers 目录下创建控制器及控制器方法，接收表单提交的数据；最后通过模型的 execute 方法或模型实例的 save 方法，即可将数据保存至数据库中。

具体数据库的操作方法可以参考 controllers\api\histories.js 文件。

第二个问题，如何展示数据？

仿照 views/histories/index.html 创建自己的视图文件，接着在 controllers 目录下创建控制器代码，查询数据并渲染页面。如果数据在渲染前需要特别处理，可以编写过滤器方法，参见 middlewares.js 文件中的 dateFormat 方法。

第三个问题，如何分角色访问后台？

在 account 模型中，有一个 role 字段用于区分权限。在控制器代码中，涉及分角色权限的功能时，先从 ctx.session.user 取出当前登录的用户，拿到 role 信息，然后再根据实现情况决定页面上数据渲染和数据保存的逻辑。

关于 Node.js 就练习到这里，下节课我们一起看一下，如何使用 Go 语言实现 Node.js 项目实现的这些功能。**Go 语言被称为互联网时代的 C 语言，语法简单，功能强大，部署简单，是全栈工程师最喜欢的高级编程语言之一，我们没有理由忽视它。**

第 18 课 使用 Go 语言实现后端程序

上节课我们主要完成了登录功能，并添加了一个历史记录页面，这节课我们一起看一下如何使用 Go 语言将用 Node.js 实现的功能再实现一遍。本课主要包括五部分内容：

- 使用 go_iris 项目模板；
- 实现 history 的 3 个接口；
- 接收和处理客服消息；
- 实现登录功能；
- 实现历史记录页面。

先看第一部分。

使用 go_iris 项目模板

Node.js 实现的功能，使用 Go 语言同样可以实现，并且效率更高，部署更方便。为了方便读者上手，笔者准备了一个使用 Go 语言开发的 Web 项目模板，位于本书源代码 project_template\go_iris 目录下。接下来我们分 5 步启动这个模板项目：下载 Go 语言安装包、安装 Node.js、复制项目模板、下载模块和启动项目。

1. 下载 Go 语言安装包

从官方网站（https://golang.org/dl/）或国内社区（https://studygolang.com/dl）下载 Go 语言安装包。Go 语言安装包是跨平台的，下载后按提示直接安装即可。

2. 安装 Node.js

后面在启动项目时会用到 npm 指令，所以也需要安装 Node.js。从官方网站 https://nodejs.org/en/download/ 下载稳定版本并按提示安装即可。笔者使用的版本是 v10.22.0，优先推荐安装这个版本，该版本也能在课程源代码 software 目录下找到。

如果前面运行过 Node.js 项目，相信 Node.js 环境应该已经准备好，就不需要重复安装了。更多关于 Node.js 安装与配置的内容，可以查看《微信小游戏开发：前端篇》第 1 课。

3. 复制项目模板

项目模板（go_iris）位于本书源码 project_template/go_iris 目录，将此目录复制至 server\go，本课所有新功能代码都将在这个目录下编写。

go_iris 是一个基于 iris[1]和 xorm[2]实现的 Go 语言 Web 项目，它与第 14 课介绍的 node_koa2 项目模板有着相似的架构理念和目录结构，在扩展新功能时使用的方式也是类似的，这些特点稍后就能看到。

---

[1] https://github.com/kataras/iris/releases

[2] https://gitea.com/xorm/xorm

iris 框架是一个简单、执行高效的 Web 开发框架，与 node_koa2 中使用的 koa2 类似；xorm 是一个简单而强大的 ORM（Object Relational Mapping）类库，它与 sworm 类似，不同点在于 sworm 不能反向由模型向数据库同步，而 xorm 可以，这一点稍后在定义 History 模型时我们也可以看到。

4. 下载模块

执行如下指令：

```
1. cd 第 7 章\7.2\server\go
2. go mod download
```

这一步是下载 Go 语言项目依赖的模块。与 Node.js 不同，Go 语言下载的模块并不会放在项目根目录下，而是放在本机的 $GOPATH/pkg/mod 目录下。这些模块是按照模块名 + 版本号放置的，可以为本机的所有项目共享，在一个项目中下载的模块，在另外一个项目中，只要模块名称 + 版本号一致，就不需要重复下载了。

mod 指令是 Go 语言中专门用于进行模块管理的指令。在项目根目录下有一个 go.mod 文件，内容如下：

```
1. module local
2.
3. go 1.16
4.
5. require (
6.   github.com/0xAX/notificator v0.0.0-20210731104411-c42e3d4a43ee // indirect
7.   github.com/codegangsta/envy v0.0.0-20141216192214-4b78388c8ce4 // indirect
8.   github.com/codegangsta/gin v0.0.0-20171026143024-cafe2ce98974 // indirect
9.   github.com/rixingyike/wechat v1.2.2 // indirect
10.  github.com/go-sql-driver/mysql v1.6.0 // indirect
11.  github.com/iris-contrib/middleware/cors v0.0.0-20210110101738-6d0a4d799b5d // indirect
12.  github.com/kataras/iris/v12 v12.2.0-alpha4 // indirect
13.  github.com/mattn/go-shellwords v1.0.12 // indirect
14.  gopkg.in/urfave/cli.v1 v1.20.0 // indirect
15.  xorm.io/xorm v1.2.5 // indirect
16.)
```

第 1 行的 module 指定了模块名称是 local，这个名称在 controllers\api\histories.go 文件中引入本地模块包时用到了。第 6～15 行是项目需要的模块列表。

go.mod 是一个文本文件，可以直接编辑，也可以通过以下指令创建：

```
go mod init local
```

5. 启动项目

模块下载完成后，使用如下指令启动项目：

```
npm run dev
```

这个启动脚本与 Node.js 是相同的，使用相同的启动脚本，便于记忆。

启动端口也是3000。如果一切顺利的话，此时在浏览器中打开 http://localhost:3000/ 就可以看到默认模板的运行效果了。

实现 history 的 3 个接口

项目模板准备好了，接下来在模板代码的基础上先扩展一个较为容易的功能，编写 history 的如下 3 个接口。

- GET /api/histories：查询历史游戏记录。
- POST /api/histories：添加新的游戏对局记录。
- DELETE /api/histories/{id}：依据 history_id 删除一条历史记录。

这 3 个接口的地址、参数、功能与 Node.js 项目中的是一样的。在 controllers 目录下，创建 api\histories.go 文件，具体如代码清单 7-14 所示。

代码清单 7-14　创建 Go 语言的历史模型控制器

```
1. // Go: controllers\api\histories.go
2. package api
3.
4. import (
5.   "fmt"
6.   "local/models"
7.   "github.com/kataras/iris/v12"
8.   "xorm.io/xorm"
9. )
10.
11. // 基地址：/api/histories
12. type HistoryController struct {
13.   Ctx iris.Context // HTTP 请求上下文对象，由 iris 自动绑定
14.   Db  *xorm.Engine
15. }
16.
17. // GET: /api/histories
18. func (c *HistoryController) Get() models.Result {
19.   openid := c.Ctx.URLParam("openid")
20.   list := make([]models.History, 0)
21.   c.Db.Where("openid = ?", openid).Limit(10, 0).Find(&list)
22.   return models.Result{Data: list, ErrMsg: "ok"}
23. }
24.
25. // POST: /api/histories
26. func (c *HistoryController) Post() models.Result {
27.   var res = models.Result{}
28.   activity := new(models.History)
29.
30.   if err := c.Ctx.ReadJSON(&activity); err != nil {
31.     res.ErrMsg = "参数错误"
32.     return res
```

```
33.   }
34.
35.   if affected, err := c.Db.InsertOne(activity); err != nil {
36.     fmt.Printf("%v\n", err)
37.     res.ErrMsg = err.Error()
38.     return res
39.   } else if affected > 0 {
40.     fmt.Printf("affected:%v\n", affected)
41.     res.ErrMsg = "ok"
42.     res.Data = activity.Id
43.   }
44.
45.   return res
46. }
47.
48. // DELETE: /api/histories/:id
49. func (c *HistoryController) DeleteBy(id int64) models.Result {
50.   openid := c.Ctx.URLParam("openid")
51.   res := models.Result{}
52.   if affected, _ := c.Db.ID(id).Where("openid = ?", openid).Delete(new(models.
        History)); affected > 0 {
53.     res.ErrMsg = "ok"
54.     res.Data = affected
55.   }
56.
57.   return res
58. }
```

这个文件的名字以 .go 结尾，是一个 Go 语言源码文件。看一看它做了什么。

- 第 2 行的 package 定义包名。与别的高级语言不同（Java 与 .NET 的命名空间像多级域名一样），Go 语言的包名以简短为上。Go 语言处处透露着简洁，在其他高级语言中让开发者感到麻烦的特征，Go 语言都将其弱化或去掉了，这是 Go 语言作为后起之秀的优势。
- 第 4～9 行引入模块，使用一个 import 关键字一次引入多个模块。与 Node.js 不同的是，Go 语言中第三方的模块名称是 URL 型，比如第 7 行、第 8 行，模块名称本身就是模块仓库的地址，这种名称区别性更强。
- 第 5 行的 fmt 是官方模块，名称是短名称。Go 语言团队开发了许多官方模块，这些模块已经可以满足大部分场景下的开发需求。
- 第 6 行的 local 有特殊的含义，它是本地项目模块的名称。在项目根目录下，在 go.mod 文件中定义了这个名称。
- 第 12～15 行定义了一个结构体（struct），名称为 HistoryController。Go 语言没有类（class）的概念，在 Go 语言中，结构体就相当于类。HistoryController 代表历史记录控制器对象，稍后我们要在这个结构体上定义方法。

- 第 13 行的 Ctx 是结构体 HistoryController 的一个成员，这个成员不能用别的名字，只有用这个名字时，iris 框架才会自动将当前 HTTP 请求的上下文环境对象绑定到这里。Go 语言是一门强类型语言，每个变量或结构体成员都必须有一个类型，iris.Context（iris 框架的网络请求上下文环境对象）是 Ctx 的类型，相当于 node_koa2 中的 ctx。
- 第 18～56 行在结构体（HistoryController）上定义了 3 个方法，分别实现了 3 个接口。第 18 行的第一个方法的名称是 Get，为什么这个方法可以实现接口 GET /api/histories 呢？因为请求方法 GET 是通过方法名称中的 Get 设置的，而这又是由 iris 框架实现的。接口的基地址（/api/histories）稍后需要在 init.go 文件中设置。
- 第 19 行从 URL 的 QueryString 中取出了 openid。组合符号 " :=" 代表声明变量并赋值，声明的变量是组合符号前面的 openid，赋值的是从 c.Ctx.URLParam 中取得的参数。这一行代码相当于

```
var openid = c.Ctx.URLParam("openid")
```

　　前面说过，每个 Go 语言变量都必须有类型，但这里 openid 后面为什么没有类型？这是 Go 语言的类型推断特性，类型是从后面的内容中推断出来的，虽然不用开发者自己写，但实际上已经存在。openid 的类型是 string。
- 第 20 行通过内建函数 make 创建一个长度可变的切片 list。切片是 Go 语言中的一个集合概念，可以将切片理解为 JS 中的数组（Array），那么 Go 语言没有数组对象吗？不是，Go 语言有数组，但 Go 语言数组的长度是不可变的，在开发中常用的类型是切片。在概念上，**可以将切片理解数组的"表象"，切片的本质是数组**，只是数组不能改变，切片在使用时更方便。
- 第 21 行实现了查询。调用 c.Db 对象的 Where 方法构建查询条件；Limit 用于设置查询限额和偏移量；最后使用 Find 方法查询，将结果写入切片对象 list 中。& 符号用于取内存地址，&list 将普通的切片类型转换为指针类型，Find 方法需要的参数是一个集合对象的指针。
- 第 22 行返回结果。models.Result 是一个自定义的结构体，它只有两个成员：

```
type Result struct {
  ErrMsg    string   `json:"errMsg"`      // 返回的提示消息
  Data   interface{} `json:"data"`        // HTTP 响应数据
}
```

　　Go 语言使用大小写表示成员是否公开，只有第一个字母大写的成员（结构体上的方法也是）才可以在外部访问，所以这里的 ErrMsg 和 Data 的首字母都是大写。但是在小游戏端，在我们需要的 JSON 数据中，字段又要求是小驼峰命名，怎么办？可以使用结构体标签。类型 string 后面的 json:"errMsg" 便是结构体标签，结构体标签可以让结构体示例在序列化和反序列化的时候指定数据对象中的字段名称。

在 Result 中，ErrMsg 在序列化后便变成了 errMsg，成员 Data 同理。Data 的类型是 interface{}，这是一个空的 interface 类型，interface 在 Go 语言中是接口，不指向任何具体的类型，但却被任何具体类型实现。**Go 语言中的 interface{} 在类型上涵盖一切，它相当于 JS 语言中的 Object**。Get 方法返回一个 models.Result 实例，由 iris 框架负责将其序列化为 JSON 字符串，作为接口内容返回。

- 第 26～45 行的 Post 方法实现了 POST：/api/histories 接口。
- 第 27 行在结构体类型 models.Result 后面加上一对花括号 {}，代表实例化，返回一个结构体实例；第 28 行通过给内建函数 new 传递一个结构体类型（models.History），创建并返回该结构体实例的内存地址是一个指针类型。这两行都是在创建结构体实例，不同的是，第 27 行的 res 是值类型，第 28 行的 activity 是指针类型。第 21 行向 Find 方法传递切片实例时，必须用 & 将值类型转为指针类型再传递进去，这样才可以在 Find 内部正常修改 list。
- 第 30 行的 c.Ctx.ReadJSON 方法用于解析请求体，将数据反序列化进 activity。这行代码的作用相当于 Node.js 中的 koa-body 模块。Go 语言中的 if 语句不使用小括号，Go 语言认为 if 与左花括号“{”之间的内容便是条件内容，不需要使用小括号显式分隔。在 if 语句的条件中，可以使用分号“;”将两句代码隔开，前一句取到 err，后一句判断 err 是否为空，这是 Go 语言代码中的常见写法。
- 第 36 行的 fmt.Printf 是格式打印方法，在开发中使用颇多。fmt 是官方模块，是 format 的缩写，实现的是常用的格式化 I/O 功能。
- 第 37 行的 err.Error 方法返回错误字符串。
- 第 49～58 行的方法 DeleteBy 实现了第 3 个接口 DELETE：/api/histories/:id。名称中的“Delete”说明请求方法是 DELETE，“By”代表它有参数。id 是从路径中来的，是由 iris 框架负责解析的，在方法内可以直接使用。
- 第 52 行的 Delete 方法需要的是一个指针类型，所以传递进去一个 new(models.History)，它由内建函数 new 创建。History 这个模型现在还不存在，稍后我们会创建它。

这个文件解释完了。得益于 Go 语言语法的简洁性，这个文件中虽然有许多新内容，但并不难理解。

接下来修改 init.go 文件。启用刚刚创建的控制器，代码如下：

```
1. // Go: controllers\api\init.go
2. package api
3.
4. import (
5.   "github.com/kataras/iris/v12"
6.   "github.com/kataras/iris/v12/mvc"
7.   "xorm.io/xorm"
8. )
```

```
9.
10. //路由基地址：/api
11. func Init(router iris.Party, db *xorm.Engine) {
12.   mvc.New(router.Party("/histories")).Handle(&HistoryController{Db: db})
13. }
```

这个文件做了什么?

- 第 2 行，这个文件中的包名 api 与 histories.go 文件中的包名是一样的，都是 api，在同一个包内，使用不同文件中的类型是不需要先引入的。
- 第 12 行的 mvc 是 iris 框架提供的模块，router.Party("/histories") 用于将控制器的基地址设置为 /histories，有了这个设置，在 HistoryController 内 3 个方法都不需要设置 URL 地址了。Handle 方法是 iris 提供的，用于指定一个控制器实例，绑定在 /histories 这个基地址上。
- HistoryController 在实例化时传入了一个 db 实例，为成员 Db 赋值。HistoryController 有两个结构体成员：Db 需要我们在实例化时传入，它是一个指针类型；另一个成员 Ctx 是 iris 框架负责自动绑定的。
- 第 11～13 行的 Init 方法是在 routers/init.go 文件中调用中。

最后添加模块 History。在 models 目录下创建 history.go 文件，代码内容如下：

```
1.  // Go: models\history.go
2.  package models
3.
4.  import "time"
5.
6.  type History struct {
7.    Id int64 `xorm:"bigint pk autoincr 'id'" json:"id"`
8.    Openid string `xorm:"VARCHAR(32) index('openid_index')" json:"openid"`
9.    DateCreated time.Time `xorm:"DATETIME created default CURRENT_TIMESTAMP
        'date_created'" json:"date_created" description:" 创建时间 "`
10.   SystemScore int `xorm:"TINYINT" json:"system_score"`
11.   UserScore int `xorm:"TINYINT" json:"user_score"`
12. }
```

这个文件只定义了一个结构体 History。

- int64、string、time.Time、int 都是 Go 语言的基本数据类型。这个文件的重点在于结构体标签，在结构体标签中，不仅可以指定 JSON 序列化、反序列化时用到的字段，还可以指定数据库进行 ORM 同步时的字段映射。
- 第 7 行，在结构体标签内，xorm 指定的内容是由 xorm 模块负责读取的，bigint 是数据库类型，pk（primary key 的缩写）代表主键，autoincr 代表字段自增，id 是数据库中的字段名称。
- 第 8 行的 VARCHAR(32) 是 32 位的 VARCHAR 类型，index('openid_index') 代表创建名称为 openid_index 的普通索引。

- 第 9 行的 created 代表在创建记录时自动使用当前时间更新这个字段，这个字段是由 xorm 模块定义的，default CURRENT_TIMESTAMP 指定默认值为当前时间戳。
- 第 10 行、第 11 行中两个字段的数据库类型均指定为 TINYINT。更多关于 xorm 中结构体标签定义的内容可以参见 https://books.studygolang.com/xorm/。

模型 History 创建完了。

xorm 作为一个可以写数据库的 ORM 类库，在结构体字段定义好以后，是可以依据模型定义在数据库中自动创建和修改数据表的。打开 models\connect_mysql.go 文件修改代码，如代码清单 7-15 所示。

代码清单 7-15 在代码中同步数据模型

```
1. // Go: models\connect_mysql.go
2. ...
3.
4. func ConnectMySQL() *xorm.Engine {
5.   if engine == nil {
6.     ...
7.     fmt.Printf(" 数据库链接成功 ")
8.
9.     // 在调试模式下同步数据库结构
10.    if strings.Compare(os.Getenv("DEBUG"),"true") == 1 {
11.      // 如果有新的模型需要同步，加在后面
12.      err := engine.Sync2(new(History))
13.      if err != nil {
14.        panic(err)
15.      }
16.    }
17.  }
18.
19.  return engine
20. }
```

第 10～16 行，当环境变量 DEBUG 为 true 时，使用数据库引擎对象的 Sync2 方法将模型 History 向数据库中同步。项目在启动时使用了热加载，当修改了 History 结构体中的成员和成员标签时，数据库也会自动同步。

3 个 history 接口及其相关代码已经全部准备好了。

使用 curl 测试接口

在小游戏端中编写测试代码并不是测试接口是否正常的唯一方式。在团队协作中，倘若是后端代码先写好，可以使用 curl 指令进行测试。curl 指令是 Linux 终端环境自带的指令，Windows 系统在安装了 Git Bash 后也可以使用。以下是 3 个接口的 curl 测试情况。

1. 测试 GET /api/histories

测试第一个接口的终端指令为：

```
curl -X GET http://localhost:3000/api/histories?openid=o0_L54sDkpKo2TmuxFIwMqM7vQcU
```

参数 -X 用于指定请求方法，后面是 URL 地址。这条测试指令会返回一个 JSON 文本：

```
1. {
2.   "errMsg": "ok",
3.   "data": [
4.     {
5.       "id": 25,
6.       "openid": "o0_L54sDkpKo2TmuxFIwMqM7vQcU",
7.       "date_created": "2021-11-12T22:06:01+08:00",
8.       "system_score": 1,
9.       "user_score": 0
10.    },
11.    ...
12.  ]
13. }
```

data 是一个数组。

2. 测试 POST /api/histories

测试第二个接口的终端指令为

```
curl -X POST -H "Content-Type: application/json" -d '{"openid":"o0_L54sDkpKo2Tm
    uxFIwMqM7vQcU","system_score":0,"user_score":1}' http://localhost:3000/api/
    histories
```

如果请求方法是 POST，使用参数 -H 指定 Content-Type；如果不设置，Content-Type 默认是 application/x-www-form-urlencoded。在以 POST 方法发送 body 数据时，需要将 Content-Type 修改为 application/json。参数 -d 指定需要提交的 JSON 数据体。

这条测试指令的返回内容如下：

```
1. {
2.   "errMsg": "ok",
3.   "data": 31
4. }
```

data 是 history 新记录的 id。

3. 测试 DELETE /api/histories/:id

测试第三个接口的指令为

```
curl -X DELETE http://localhost:3000/api/histories/26?openid=o0_
    L54sDkpKo2TmuxFIwMqM7vQcU
```

参数 -X 指定请求方法为 DELETE。26 是数据表中实际存在的 id，读者在测试时要进行修改。返回的测试结果如下：

```
1. {
2.   "errMsg": "ok",
```

```
3.    "data": 1
4. }
```

可以看到，经过 curl 测试，接口没有问题。现在打开小游戏项目，在微信开发者工具中测试，数据也是没问题的。

最后总结一下，使用 curl 指令进行接口测试的方法如下：

- 使用参数 -X 指定请求方法；
- 使用 -H 改变请求头，在测试 JSON 接口时，将 -H 设置为 Content-Type: application/json；
- 使用 -d 传递请求体数据，数据格式为 JSON；
- 将 QueryString 参数直接写在接口地址中。

接收和处理客服消息

在 controllers 目录下创建 wechat\customer.go 文件，内容如代码清单 7-16 所示。

代码清单 7-16　创建 Go 语言的客服消息控制器

```
1. // Go: controllers\wechat\customer.go
2. package wechat
3.
4. import (
5. "crypto/sha1"
6.   "encoding/hex"
7.   "fmt"
8.   "github.com/rixingyike/wechat"
9.   "github.com/kataras/iris/v12"
10.   "sort"
11.   "xorm.io/xorm"
12. )
13.
14. const APP_ID = "wx2e4e259c69153e40"
15. const APP_SECRET = "479f3117c68e96e2f4a64a976c3bf88c"
16. // 消息加密密钥与令牌
17. const ENCODING_AES_KEY = "yBHOfYMQr7P6u38hAayaAZ5BLLHEndaiRtRYLLfhWio"
18. const TOKEN = "minigame"
19.
20. var wechatSrv = wechat.New(&wechat.WxConfig{
21.   Token:          TOKEN,
22.   AppId:          APP_ID,
23.   Secret:         APP_SECRET,
24.   AppType:        0,
25.   EncodingAESKey: ENCODING_AES_KEY, // 不带 aesKey 为明文模式
26.   DateFormat:     "JSON",
27. })
28.
```

```
29. // 基地址：/wechat/customer
30. type WechatCustomerController struct {
31.   Ctx iris.Context // HTTP 请求上下文对象
32.   Db  *xorm.Engine
33. }
34.
35. // GET: /wechat/customer/chat
36. func (c *WechatCustomerController) GetChat() {
37.   var signature = c.Ctx.URLParam("signature")
38.   var timestamp = c.Ctx.URLParam("timestamp")
39.   var nonce = c.Ctx.URLParam("nonce")
40.   var echostr = c.Ctx.URLParam("echostr")
41.   // 将 token、timestamp、nonce 三个参数进行字典序排序
42.   var tempArray = []string{TOKEN, timestamp, nonce}
43.   sort.Strings(tempArray)
44.   // 将三个参数字符串拼接成一个字符串进行 sha1 加密
45.   var sha1String string = ""
46.   for _, v := range tempArray {
47.     sha1String += v
48.   }
49.   h := sha1.New()
50.   h.Write([]byte(sha1String))
51.   sha1String = hex.EncodeToString(h.Sum([]byte("")))
52.   // 获得加密后的字符串可与 signature 对比
53.   if sha1String == signature {
54.     c.Ctx.Write([]byte(echostr))
55.   } else {
56.     fmt.Println("验证失败")
57.     c.Ctx.Write([]byte("验证失败"))
58.   }
59. }
60.
61. // POST: /wechat/customer/chat
62. func (c *WechatCustomerController) PostChat() {
63.   var wxCtx = wechatSrv.VerifyURL(c.Ctx.ResponseWriter(), c.Ctx.Request())
64.   var message = wxCtx.Msg
65.   var userOpenid = message.FromUserName
66.   var msgType = message.MsgType
67.
68.   switch msgType {
69.   case "text":
70.     wxCtx.SendText(userOpenid, fmt.Sprintf("已收到消息：%s", message.Content))
71.   case "image":
72.     var mediaId = message.MediaId // 这是用户发来的图片
73.     if media, err := wxCtx.MediaUpload("image", "./static/images/ok.png");
        err == nil {
74.       mediaId = media.MediaID
75.     }
76.     wxCtx.SendText(userOpenid, `图片已收到`)
77.     wxCtx.SendImage(userOpenid, mediaId)
78.   default:
```

```
79.     break
80.   }
81.   c.Ctx.Write([]byte("success"))
82. }
```

这个文件做了什么？

- 第 8 行引入了一个同时兼容实现微信企业号、服务号、订阅号、小程序 / 小游戏等后台交互接口的 Go 语言 SDK 模块。这个模块原本位于 github.com/esap/wechat，因为在接收客服消息时不支持 JSON 格式，笔者将它修改了一点，放在了 github.com/rixingyike/wechat 这个位置。我们在项目中使用的是修改后的版本。
- 第 14～18 行的小游戏后台常量和 Node.js 项目中的定义是相同的，连声明语法都一样。第 20～27 行使用小游戏常量实例化了 github.com/rixingyike/wechat 模块实例。第 26 行的结构体成员 DateFormat 用于指定互动的数据格式是 JSON。
- 第 36～59 行的方法 GetChat 用于实现消息推送服务的验证。验证逻辑与 Node.js 项目中的实现是类似的，只是语言不同。
- 第 62～82 行的方法 PostChat 实现了客服消息的接收和回复。
- 第 63 行的 c.Ctx.ResponseWriter() 返回原生的 http.ResponseWriter 对象，c.Ctx.Request() 返回原生的 *http.Request 指针对象，iris 框架有这两个原生方法，方便将第三方模块嵌入 iris 框架下使用。
- 第 64 行，上一行的 VerifyURL 方法在执行后，便能获取到微信服务器转发过来的用户客服消息（wxCtx.Msg）。在小游戏后台设置消息接收地址时，数据格式如果选择的是 JSON，在接收和发送时数据格式都必然是 JSON。原 github.com/esap/wechat 模块仅在发送时使用了 JSON 格式，但解析请求体数据时，使用的仍然是按 XML 格式，这是笔者将其修改并作为 github.com/rixingyike/wechat 模块引入的原因。
- 第 70 行、第 76 行的代码中使用 SendText 向用户发送文本消息。消息格式与 Node.js 项目中是一致的。
- 第 73 行的 MediaUpload 方法用于上传图片获取到 mediaId，第 77 行使用 SendImage 方法回复用户。
- 第 81 行使用 iris 框架的 Write 方法向微信服务器返回 success 文本。这个文本是给微信读的，与用户没有关系。

在 controllers\init.go 文件中添加对新控制器代码的使用：

```
1. // Go: controllers\init.go
2. package controllers
3.
4. ...
5.
6. //路由基地址：/
```

```
7. func Init(router iris.Party, db *xorm.Engine) {
8.   mvc.New(router).Handle(&IndexController{Db: db})
9.   mvc.New(router.Party("/wechat/customer")).Handle(&wechat.WechatCustomerController
       {Db: db})
10. }
```

第9行是新代码。

控制器代码处理完了。

接口地址与Node.js项目相比并没有变化，所以小游戏后台的消息推送配置不需要修改。接下来开始测试。

1）通过npm run dev指令启动本地Go语言Web项目。

2）启动本机的frpc程序，准备使用内网穿透。

3）在浏览器中访问http://frp.yishulun.com/，如果能看到页面，说明内网穿越工具已经工作了。

4）在小游戏项目中打开客服会话窗口，便可以与自己编写的后端程序互动了，界面效果如图6-1所示。

注意　严格来讲，c.Ctx.ResponseWriter()返回的并不是一个真正意义上的http.ResponseWriter，而是与其兼容的context.ResponseWriter，但没有关系，因为后者兼容前者，我们可以把后者当作前者使用。

实现登录功能

接下来在Go语言Web项目中实现登录功能，分3步完成：创建模型、创建控制器和创建视图。

1. 创建模型

在models目录下创建account.go文件，其内容如下：

```
1. // Go: models\account.go
2. package models
3.
4. type Account struct {
5.   Id   int64 `xorm:"bigint pk autoincr 'id'" json:"id"`
6.   Name string `xorm:"VARCHAR(45) unique 'name' comment('用户名')"`
7.   Passwd string `xorm:"VARCHAR(45) comment('密码')"`
8.   Role string `xorm:"VARCHAR(45) default 'assistant' comment('角色：assistant、
       administrator')"`
9. }
```

comment代表为字段添加注释。

如果需要，可以在connect_mysql.go文件中添加对Account模型的数据库同步代码，具体如下：

```
1. // Go: models\connect_mysql.go
2. package models
3. ...
4.
5. func ConnectMySQL() *xorm.Engine {
6.   if engine == nil {
7.     ...
8.
9.     // 在调试模式下同步数据库结构
10.    if strings.Compare(os.Getenv("DEBUG"),"true") == 1 {
11.      // 如果有新的模型需要同步，加在后面
12.      err := engine.Sync2(new(History), new(Account))
13.      ...
14.    }
15.  }
16.
17.  return engine
18. }
```

第 12 行，在 new(History) 后面添加了 new(Account)。

2. 创建控制器

在 controllers 目录下创建 accounts.go 文件，其内容如代码清单 7-17 所示。

代码清单 7-17　创建 Go 语言的账号控制器

```
1. // Go: controllers\accounts.go
2. package controllers
3.
4. import (
5.   "encoding/json"
6.   "github.com/kataras/iris/v12"
7.   "github.com/kataras/iris/v12/mvc"
8.   "local/models"
9.   "xorm.io/xorm"
10. )
11.
12. // 路由基地址: /accounts
13. type AccountController struct {
14.   Ctx iris.Context // HTTP 请求上下文对象
15.   Db  *xorm.Engine
16. }
17.
18. func (c *AccountController) BeforeActivation(b mvc.BeforeActivation) {
19.   // 自定义 URL 路径
20.   b.Handle("GET", "/logon", "CustomGetLogon")
21. }
22.
```

```
23. // GET: /accounts/logon
24. func (c *AccountController) CustomGetLogon() string {
25.   return c.Ctx.GetCookie("user")
26. }
27.
28. // GET: /accounts/login
29. func (c *AccountController) GetLogin() {
30.   c.Ctx.ViewLayout(iris.NoLayout) //不使用默认模板
31.   c.Ctx.View("accounts/login", map[string]interface{}{"title": "登录"})
32. }
33.
34. // POST: /accounts/login
35. func (c *AccountController) PostLogin() {
36.   var account models.Account
37.   account.Name = c.Ctx.FormValue("name")
38.   account.Passwd = c.Ctx.FormValue("passwd")
39.
40.   if account.Name == "" || account.Passwd == "" {
41.     c.Ctx.ViewLayout(iris.NoLayout) //不使用默认布局
42.     c.Ctx.View("accounts/login", map[string]interface{}{"title": "登录",
        "errMsg": "参数错误"})
43.   }
44.   if has, _ := c.Db.Where("name = ? and passwd = ?", account.Name, account.
      Passwd).Get(&account); has {
45.     account.Passwd = ""
46.     userJson, _ := json.Marshal(account)
47.     c.Ctx.SetCookieKV("user", string(userJson))
48.     c.Ctx.Redirect("/")
49.   } else {
50.     c.Ctx.ViewLayout(iris.NoLayout) //不使用默认布局
51.     c.Ctx.View("accounts/login", map[string]interface{}{"title": "登录",
        "errMsg": "登录失败，请重试"})
52.   }
53. }
54.
55. // GET: /accounts/logout
56. func (c *AccountController) GetLogout() {
57.   c.Ctx.RemoveCookie("user")
58.   c.Ctx.Redirect("/accounts/login")
59. }
```

这个文件做了什么？

- 第20行，在特别的BeforeActivation方法内，可以将路径/logon绑定到方法CustomGetLogon上，这里是为了演示如何自定义URL路径。
- 第25行使用c.Ctx.GetCookie查询已经保存的Cookie。
- 第30行使用c.Ctx.ViewLayout既可以为页面临时设置布局，也可以设置不需要布局。

- 第 47 行使用 c.Ctx.SetCookieKV 保存 Cookie。
- 第 57 行使用 c.Ctx.RemoveCookie 移除 Cookie。

在 controllers\init.go 文件中添加新建控制器的使用：

```
1. // Go: controllers\init.go
2. package controllers
3. ...
4.
5. //路由基地址：/
6. func Init(router iris.Party, db *xorm.Engine) {
7.   mvc.New(router).Handle(&IndexController{Db: db})
8.   mvc.New(router.Party("/wechat/customer")).Handle(&wechat.
       WechatCustomerController{Db: db})
9.   mvc.New(router.Party("/accounts")).Handle(&AccountController{Db: db})
10. }
```

第 9 行是新增代码。新增的控制器都需要在当前目录下 init.go 文件中的 Init 方法中注册。

这个项目模板是如何实现控制器注册的？我们看一下 routers\init.go 文件，如代码清单 7-18 所示。

代码清单 7-18　实现控制器注册的代码

```
1. // Go: routers\init.go
2. package routers
3.
4. import (
5.   ...
6.   "local/controllers"
7.   "local/controllers/api"
8.   ...
9. )
10.
11. func Init(app *iris.Application, db *xorm.Engine) {
12.   //设置 Web 路由
13.   webRouter := app.Party("/", func(ctx iris.Context) {
14.     ...
15.   })
16.   webRouter.Use(iris.Compression)
17.   controllers.Init(webRouter, db)
18.
19.   //设置接口接口，这里不需要监管鉴权，所以另外设置
20.   apiRouter := app.Party("/api")
21.   apiRouter.Use(iris.Compression)
22.   api.Init(apiRouter, db)
23. }
```

第 17 行、第 22 行分别调用了 Init 方法。与 Node.js 项目中自动注册控制器不同，在这

个 Go 语言的 Web 项目模板中，我们需要手动注册控制器。我们在 controllers 目录及其子目录（api）下都放置一个 init.go 文件，在 init.go 文件里面仅声明一个 Init 方法，在 Init 方法内放置手动注册控制器的代码，这是控制器新增、注册的机制。

还有一个文件需要修改。如何限制没有登录的用户对页面的访问呢？打开 routers\init.go 文件，修改如代码清单 7-19 所示。

代码清单 7-19　实现用户权限验证

```
1. // Go: routers\init.go
2. ...
3.
4. func Init(app *iris.Application, db *xorm.Engine) {
5.   //设置Web路由
6.   webRouter := app.Party("/", func(ctx iris.Context) {
7.     //这里会先执行，可以设置访问限制
8.     if ctx.GetCookie("user") == "" {
9.       if ctx.Path() != "/accounts/login" && !strings.HasPrefix(ctx.Path(), "/
           wechat") {
10.         ctx.Redirect("/accounts/login")
11.       }
12.     } else {
13.       var account models.Account
14.       if err := json.Unmarshal([]byte(ctx.GetCookie("user")), &account); err == nil {
15.         ctx.Values().Set("user", account)
16.       }
17.     }
18.     ctx.Next()
19.   })
20.   webRouter.Use(iris.Compression)
21.   controllers.Init(webRouter, db)
22.
23.   //设置接口，这里不需要监管鉴权，所以另外设置
24.   apiRouter := app.Party("/api")
25.   apiRouter.Use(iris.Compression)
26.   api.Init(apiRouter, db)
27. }
```

第 8～19 行是前置中间件代码，会在控制器代码执行之前执行。第 15 行，如果验证通过，将用户对象存在 ctx.Values() 中。ctx.Values() 返回的是一个用户内存存储对象，在用户单次 HTTP 请求的生命周期内有效。第 9 行在排除不需要进行登录检查的 URL 时，不用检查 /api，因为这个路由是由第 24 行另一个路由对象（apiRouter）设置的。给 webRouter 设置的前置中间件（第 6 行）并不会影响 apiRouter。

3. 创建视图

在 views 目录下创建 accounts/login.html 文件，内容如代码清单 7-20 所示。

代码清单 7-20　登录视图页面

```
1. <!DOCTYPE html>
2. <html>
3. <head>
4.   <title>{{.title}}</title>
5.   <meta name="viewport" content="width=device-width, initial-scale=1.0">
6.   <script type="text/javascript" src="/static/js/jquery-1.8.3.min.js"
       charset="UTF-8"></script>
7.   <!-- 最新版本的 Bootstrap v3 核心 CSS 文件 -->
8.   <link rel="stylesheet" href="/static/bootstrap/css/bootstrap.min.css">
9.   <!-- 可选的 Bootstrap 主题文件（一般不用引入）-->
10.  <link rel="stylesheet" href="/static/bootstrap/css/bootstrap-theme.min.
       css">
11.  <!-- 最新版本的 Bootstrap 核心 JS 文件 -->
12.  <script src="/static/bootstrap/js/bootstrap.min.js"></script>
13.  <!-- 一个日期选择控件 datetimepicker -->
14.  <script src="/static/datetimepicker/bootstrap-datetimepicker.js"
       charset="UTF-8"></script>
15.  <script src="/static/datetimepicker/locales/bootstrap-datetimepicker.zh-CN.
       js" charset="UTF-8"></script>
16.  <link href="/static/datetimepicker/bootstrap-datetimepicker.css"
       rel="stylesheet" media="screen">
17.  <!-- 引用图表脚本文件 -->
18.  <script src="/static/js/feather.min.js"></script>
19.  <script src="/static/js/Chart.min.js"></script>
20.  <!-- 引用了自定义的 JS 文件 -->
21.  <script src="/static/js/dashboard.js"></script>
22.  <!-- Custom styles for this template -->
23.  <link href="/static/styles/dashboard.css" rel="stylesheet">
24.  <style>
25.    .form-signin {
26.      max-width: 330px;
27.      padding: 15px;
28.      margin: 0 auto;
29.    }
30.  </style>
31. </head>
32. <body>
33.  <div class="container">
34.    <form class="form-signin" action="/accounts/login" method="post">
35.      <p class="text-danger">{{.errMsg}}</p>
36.      <h2 class="form-signin-heading">登录面板</h2>
37.      <section>
38.        <label for="nameIpt" class="sr-only">邮箱</label>
39.        <input name="name" value="user1@qq.com" type="name" id="nameIpt"
             class="form-control" placeholder="用户名"
40.          autocomplete="username" required autofocus>
41.      </section>
42.      <section>
43.        <label for="passwdIpt" class="sr-only">密码</label>
```

```
44.         <input  name="passwd"  value="123456"  type="password"  id="passwdIpt"
              class="form-control" placeholder="密码"
45.           autocomplete="passwdIpt"  aria-describedby="password-constraints"
                required>
46.       </section>
47.       <div class="checkbox">
48.         <label>
49.           <input checked type="checkbox" value="remember">记住本次登录
50.         </label>
51.       </div>
52.       <button class="btn btn-lg btn-primary btn-block" type="submit">登录</button>
53.     </form>
54.   </div> <!-- /container -->
55.   <script>
56.     // 页面加载完全后执行
57.     $(function () {
58.       $(".form-signin").on("submit", e => {
59.         if (form.checkValidity() === false) {
60.           event.preventDefault()
61.         }
62.         if (!/.{8,}/.test($("#passwdIpt").value)) {
63.           alert("密码至少 8 位")
64.           event.preventDefault()
65.         }
66.       })
67.     })
68.   </script>
69. </body>
70. </html>
```

这个 HTML 模板文件与 Node.js 项目中的 login.htmls 相比，只有两处不同：第 4 行、第 35 行绑定变量时，变量前面有一个符号点（.）。这个项目模板所用的模板引擎是 Go 语言默认的 html/template 引擎。关于模板语法的更多内容可以参见 https://www.topgoer.com/ 常用标准库 /template.html。

修改 views 目录下的 layout.html 文件，添加“登出”菜单，如代码清单 7-21 所示。

代码清单 7-21　在布局文件中添加“登出”菜单

```
1.  <!DOCTYPE html>
2.  <html>
3.  ...
4.  <body>
5.    <nav class="navbar navbar-inverse" role="navigation">
6.      <div class="container-fluid">
7.        ...
8.        <div class="collapse navbar-collapse">
9.          ...
10.         <ul class="nav navbar-nav navbar-right">
11.           <!-- <li><a href="#">菜单</a></li> -->
```

```
12.          <li><a href="/accounts/logout">登出</a></li>
13.          ...
14.        </ul>
15.      </div>
16.    </div>
17.  </nav>
18.  ...
19.</body>
20.</html>
```

第 12 行添加了一个超链接，链接地址为 /accounts/logout，这是退出登录的网址。

登录、登出功能已经实现完了，在浏览器中访问 http://localhost:3000/ 即可测试登录、登出功能。登录后主页是一个空白的页面。

static/views 目录下的文件与原 Node.js 项目在 HTML 标签和 CSS 样式上是一样的，页面效果自然也是相同的。

实现历史记录页面，分角色权限渲染功能

最后在管理后台添加历史记录页面，也分为 3 步：创建模型、创建控制器和创建视图。

1. 创建模型

History 模型在本课前面已经创建了。

2. 创建控制器

在 controllers 目录下创建 histories.go 文件，具体如代码清单 7-22 所示。

代码清单 7-22　创建 Go 语言的历史模型控制器

```
1. // Go: controllers\histories.go
2. package controllers
3.
4. import (
5.   "github.com/kataras/iris/v12"
6.   "xorm.io/xorm"
7.   "local/models"
8. )
9.
10.// 基地址：/histories
11.type HistoryController struct {
12.  Ctx iris.Context // HTTP 请求上下文对象
13.  Db  *xorm.Engine
14.}
15.
16.// GET: /histories
17.func (c *HistoryController) Get() {
18.  account := c.Ctx.Values().Get("user").(models.Account)
19.  histories := make([]models.History, 0)
20.  c.Db.Desc("id").Limit(10).Find(&histories)
```

```
21.   c.Ctx.View("histories/index", map[string]interface{}{
22.     "title":      " 历史记录 ",
23.     "path":       "/histories",
24.     "histories": histories,
25.     "role":       account.Role})
26. }
```

注意第25行，这里向页面输出了变量role，这是当前登录用户的权限名称。第18行尾部的.(models.Account)是类型断言，用于将通过c.Ctx.Values().Get("user")取到的interface{}转换为models.Account类型。因为存进去的本来就是models.Account类型，所以此处断言可以成功。

3. 创建视图

在views目录下创建histories/index.html文件，代码如下：

```
1.  <table class="table table-hover">
2.    <tr>
3.      <td>#index</td>
4.      <td>system_score</td>
5.      <td>user_score</td>
6.      <td>date_created</td>
7.      <td></td>
8.    </tr>
9.    {{range $index, $value := .histories}}
10.   <tr>
11.     <td>{{$index}}</td>
12.     <td>{{$value.SystemScore}}</td>
13.     <td>{{$value.UserScore}}</td>
14.     <td>{{dateFormat $value.DateCreated "2006-01-02"}}</td>
15.     <td>{{if eq $.role "administrator"}}<button type="button" class="btn btn-
          danger"> 删除 </button>{{end}}</td>
16.   </tr>
17.   {{end}}
18. </table>
```

这个文件中有两点值得提一下。

- 第14行的dateFormat是一个过滤器方法，这个方法是在middlewares\init.go文件中设置的，稍后会看到。
- 第15行使用if判断$.role是否等于administrator，如果是，则显示“删除”按钮。eq是html/template的模板语法，代表相等。此行代码在range循环内，但$.role不属于循环对象$value，不能使用$value.role访问，也不能直接使用.role访问，只能使用$.role访问，这是html/template模板引擎的语法。

关于过滤器方法，我们来看一下middlewares\init.go文件，代码如下：

```
1. package middlewares
2. ...
```

```
3.
4. func Init(app *iris.Application) {
5.   ...
6.   // 注册过滤器方法
7.   tmpl.AddFunc("dateFormat", func(d time.Time, s string) string {
8.     return d.Format(s)
9.   })
10.  app.RegisterView(tmpl)
11.  ...
12.}
```

第 7～9 行，在注册视图模板引擎前，使用 AddFunc 方法添加了名为 dateFormat 的过滤器方法。这里的过滤器与 koa2 框架内的过滤器作用是一致的。

iris 与 koa2 都是优秀的 Web 开发框架，至少存在以下两点共性：

- 都支持多种视图模板引擎，支持自定义过滤器方法并在视图中使用；
- 都支持中间件机制，可以在客户端请求的处理前后添加钩子代码。

全栈工程师同时使用 JS、Node.js 和 Go 语言开发项目，选用架构思想相近的框架，有助于减轻记忆负担。

再来看一下分角色权限的控制。我们在控制器代码中特意输出了变量 role，用于在 HTML 页面上决定个别 HTML 组件的显示。如果两个角色的页面相差很大，还可以创建不同的 HTML 视图文件，在控制器方法中根据角色分别进行选择。

在浏览器中单击“登出”链接，重新以 user2@qq.com 登录。这个账号的 role 是 administrator，历史记录页面的运行效果如图 7-10 所示，在表格中可以看到“删除”按钮。

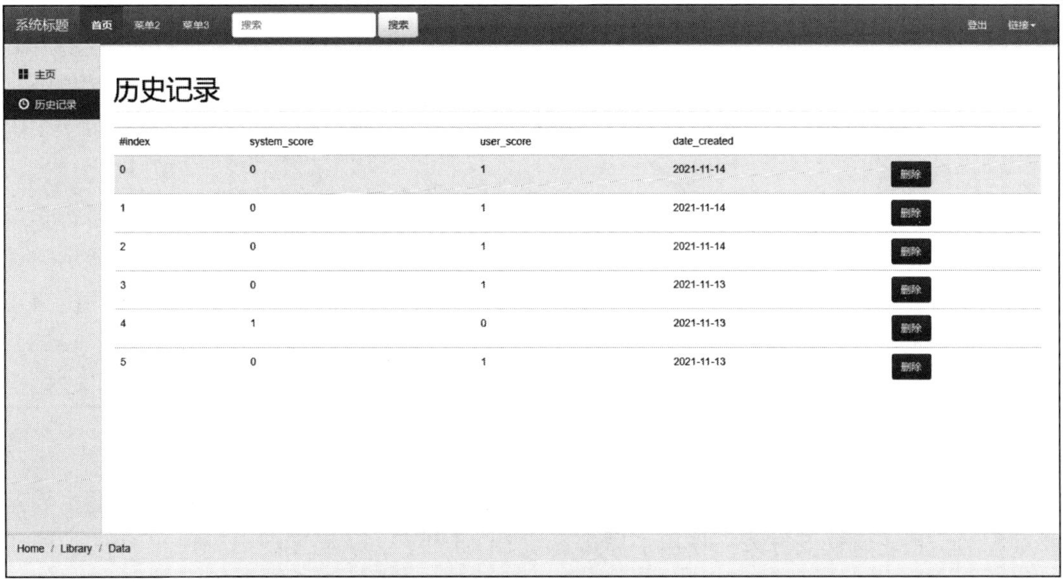

图 7-10　分角色权限显示页面控件

要说明的是，不仅 UI 可以根据角色有所区别，控制器代码也可以有所区别。在控制器方法内，通过 c.Ctx.Values().Get("user") 取出当前登录的用户对象，再根据用户角色（role）的不同分别执行不同的代码就可以了。

拓展：如何让 Go 语言下载模块快一些

由于网络原因，国内通过 go get 或 go mod download 下载个别模块时，时间可能会比较长。设置 GOPROXY 变量或许可以显著改善这个问题。

在终端中执行如下指令，或将该指令存储于当前用户目录下的 .bash_profile 文件中，每次开机自动执行：

```
export GOPROXY="https://goproxy.io,https://mirrors.aliyun.com/goproxy/,https://
  goproxy.cn,direct"
```

GOPROXY 用于设置下载代理，指令中包括以下 3 个网站。

- https://goproxy.io，这是最早的 Go 模块镜像加速网站。
- https://mirrors.aliyun.com/goproxy/，这是国内某大厂的镜像加速网站。
- https://goproxy.cn，这是国内某云厂商赞助支持的镜像加速网站。

3 个网址以逗号分隔，优先选择前面的网站下载。最后面的 direct 代表到源地址下载，在前面的代理地址都无法访问的时候，direct 会发挥作用。

本课小结

本课源码见 disc/ 第 7 章 /7.2。本课修改的源码位于 server/go 目录下。

这节课我们主要使用 Go 语言基于项目模板 go_iris，将本章已经用 Node.js 实现的后端程序又实现了一遍。第 18 课还演示了如何分账号角色显示 UI，这一点在 Node.js 项目中是没有的。这一课实现的功能在思路上与之前使用 Node.js 实现时是一样的，因此介绍文字略简。本章到此结束。

第 6 章和第 7 章我们主要用 Node.js 和 Go 分别实现了两个功能相似的后端程序，学习了 RESTful API 的设计方法，练习了在 Web 管理后台中如何实现账号登录、如何展示数据列表、如何提交表单等技能，还学习了 MySQL 数据库设计、常用的 Linux 指令及内网穿透工具 frp 的使用，读者完成学习后，相信应对一般的后端开发已经不成问题了。

思考与练习 7-1（面试题）参考答案

AJAX 是 Asynchronous JavaScript And XML 的缩写，是一种客户端与服务器端实现异步数据通信的跨端交互方式，作用是异步更新 DOM 列表，从而实现 HTML 页面的无刷新更新。在诞生时，AJAX 以 XML 作为主要的数据交互格式，全名中的最后一个单词就是 XML；如今 AJAX 交互的主要格式是 JSON，似乎缩写改为 AJAJ 更为贴切。

一个由 Promise 封装的简单 AJAX 请求函数如下：

```
functionrequest(url, method = "GET", data = {}) {
  returnnewPromise(function (resolve, reject) {
    const xhr =newXMLHttpRequest()
    xhr.open(method, url,true) // method 有 GET、POST 等
    // 监听状态
    xhr.onreadystatechange=function () {
      // 4 代表读取服务器响应结束
      if (this.readyState!==4) return
      if (this.status===200) {
        // 200 代表一切正常
        resolve(this.response)
      } else {
        reject(newError(this.statusText))
      }
    }
    // 监听异常
    xhr.onerror=function () {
      reject(newError(this.statusText))
    }
    // 设置响应类型与请求类型都为 JSON 格式
    xhr.responseType="json"
    xhr.setRequestHeader("Accept","application/json")
    // 发送 http 请求
    xhr.send(JSON.stringify(data))
  })
}

// 消费代码
(asyncfunctiontestRequest() {
  let res =awaitrequest("/")
  console.log(res)
})();
```

XMLHttpRequest 是浏览器的内置对象，这段代码要在浏览器环境中测试。

推荐阅读

本书是HTML 5与CSS 3领域公认的标杆之作，被读者誉为“系统学习HTML 5与CSS 3的标准著作”，也是Web前端工程师案头必备工作手册。

前3版累计印刷超过25次，网络书店评论超过14000条，98%以上的评论都是五星级好评。不仅是HTML 5与CSS 3图书领域当之无愧的领头羊，而且在整个原创计算机图书领域也是佼佼者。

第4版首先从技术的角度根据最新的HTML 5和CSS 3标准进行了更新和补充，其次是根据读者的反馈对内容的组织结构和写作方式做了进一步的优化，内容更实用，阅读体验也更好。

全书共26章，本书分为上下两册：

上册（1~14章）

全面系统地讲解了HTML 5相关的各项主要技术，以HTML 5对现有Web应用产生的变革开篇，顺序讲解了HTML 5与HTML 4的区别、HTML 5的结构、表单及新增页面元素、ECMAScript、文件API、本地存储、XML HttpRequest、Web Workers、Service Worker、通信API、Web组件、绘制图形、多媒体等内容。

下册（15~26章）

全面系统地讲解了CSS 3相关的各项主要技术，以CSS 3的功能和模块结构开篇，顺序讲解了各种选择器、文字与字体、盒相关样式、背景与边框、变形处理、动画、布局、多媒体，以及CSS 3中的一些其他重要样式。

全书一共300余个示例页面和1个综合性的案例，所有代码均通过作者上机调试，读者可下载书中代码，直接在浏览器查看运行结果。